杨鑫辉心理学文集

杨鑫辉 编著

【第四卷】

山东教育出版社

图书在版编目（CIP）数据

杨鑫辉心理学文集．第四卷 / 杨鑫辉著．—济南
山东教育出版社，2014
ISBN 978-7-5328-8426-1

Ⅰ．①杨… Ⅱ．①杨… Ⅲ．①心理学－文集
Ⅳ．① B84-53

中国版本图书馆 CIP 数据核字（2014）第 082117 号

杨鑫辉心理学文集

第四卷

杨鑫辉　编著

主　管：山东出版传媒股份有限公司
出版者：山东教育出版社
（济南市纬一路321号　邮编：250001）
电　话：(0531) 82092664　传真：(0531) 82092625
网　址：http://www.sjs.com.cn
发行者：山东教育出版社
印　刷：山东新华印务有限责任公司
版　次：2014年5月第1版第1次印刷
规　格：787mm × 1092mm　1/16
印　张：28.5印张
字　数：383千字
书　号：ISBN 978-7-5328-8426-1
定　价：68.00元

（如印装质量有问题，请与印刷厂联系调换）
印厂电话：0531-82079112

杨鑫辉简介

杨鑫辉，1935年7月生，江西省萍乡市人，中共党员。南京师范大学心理学教授，博士、博士后导师，江苏省心理学重点学科带头人。1958年毕业于华中师范大学教育系，师从完形心理学派创始人考夫卡门生朱希亮教授。曾任江西师范大学心理学教授、教育系主任兼教科所所长和心理技术应用研究所所长。曾任主要社会兼职有：加拿大西安大略大学、南开大学、武汉大学、中山大学、河海大学、西南师大、贵州师大、绵阳师院、萍乡高专等校兼职教授或客座教授。1984年起历任中国心理学会第4—9届理事或常务理事，兼心理学理论与历史专业委员会委员、副主任、主任。江西省人大代表，江西省心理学会理事长，江西省科协常委，江西省社联常务理事。江苏省心理学会高级顾问，中美精神心理学研究所顾问，全国维果茨基研究会顾问，第28届国际心理学大会顾委。还曾任《心理学报》、《心理科学》等学术刊物编委，《心理学探新》主编、名誉主编、顾问。2000年创办全国心理技术应用研究论坛（开始称研究会）被推选为主席。2013年北京创刊的《心理技术与应用》杂志邀任顾问。

杨鑫辉教授是“有影响有学术造诣的心理学家”，“心理学史理论家”。他跟我国心理学泰斗潘菽、高觉敷先生和燕国材教授等共同创建中国心理学史学科，填补了世界心理学史的重要空白。是我国第一部《中国古代心理学思想研究》（1983）论集的倡导人和组织者，是我国第一部教育部部编教材《中国心理学史》（1985）的副主编和教材大纲撰稿人，其学术专著《中国心理学思想史》（1994）被誉为该学科发展“新的里程碑”，又是第一部通古今贯中外的五卷本《心理学通史》（2000）主编。他主张心理学要跨学科交叉和面向社会生活。是中国现代心理技术学体系的创建人，创办国内首家心理技术应用研究所（1991），创建全国心理技术应用研究论坛（2000），出版学术专著《现代心理技术学》（2005），还是现代大教育观理论建构的提出者，主编出版由全国多学科中青年专家为主体撰写的《现代大教育观》（1990）。

杨鑫辉教授著述丰硕，个人专著及主编、副主编、合著67部，发表文章200多篇。主持一系列部省级科研项目，其科研成果获教育部人文社科、省政府哲学社科一、二、三等奖及国家图书奖提名奖、中国图书奖等国家、省部级奖20多项。在全国率先招收中国心理学史、心理技术学和思维科学博士生、硕士生，指导培养硕士、博士、博士后近50人，深受学生爱戴。1987年应邀赴加拿大西安大略大学、多伦多大学作中国心理学史讲学、交流并访问美国，后来还访问过俄罗斯，十余次在国际学术会议和港台学术会议上报告交流。

杨鑫辉教授于1984年评为江西省南昌市劳动模范，1987年被评为江西省先进科技工作者，1988年被国家人事部授予国家级有突出贡献中青年专家称号，1989年获全国优秀教师奖章，1991年起享受国务院颁发的政府特殊津贴，2003年被评为江苏省高校优秀共产党员，2004年被评为江苏省优秀哲学社会科学工作者。2009年被中国心理学会首批认定为心理学家，2011年获中国心理学会学科建设成就奖。国内外许多报刊辞书将其作为现代心理学家、社会科学家和教育家评介，被列入国际心联《国际心理学家名录》、英国剑桥国际中心《20世纪杰出人物传》、《当代世界名人传 · 中国卷》等国内外传记。

自序

我出生在江西省萍乡市的一个中医药世家，后来怎么成了一个心理学教师与研究者呢？在社会政治经济、文化科学的大背景下，中小学老师和家庭长辈的教育培养，给我打下了做人品格和文化教养的基础，读中学时便立志终身从事教育事业。1954年秋第一志愿考取华中师范大学（当时称学院）教育系，报考选志愿时是得到班主任和学校支持的。入大学后，在全面学好各门基础课程的情况下，着重钻研了心理学。我们的心理学老师朱希亮教授是完形学派考夫卡的门生，他渊博的学识和富于情感的讲课深深地吸引着我攻读心理学书籍，参加心理学课外兴趣组，引发我给报刊写点短文章。1956年党发出“向科学进军”的号召，更激发了我的热情与动力，并大胆地撰写关于思维问题的论文请老师审阅且得到鼓励，寄给成立不久的中国科学院心理研究所寻求指导，也得到肯定和希望进一步研究提高的书面答复。总之，朱希亮先生是把我带入心理科学领域的领路人和第一个指导者。中小学和大学阶段老师们的教育使我获得优秀的学习成绩，则为我深入钻研某门专业打下了较好的基础；同学和朋友的相互支持使我能较好地融入集体；尤其是党的教育和培养指引了我整个人生的方向。

大学毕业时，党发出了“到基层去”的号召，我积极服从组织分配，1958年秋去了湖南省新办的耒阳师范学校工作。当时国内出现过心理学“批判运动”的极“左”思潮，我还是坚持了心理学教学，认定心理学是一门科学。后来还自编铅印了《教育心理学讲义》在校内使用，并撰写了有关心理学文章。当时虽然也被安排教过别的课程，如教育学和人体解剖生理学，但总起来说，还是在师范从事了心理学专业七年。由于已在家乡结婚，1965年秋调回江西省萍乡市工作，在母校萍乡中学等校改教语文课程。教学中注意运用教育心理学理论指导，教学效果好。1975年下学期被市里调去编写江西省三二制中学语文试用课本和教学参考资料。十年“文化大革命”时期，中国心理学事业遭受严重的破坏，心理学教学和科研等活动都被迫停止。但是我还是坚信心理科学有用，结合语文教学工作，课余撰写了《错别字的心理学分析》等文章（改革开放后送到刊物便获得发表和转载）。还应提到，“文革”中学生“造反”时，我还比较机智地保存了自己所有的心理学专业书籍和杂志。总之，在我心中要从事心理学专业这一红线并未被完全切断。13年从事语文教学与教材编写工作中，有关古汉语的知识，还为我后来研究中国心理学史提供了语言文字工具方面的帮助。我的同辈人从事心理学专业工作所走的道路大体上也都是曲折的。

沐浴着中国共产党十一届三中全会的春风，社会主义现代化建设事业迅速发展，心理科学获得了重生。正是在这种形势下，经过江西师范大学中文系主任刘方元教授（我中学时的教导主任）的推荐，我于1978年冬调入该校，开始“归队”从事我喜爱的心理学教学与研究工作，并于1983年加入中国共产党，1984年起任教育系系主任。我用“志坚当高远不断进取，情真贵久深始终如一”来勉励和鞭策自己。我如饥似渴钻研中外心理学资料，认认真真对待每一堂心理学课的教学。在此基础上探索心理学领域的有关学术问题，积极参加了中国心理学史学科的开拓和创建工作，在国内首倡重建现代心理技术学，并提出现代大教育观理论建构。率先在大学开设中国心理学史课程，建立了首个以中国心理学史为重点的心理学硕士点，创办了国内第一个心理技术应用研究所。在江西期间，高觉敷先生曾三次想调我到南京，1992年他在病中给校领导写信希望“商请……心理学史理论家杨鑫辉教授转于我的博士点名下”。这令我既感激又惶恐。从全局出发经两校领导协商，我于1995年春调入南京师范大学，在原先以西方心理学史为重点的博士点平台上，拓展了自己的研究广度和深度，1996年在全国率先招收中国心理学史博士生，指导培养多个研究方向的博士生，后来和教育学家鲁洁教授合作指导两届各一名心理学博士后。在国内外心理学学术活动方面，被邀请讲学、参加会议、合作论著的联系交往更广泛，出版撰写的专著、论文和主编的著作、论集更多，在学术组织里担负的任务更重，担任兄弟高校客座教授、主持博士答辩也更多，2004年起至今的十年退休期间，做到了退而不休，仍然继续在心理学研究方面竭尽绵薄之力。总之，进入大学工作以后至今的35年里，我集中全部精力潜心为心理学事业而努力。在此我要特别感谢潘菽学部委员（现称院士）、高觉敷教授、刘兆吉教授等老一辈心理学家的器重、鼓励与指导；要感谢同在心理学理论与历史研究领域的好友和兄长车文博教授、燕国材教授等当代心理学家的关心、协作与帮助，感谢老一辈心理学家陈立、朱智贤、张厚粲、赵璧如、赵莉如、王启康教授等的勉励与支持；也要感谢所有关心和支持我的研究工作的领导和心理学界同仁与其他同志们；还要感谢我的妻子黎志萍和家人在生活方面的全力支持，而无后顾之忧。

“讲学开人心之扉，著述寄墨砚之情。”我工作了半个多世纪，主要就做了教书育人和学术研究两个方面的一些事情，要求自己坚持“虚怀若谷博采众长，独立钻研锐意开拓”的治学原则。回顾一下撰写的著作论文和主编、参编的论著，概括起来主要涉及四个研究领域，其成果线索是：

（1）中国心理学史方面：① 1980年的《“学记”心理学思想初探》

论文和《研究中国心理学史刍议》发言稿，在重庆全国心理学基本理论学术会议上，得到理事长潘菽教授看重，吸收我作为在会上成立的中国心理学史研究组织成员，并主动将《初探》发表在《心理学探新》上，后来又在《心理学报》上发表了《刍议》。1983年上学期借调南京师范大学，在高觉敷教授指导下负责草拟我国第一部《中国心理学史》教材的编写大纲。② 担任副主编的《中国心理学史》(顾问潘菽，主编高觉敷，另一副主编燕国材)，1986年人民教育出版社出版。该书是中国心理学史学科建立的主要标志。本人于1987年开始招收中国心理学史硕士研究生。③《中国心理学史研究》一书（1990年10月由江西高校出版社出版），集结了本人1980年至1990年春一系列论文，归纳为总论、学史研究，范畴、专题研究，古代人物研究，古代专著研究和现代心理学家研究五个部分。④《中国心理学思想史》一书（1994年8月江西教育出版社出版)，包括对象、意义与方法论，心理学思想发展脉络，心理实质探索，心理实验与测验追源，普通心理学思想，应用心理学思想，学史、现状与前瞻七章。获得省和教育部多项优秀奖；2012年被张厚粲主编《20世纪中国学术大典》(心理学卷）列为20世纪中国31部心理学名著之一。⑤《中国心理学史论》(2002年11月安徽教育出版社出版)，包括总论、价值论、方法论、范畴论、专题论、体系论、文献论、学史论和余论九章。1995年调入南京师范大学给博士研究生开讲了这门课。该书是在讲稿的基础上写的。⑥ 将研究成果收入其他心理学史著作丛书。例如，我主编的五卷本《心理学通史》(2000年10月山东教育出版社出版)，第一卷为中国古代心理学思想史，第二卷为中国近现代心理学史；又例如，2012年山东教育出版社出版了我主编的《文化·诠释·转换——中国传统心理学思想探新系列》(共11册)，本人单独撰著了《医心之道——中国传统心理治疗学》。

(二)现代心理技术学方面：① 1979年12月中国心理学会在天

津举行全国心理学学术会议。我因故未出席会议，但提交了论文《略论心理学的应用与普及》（载《江西师院学报》1980年第1期、中国人民大学《心理学》1980年第4期选刊），强调“心理学的应用与普及是心理学发展的生命力”。这可以说是本人后来提出重建现代心理技术学的基础和起点。② 1988年在成都举行的中国心理学会基本理论心理学术会议上，报告《心理科学应当面向社会生活》论文，明确提出要重建心理技术学，并简述其研究内容与方法。1989年开始招收培养心理技术研究方向的硕士生。1991年在江西师范大学建立国内第一个心理技术应用研究所。③ 1999年10月在九江市举行的中国心理学会理论心理学与心理学史专业委员会学术会上致开幕词：《大力促进心理学理论与实践研究的结合》，提出首先要做的是“完善和发展心理技术学”。该年秋，本人已在南京师范大学招收心理技术学博士生，《心理科学》1999年第5期的《现代心理技术学的体系建构》一文，曾应邀在全国人、机、理系统工程学术会上报告，这是较系统的一次概述。④《加入WTO的心理应对：强化五种意识》一文是2001年在上海第二届全国心理技术应用研究论坛开幕词的主要内容，2003年选入中国世界贸易组织研究院编选的《WTO与中国经济研究文库》。⑤ 出版专著《现代心理技术学》（上海教育出版社，2005年1月），作了较系统全面的阐述；《心理学大辞典》（林崇德、杨治良、黄希庭主编，2004年）在辞条“心理技术学”中称：“中国学者杨鑫辉于20世纪80年代中期提出要重建心理技术学，并称原先的为经典心理技术学，要重建的为现代心理技术学。”

（三）理论心理学方面：①《必须用辩证法指导我国心理学的发展》一文，在1981年中国心理学会成立60周年学术会议上报告交流，概要地反映了我对心理学方法论的基本观点。载《心理科学通讯》1982年第3期，选入中国人民大学《心理学》复印资料1982年第6期。②《建立有中国特色的心理学思想》（与我的在读博士生汪凤炎、赵凯、郭永玉合作而成）发表在《心理学动态》1997年第3期（后载入《潘菽全集》第十卷附录）。2000年中国心理学会理论心理学与心理学史学术年会上，作了《大力推进心理学的中国化研究》学术主题报告。③《把握当代心理学的发展趋势》（1999年）和《当代心理学的发展趋势》（2001年），从总体层面概括为四点：心理学的高新科技化；心理学的综合化；心理学的本土化（或称中国化）；心理学的实用化。④ 主持教育部人文社会科学“九五”规划项目，领衔出版其成果《危机与转折——心理学的中国化问题研究》（黑龙江人民出版社，2002年9月），包括绪论、理论篇和应用篇，集结了课题组成员即我一批博士生的20篇论文。

（四）现代大教育观理论等其他方面：① 主编《现代大教育观——中外名家教育思想研究》（江西教育出版社，1990年）。经过多年酝酿，1988年我提出：“所谓现代大教育观……它采取全方位的观点，系统论的观点，从哲学、政治学、经济学、社会学、文化学、心理学、传统教育学、管理学、传播学、未来学等各个角度，综合地考察研究教育的本质和规律。”该书《绪论》作了较全面的论述。组织全国21个单位的31位中青年同志共同研究和撰写而成。1991年获得全国优秀图书等多种奖励。② 1997年在《江西教育科研》上发表《心理素质教育是素质教育的重要方面》。主编出版《青少年心理素质教育丛书》（江西教育出版社，1997年）。③ 发表《现代教育的三大基本观念》（《南京师范大学学报》1999年第3期），提出“视野：现代大教育观”、“目标：全面素质教育观念”、“手段：现代教育技术观念”。在江苏、内蒙等省应邀举办讲座，2001年《江南时报》等多家刊物选登。武汉有教育博士生撰写学位论文也前来访谈。

还有其他方面，如西方和苏俄的心理学，中国教育史、语文教学等的论述，这里就略而不说了。值得一提的是我2001年出版的《心理学的历史·理论·技术》，将原先的主要论文归纳为史学心理撷粹、理论心理探微、心理技术应用等部分，已具本《文集》后半部分的雏形。

本《心理学文集》共四卷。第一卷包括中国心理学史的两本专著：《中国心理学思想史》和《中国心理学史论》。第二卷是关于心理技术与应用的两本专著：《现代心理技术学》和《医心之道——中国传统心理治疗学》。第三卷和第四卷编入论文和附录。论文部分的编排顺序是心理学历史、心理学理论、心理技术应用和其他文章。附录部分包括报道评论感言、学习工作纪要、主要著述简目。

悠悠岁月，从教56载，我已进入耄耋之年。谨以此《文集》微薄的成果呈献给祖国人民和学界，回报社会，以慰吾心。热诚祝愿21世纪心理科学事业更加繁荣，祖国社会主义现代化建设更加昌盛。

杨鑫辉

2014年1月8日于南京仙林大学城香樟园寓所

目录

其他论文与诗

附　录

心理技术应用

心理科学应当面向社会生活*

我们提出心理科学与社会生活这个主题，其目的在使心理学更好地为社会主义现代化建设服务，为解决社会生活中提出的各种心理学问题提供更多的帮助，也就是要坚持为人民服务。“心理科学与社会生活”这个主题的核心是要加强心理学的应用与普及，要坚持为社会主义服务的方向。1979年在天津召开的中国心理学会学术会议上，我提交了《略论心理学的应用与普及》的论文[1]，去年在成都召开的全国心理学基本理论学术会议上和在南昌召开的江西省心理学会年会上，我报告的题目是《发展心理科学的对策》[2]，它们都是论述心理学与社会生活这个主题的。今天，我以“心理科学应面向社会生活”为题，进一步谈谈这个方面的问题，跟同志们共同商讨。

一、心理学发展的生命力

任何一门科学如果同社会生活实践脱离，便是无源之水，无本之木，是没有生命力的。心理科学发展的历史也证明了这一点。以冯特为先驱，由铁钦纳正式创立的构造主义心理学，使心理学从哲学中独立出来，其历史意义早为世界所公认。但是他们坚持心理学是一门纯科学，割断心

---

* 载《心理学探新》1990年第1期。本文中的“苏联”指“前苏联”。1988年在成都召开的中国心理学会基本理论学术会议上交流。

理与现实生活的联系，反对把心理学作为应用科学，铁钦纳甚至宣称，心理学不管治疗精神病，也不管改造个人和社会。正因为如此，构造主义心理学逐渐被重视心理学应用的机能主义心理学所取代。这不能不说是重要原因之一。

美国心理学之所以成为当代世界心理学的一大中心，与其应用心理学的长足发展也是分不开的。美国心理学会会员的人数几乎等于世界其他各国心理学会人数的总和。据1972年的一项调查，美国从事心理学教学和科研的占41%，从事心理学应用和其他工作的则占59%。据1981年统计，美国心理学会现有的40个分会中，属于应用心理学方面的占2/3以上。从经费的分配看，美国心理学在应用研究方面的投资比重大于基础研究。以1974年度为例，美国联邦政府各部门在心理学研究方面的投资情况是：基础研究4 911.7万美元，应用研究则为8 515.7万美元。就投资所服务的对象而言，主要是为卫生、国防、教育服务。[3]正如F. Mckinney在《美国心理学五十年》一文中指出的："当前美国心理学会中最大和人数最多的分支是应用方面，许多出版物都是关于应用方面的研究和理论的。假如心理学是一种纯粹的科学，而缺少能看到把它的原理付之应用并负责发展这些原理的科学家，那么，这门科学肯定不会发展并有丰富成果的。"[4]西方其他国家和苏联等东欧国家的心理学发展趋势，也是在发展心理学基础研究和理论研究的同时，集中更大精力发展应用心理学，面向广泛的社会生活。

我们这样说决不是要忽视心理学基础研究和基本理论研究，而是针对我国心理学的现状尚不能满足社会生活实际需要的情况，以及一些人重理论轻应用的偏向而言的。著名心理学家潘菽早在40年代讲授"理论心理学"课程时指出："研究科学者往往有一种倾向：尊重理论，认为理论是很深的研究，研究理论都是智慧高的人；应用却是肤浅的，其中所用的原理和原则都不很清楚，这是不正确的偏见。理论是离不开应用的。从历史发展过程看来，理论都是以应用为基础，理论是由应用发展而来（因为应用上有许多问题需要进一步解决）。故研究心理科学者应把这根植在应用上。"[5]我国心理学理论的研究应用应当根植于我国人民社会生活的应用上，它的领域是非常广泛的。加强这种应用研究，就能保持我国心理学发展的生命力。这里要特别强调指出，决不能只是引进西方心理学理论去应用，而应是具有中国特色的心理学理论研究与应用。香港大学心理学系杨中芳博士有关中国社会心理学本土化的一系列研究，对我们有启发作用。我们认为，加强本土心理学研究，将是国际心理学发展的一个趋势，有助于保持各国心理学发展的生命力，也是建立有中国特色的心理学体系的本义。本土心理学研究的范围很广，如本国现实人的心理研究、本土心理学的历史研究、本土民族心理研究、跨文化比较研究等。总之，心理学的生命力在于应用及其本土化。

二、面向社会加强应用

我国心理学正处在前所未有的发展时期，甚至在社会上出现过心理学热。但是在繁荣中也潜藏着危机：心理学专业发展的路子窄，局限于某些学校和科研机构；真正的心理学应用部门不广泛，停留在宣传普及阶段；由于“十年动乱”造成的心理学人才断层，尚需时日去弥合。这些问题不解决，我国心理学的发展将停滞不前，甚至由热变冷。

怎样才能解决前进中出现的问题、繁荣中潜藏的危机呢？我们认为，应当在我国政治经济改革与文化教育改革中，实行心理学改革。其改革的目标是：面向社会，加强应用，为社会主义建设服务。抓住了加强应用这个中心环节，心理学专业发展的路子就会宽起来，社会各部门对心理学人才的需求就会增加；随着心理学人才的增加，人才断层的弥合也就会渐次解决；心理科学为人的发展服务，为社会主义建设事业服务的目的也就能够实现。苏联曾提出：“苏联心理学改革的主要目标是面向现实和真正的人道主义，即帮助现实的人、社会集团解决他们的实际问题。”[6]

潘菽教授曾指出：“在国外，在贯彻马克思主义的思想指导心理学方面，我们可以作为借鉴的地方主要是苏联。”“他们努力的方向和目标是大体上和我们一致的。”[7]苏联《心理学杂志》曾发表编辑部文章，认为苏联的社会改革，要求心理学深入分析新的管理体制和经济刺激对个人的动机—价值结构形成的影响，研究集体中的社会心理关系特点的制约因素，探讨民主的发展对个人和劳动集体的社会积极性的影响。提出应用心理学应着重下面三个基本方面：创造和运用人—机系统的心理保障；个性形成的心理学；组织机构的心理学问题。[8] 以上意见对我们具有参考价值。

怎样实现心理学的应用呢？首先，要设置应用心理学专业，培养这方面的本科生与研究生。现有的心理学系和心理学专业主要是教学型和研究型的，今后应转向以应用型为主。其次，要加强心理技术的应用与普及工作，心理学科学普及工作应从解释原理转向实际应用，要帮助解决社会生活中提出的问题。必须克服那种玩弄心理学名词，迎合社会上某些人的不良心理状态的低级庸俗的倾向。再次，加强应用心理学的科研工作，使心理学从过去偏重于教材建设、工具书建设转向应用课题的研究方面。例如，针对当前社会实际，开展思想政治工作的心理研究，民主与法制问题的心理研究，计划生育与独生子女教育心理研究，商品经济条件下人的动机与价值观心理研究，组织变革中的心理研究，等等。当然我们要注意正确处理好基础理论与应用的辩证关系，不可只执一端。

三、重建心理技术学

当代著名科学家钱学森曾将现代科学技术划分为六大部门，即自然科学、社会科学、数学科学、系统科学、人体科学和思维科学。六个大部门又都分基础科学、技术科学和工程技术三个层次。“介乎基础科学和工程技术之间的技术科学，它一方面是基础科学的应用，一方面又是不止一门工程技术的理论基础，形成得更晚一些，大约在本世纪二三十年代。”[9] 在钱学森教授所绘制的现代科学技术大部门关系图表中，心理学是属于人体科学这个大部门的，与“心理学”这门基础科学有关的技术科学是“人机工效学”，工程技术是“人机工程”。提出科学纵向三个层次，将技术科学这个中间层次单列出来，对于科学的应用无疑有重要意义。实际上其他科学部门都早已形成各自的技术科学，据此我们完全有理由提出重新建立心理技术学，而且这也是心理学在应用中的必然发展。至于钱老将心理学的技术科学局限于工业心理学范围，只提出人机工效学和人机工程则是值得商榷的。

心理技术学这个名称是早就有的。苏联十月革命后非常重视心理学在生产劳动部门的应用，劳动心理学和心理技术学（施皮尔莱、格莱尔史金、列维托夫、托尔金斯基等人的著作）得到了极大的发展。20世纪20年代末期形成的苏联心理技术学，30年代曾广泛应用于工业、商业、运输、职工教育和综合技术教育中，并且促进了军事心理、航空心理和体育心理的发展。许多城市都有心理技术学实验室，成立了心理技术学会，出版了《苏联心理技术学》杂志（1928—1934年），1931年还在莫斯科召开了第七次国际心理技术会议。总之，苏联的劳动心理学与心理技术学在提高劳动生产率方面发挥了实际作用。但是，当时的一份提纲主张心理技术学仅属于“技术进步”，它处于哲学斗争之外，它是“超党派”和“超阶级的”。由于方法论上的错误，30年代中期对心理技术学进行了批判。从此苏联心理学界在这方面的研究工作处于停滞状态，连心理技术学的名称也不提了。进入70年代后，苏联的劳动心理学和工程心理学又才有新的发展。[10]

我们认为应当历史地评价苏联心理技术学的作用，肯定其促进心理学应用的意义，不能由于方法论方面的错误便全部否定，我们提出重建心理技术学，至少与苏联当时的心理技术学有三个主要不同。首先，我们坚持以辩证唯物论作为建立心理技术学的哲学方法论基础。正如潘菽教授所指出的，心理学已经开始并将终于做到完全走上辩证唯物论的科学道路。其次，心理技术学应当始终首先注重人的因素，而不只是“技术进步”的问题，重视现代化生产中人—机系统的关系和人—人系统的关系。最后，心理技术学的范围不局限于劳动心理与工程心理的研究，它将运用已有的一切心理测量、心理测验和心理测查等手段，广泛地用于教育、医疗、运动、军事、司法、社会经济、人事组织等各种实际工作中，它将是已有的各种心理技术的综合学科。

心理技术学应将智力测验、人格测验、个体心理测评、社会心理测查、管理行为测查等都包罗进去。它将在人员心理测评、社会心理测查、心理诊断与咨询等方面起实际作用。我们认为，心理科学包括着理论思辨和技术操作两大方面，心理技术学属于技术操作方面，非常有助于心理学的应用。心理学的应用是心理学发展的生命力，心理技术学的建立将使心理学日益成为科学中的热门，学校中的主课，生活中的常识。

四、加强相关学科联盟

科学经历了一个由综合到分化的长时期发展后，现在又趋向于分化到新的综合的阶段。当今的科学技术将是自然科学与社会科学和哲学相统一的科学技术。据此，钱学森教授提出："我们应当大力促进自然科学和社会科学的联盟。现代科学本身是统一的，对自然科学的内在规律和外在条件的研究就介入了哲学社会科学的领域。当代哲学社会科学的研究离开了自然科学的基础，就形成不了跟得上时代发展要求的有真正价值的学术思想。"[11]就心理学这一门学科而言，也应开展相关学科的联盟与交叉，扩大心理学的研究与应用范围，从而使心理学能更广泛地面向社会生活，而不局限于现有的传统的研究领域。

首先，现代心理学研究的对象应是多层次的，不能停留在一个层面上。我们认为心理学应包括"传统心理学"（或称正统心理学）、"深层心理学"（或称潜意识心理学）、"超心理学"（或称超感知心理学）。"传统心理学"指冯特创立的实验心理学体系的心理学，这是我们研究得最多的，已有100余年的历史，但其心理规律仍远未完全揭示和掌握。"深层心理学"指弗洛伊德创立的无意识心理学或精神分析心理学，已有80余年的历史，其中关于心理治疗与梦的解析取得了不少成果，但是整体看无意识心理学却有着许多未揭示的谜，存在着一些错误观点。然而必须肯定"精神分析派心理学在扩大心理学的广度和加深心理学的深度方面都是有无可争辩的显著贡献的"[12]。"超心理学"在我国俗称特异功能和人体潜能。国内外这方面的研究刚刚起步，成果甚少，而且充满神秘色彩，夹杂着许多巫术、鬼魂之类的唯心主义的荒诞东西。例如，[英]I·G·吉尼斯著《心灵学——现代西方超心理学》一书，研究了人的直觉、预感、死前的心理感受，描述了巫术、说体经验、鬼魂、传心术、心灵治疗、预知和预言等十余种心灵现象。[13]就这本书的内容说许多方面应给以批评，但是有关特异功能、直觉、预感等问题确实值得研究。我们认为只要坚持在辩证唯物论的思想指导下，采用现代科学研究手段，上述三个层次的心理学问题都应当研究，这有利于解决社会生活中各种实际问题和消除一些错误思想。

其次，当前心理学可扩展的领域很多，这主要是一些需要多学科协同攻关的领域。在社会上引起强烈反响的行为科学、思维科学、特异功能、气功等，心理学可以而且应当参与协同研究，不应采取不介入的态度。据美国《管理百科全书》给行为科学下的定义："行为科学是运用自然科学的实验和观察方法，研究在自然和社会环境中人的行为（以及低级动物的行为）的一切科学。已经确定的学科包括心理学、社会学、社会人类学及其他学科中类似的观点和方法。"[14]思维科学这个学科群也包括心理学在内（尽管钱学森教授将心理学归入人体科学，但谈思维科学时也谈心理学）。美国新近出版的《认知科学》一书认为："认知科学是由心理学、语言学、人工智能、神经科学所构成的。"[15]很显然，行为科学和思维科学都把心理学作为包括在该学科群里的第一门学科，心理学在这两个领域是大有作为的。至于特异功能和气功等方面，心理学参与研究也是有必要的，对有的问题或肯定或否定，都应通过科学研究后作出结论。

最后，在心理学内部各专业领域、各个分支学科也应互相参与、互相渗透，以促进整个心理科学的协调发展和更好地为社会生活实际服务。

参考文献

[1] 杨鑫辉.略论心理学的应用与普及.江西师范学院学报，1980(1).

[2] 参见江西心理学通讯，1989(1).

[3] 参见理连荣.四十国心理学概况·美国部分.济南：山东教育出版社，1985.

[4] F. Mckinney.美国心理学五十年.原载美国心理学家，1976(12).转引自心理学参考资料第12期.

[5] 潘菽心理学文选.南京：江苏教育出版社，1987：91.

[6] П·А·拉齐霍夫斯基.苏联心理学中的马克思主义理论的若干争论问题.心理学问题，1988(1).

[7] 潘菽.我们要加强向苏联心理学学习.载潘菽心理学文选.南京：江苏教育出版社，1987：457.

[8] 参见心理学改革的任务与紧迫问题.苏联心理学杂志，1987(4).

[9] 钱学森.关于思维科学.上海：上海人民出版社，1986：19.

[10] 参见雅罗舍夫斯基.心理学史（第14章，俄文版），1976.

[11] 钱学森.为科技兴国而努力工作——在中国科学技术协会成立三周年纪念大会上的报告.

[12] 杨清.现代西方心理学主要派别.沈阳：辽宁人民出版社，1980.

[13] 参见[英]I·G·吉尼斯.心灵学——现代西方超心理学.陈燕云译.沈阳：辽宁人民出版社，1988.

[14] 转引自唐子畏.行为科学概论.长沙：湖南大学出版社，1986：6.

[15] 译自[美] Neil Stilings. Cdgnitive Science，1987.

现代心理技术学的体系建构*

20世纪80年代中期我提出要重建心理技术学，后来在《心理科学应当面向社会生活》[1]一文中作了阐述。1989年起招收了多届心理技术学研究生，1992年创建了全国首家心理技术应用研究所。我首倡建立的现代心理技术学新体系，与我们的人—机—环境系统工程研究有什么关系呢？大家知道，人的特性尤其是心理特征的研究，是人—机—环境关系中的核心因素。[2]人的心理素质的高低，群体心理的状况，个体与群体心理的正常与否等，都将在整个系统工程中发生影响。很显然，人—机—环境系统工程需要心理技术学的参与，对现代心理技术学的整体把握，将有助于人—机—环境系统工程与多学科的协同研究。下面就现代心理技术学的体系建构作一简要阐述。

一、建构新体系的必要性

心理技术学（Psycho-Technology）的名称是德国心理学家斯腾（L. W. stern）于1903年提出来的。最早进行具体研究工作并取得突出成果的，则是侨居美国的德国心理学家闵斯脱博格（H. Munsterberg），他在1913—1914年间出版了专门著作《心理学和工业生产率》与《心理技术学原理》。那时的心理技术学主要研究职业选择问题。1920年在日内瓦召

* 载《心理科学》1999年第5期。

开了第一届国际心理技术学会议，以后每一二年就举行一次国际研讨会，心理技术学在各国发展很快。在苏联成立了心理技术协会，出版了《苏联心理技术学》杂志（1928—1934年），主要研究职业选择、工业心理、军事心理技术，到30年代中期则受到批判。在美国的发展主要是心理治疗技术学。1953年，马德里大学还成立了心理技术学系，培养研究生。1955年，国际心联把国际心理技术学会改成国际应用心理学会，从此以后，心理技术学的名称就很少被提及了。

然而我认为，虽然原先的心理技术学已经分衍为众多的心理学应用分支学科，但是随着科学由分化走向新的综合，心理学需要一门介于基础研究与具体应用之间的综合技术科学。美国著名心理学家B·F·斯金纳去世前不久，在《作为行为科学的心理学究竟发生了什么》一文中也认为，心理学至今还没有发展出来一门强有力的技术学。苏俄著名心理学家维果茨基早在20年代出版的《心理学危机的历史内涵》著作中，就曾把心理技术学作为摆脱危机的重要出路。他还说："新的心理学种子应植根于心理技术学之中。"[3]心理技术学在30年代中期虽然受到批判，但是现在又在俄罗斯得到复苏和发展。所有这些，都进一步坚定了我必须重建心理技术学的主张。其具体理由是：

1. 从科学学理论看，每门科学都有技术科学这个层次

钱学森教授认为，各个科学技术部门都可分为基础科学、技术科学和工程技术三个层次。"介于基础科学和工程技术之间的技术科学，它一方面是基础科学的应用，一方面又是不止一门工程技术的理论基础，形成得更晚一些，大约在20世纪二三十年代。"[4]按照钱老关于科学门类和层次的划分，心理学属于人体科学这个大部门，与心理学这门基础科学有关的技术科学是"人机工效学"，工程技术则是"人机工程"。这里显然把心理技术学局限于工业心理学，这是值得商榷的。但是，关于科学部门三个层次的划分，则为心理技术学的重建提供了科学学的理论依据。

2. 从理论与应用的关系看，必须发展心理技术学

潘菽教授曾经指出："从历史发展过程看来，理论都是以应用为基础，

理论是由应用发展而来的（因为应用上许多问题需要进一步的解决）。故研究心理科学者应把这根植在应用上。”[5]应用是心理学发展的生命力。从学派、国别的心理学发展看，只有应用才可能有心理学的繁荣与发展。要发展应用，就必须有应用技术，也就必须发展心理技术学。在美国，重视应用的机能主义心理学，战胜和取代了把心理学看成纯粹科学的构造主义，就是证明。现在美国心理学会下设的50个心理学分会中，属于应用方面的分会占2/3，使美国心理学获得了很大的发展。

3. 从社会生活需要看，要求提供心理技术的帮助与服务

关于心理学的应用与普及，人们不只是要求了解一些心理学知识，也不只满足于解释说明生活、工作中的某些心理现象与问题，而更在于掌握和运用一些心理技术的知识与技能，来解决生活、工作中的实际问题。诸如各种职业的心理选拔，人事心理与管理心理，心理疾病、心理卫生与健康问题，运动竞技与心理素质，广告与营销心理问题，等等，都需要心理技术学提供实际的帮助与服务。与此相适应，心理学人才的培养也应当从教学型、研究型转向以应用型为主。

4. 从原先心理技术学的局限性看，需要重建与发展

原先的心理技术学的局限性，首先表现在研究范围较狭小，或主要研究职业选择，或主要在劳动心理和工程心理的领域，或主要研究心理治疗技术，缺乏较广泛而系统的覆盖面。其次，在心理技术学的方法学方面，存在仅限于“技术改进”而忽视人的中心地位与作用。最后，对心理技术学是介于基础理论与具体应用之间的中介层面的认识也不够明确，过去的技术层面研究是薄弱的。因此，应当重建心理技术学的新体系，克服其不足的方面，发挥它为社会生活实际部门服务的积极作用。

二、现代心理技术学的内容体系

我们将原先的心理技术学称为经典心理技术学，现在要建构新体系的心理技术学称为现代心理技术学。所谓现代心理技术学，是应用现代心理学原理及心理测验、测量、统计等技术手段，研究社会生活实际部

门中个体和群体心理问题的综合的应用理论学科。这个定义涵盖了心理技术学的原理与手段，研究的对象与范围，以及它的学科性质三个方面。个体和群体在社会各实践活动中的心理问题是极为多样的，因而心理技术学的内容范围也非常广泛。但是我们可以抓住它的主要方面来构建它的内容体系。就个体说，有人员心理素质测评技术；就群体说，有社会心理测查技术；就个体与群体的心理失常说，有心理咨询与治疗技术；就经济是个体和群体的社会活动中心说，有经济心理技术。它们构成一个整体而与心理学各种具体应用问题发生联系。

1. 人员心理素质测评技术

这方面的问题，在本人的《论人员心理素质测评》一文中作了较详细的论述。将简述如下：

人员心理素质测评是对人的心理属性的量化研究，是运用心理测量、测验的方法对各类人员进行心理过程与特质的测量和评价。心理特性的量化，比物理测量、生化测量更困难，有更大的间接性、多元性和随机性。

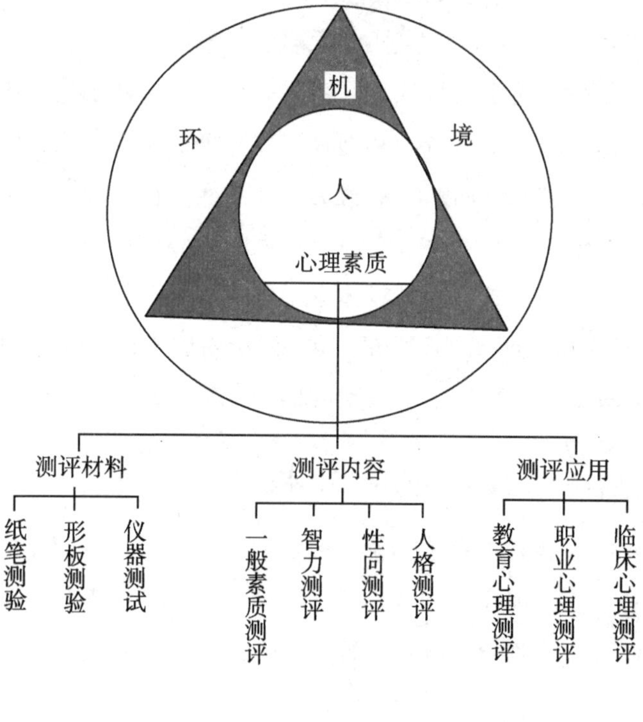

心理素质是指人的心理因素的特性，包括知、情、意心理过程，智力与能力，气质与人格等方面的特性。综合现有的研究成果，我们应当在人—机—环境系统中建立如上图的一种人员心理素质测评体系。

我们在进行汽车驾驶员心理素质测试[6]和射击运动员心理特性测试[7]等研究中，深感人的心理素质测评的有效性，在很大程度上取决于遵循一定的工作原则。这就是：评定筛选与训练提高相结合的原则，静态测评与动态分析相结合的原则，一般测评与特殊测评相结合的原则，定量与定性相结合的原则，国际化与中国化相结合的原则。

2. 社会心理测查技术

人不是孤立的个体，总是生活在一定的群体之中，因此还必须测查群体心理、组织领导心理、社会心理的倾向性等。

社会心理测查是对社会中群体的心理倾向性进行测量与调查。心理倾向主要包括社会需要心理、对人与事的态度、群体人际关系等。对社会群体采用一定样本的心理测量与调查，了解社会的心理倾向，使思想政治教育工作的开展、各种改革措施的实行、各种社会工作的进行、组织管理人员的选拔与结构等，更加有针对性和科学性。例如，我主持或指导研究生进行的离退休干部的人际关系研究[8]和离退休干部的心理反应差异性研究[9]，为有关部门做好离退休干部工作提供了科学的心理依据；关于灾害心理的研究[10]，为提高防灾、抗灾、救灾工作水平和减少灾害给受灾者造成的身心影响提供了科学的心理依据。

社会心理测查的技术，主要是问卷的设计与量表的使用。态度测量主要有瑟斯顿—蔡夫量表法（等距法）、李克特量表法（总加量表法）、社会距离测量量表法、语义分析量表法、行为反应测量法、自由反应法等。人际关系测量方面有社会测量法和参照测量法等。

3. 心理咨询与治疗技术

个体与群体都会有心理失常，发生心理障碍甚至心理疾病的情况，这就需要心理咨询与心理治疗的帮助。众所周知，心理咨询是通过心理商谈，使咨询对象的认识、情感、态度等有所变化，从而更好地适应环境，保持身心健康。心理治疗则是运用心理学理论和技术，矫治心理、行为障碍和精神（心理）疾病的治疗方法。而要判别是否有心理、行为障碍和心理疾病，确定其性质与程度，科学地进行咨询与治疗就必先进行心理诊断。

常用的心理诊断方法有个案法、会谈法、观察法、测量法、临床神经心理检查等。这里诊断量表的中国化特别重要，照搬外国心理量表是不可能完全反映中国人的心理特性事实的。我们曾经对我国大学生心理健康评定量表[11]进行过初步的探索。

行之有效的国外心理咨询与治疗的方法技术，我们应当尽量吸取和运用。我们也应当将至今仍富科学性的祖国传统心理治疗的思想与方法，应用到今天的心理治疗实践中去，就像现在许多医院在治病实践中实行中西医结合一样。中国传统心理治疗的具体方法主要有开导劝慰法、以情胜情法、习见习闻法、以欺制欺法、消愁怡悦法、气功导引法、移精变气法等。详见拙文《中国传统心理治疗的科学性》。[12]

4. 经济心理技术

经济建设是我国各项建设的中心，社会的各项活动都离不开经济活动并以它为基础。心理技术学要为社会服务，必须把经济心理技术的研究与应用摆在重要的位置上。

经济心理学，是一门多学科综合研究以消费行为为中心的科学。日本的饱户弘说："所谓经济心理学，它既不是经济学的一个领域，也不是心理学的一个领域，而是通过'人类经济行为的研究'这一研究对象，将经济学、心理学、社会学、文化人类学综合后诞生出来的一门新的综合性科学。"[13]我们认为从心理学探讨，经济心理学应当研究生产者、决策者、销售者和消费者在经济活动中的心理规律及其作用。

这里应当着重探讨将经济心理学应用于社会实践的三个主要方面的理论与技术。这就是:第一,关于消费者行为的模式与研究理论。消费是"广告·消费·市场营销"三者的中心环节，研究消费者行为是开展广告和市场营销的基础和关键。第二，市场调查与预测技术。运用访谈法、问卷法、测量法、统计法等技术手段，进行探测性、描述性、因果性、预测性等类别的调查研究。第三，企业形象与识别系统问题。要研究产品形象、品牌形象、企业形象的心理功能，掌握建立形象因子体系、然后确定营销广告策略的技术。在企业识别系统中，应确立以理念识别（MI）为主导，与行为识别（BI）、视觉识别（VI）相统一来建立企业形象。

三、与西方、苏俄心理技术学之比较

重建的现代心理技术学，与西方、苏俄原先的心理技术学有什么不同呢？我们认为主要有三个方面的差异。

首先，我们坚持以辩证唯物论作为建立心理技术学的哲学方法论基础，并强调为社会广大群众服务。在西方，心理技术学开始用于职业选择，是作为"资产阶级剥削最巧妙的残酷手段"而使其逐步发展起来的。苏联二三十年代一份心理技术学提纲，认为它处于哲学斗争之外而受到了批判。我们重建的现代心理技术学则应有正确的方向性。

其次，现代心理技术学应当始终首先注重人的因素，而不只是"技术进步"的问题。因而我们特别重视现代化生产中和社会生活中，人—机—环境和人—人—环境系统的关系。把对人的心理因素的研究放在最主要的位置上，并且与其他多学科交叉共同解决社会生活中提出的实际问题。

最后，也是很重要的一点，现代心理技术学应是包括已有各种心理的技术综合学科。一方面，它的范围很广。它不同于西方和苏俄或局限于劳动心理和工程心理技术，或局限于医学心理治疗技术。它运用已有的一切心理测验、测量、调查等技术手段，广泛地用于教育、医疗、军事、运动、人事、司法、社会经济、工农业生产、交通运输等各个实际部门。另一方面，现代心理技术学强调研究介于基础理论与具体应用之间中介层面问题，而不能像西方在50年代以后将应用心理学代替心理技术学。

参考文献

[1]杨鑫辉.心理科学应当面向社会生活.心理学探新，1990(1).

[2]杨鑫辉.论人员心理素质测评.龙升照主编.人—机—环境系统工程研究进展（第一卷）.北京：北京科学技术出版社，1993.

[3]维果茨基文集（俄文版第1卷）.38.参见龚浩然.Π·C·维果茨基与俄罗斯心理学的若干变化.浙江省社会心理学会第三届学术年会论文.

[4]钱学森.关于思维科学.上海：上海人民出版社，1987：91.

[5]潘菽.潘菽心理学文选.南京：江苏教育出版社，1987：91.

[6]杨鑫辉等.优良和事故汽车驾驶员心理素质的比较研究.见金会庆，何存道主编.首届中日驾驶适性理论与事故对策研讨会论文集.上海：上海交通大学出版社，1992：200—204.

[7]杨鑫辉.射击运动员心理特性测试与反思.南京师范大学学报（社会科学版），1997(2).

[8]邹艳春.离退休干部人际关系的测查研究.心理学探新，1994(1).

[9]杨鑫辉，王胜桥等.离退休干部心理反应差异性研究.心理学探新，1996(2).

[10]胡秋良.洪涝灾害中情绪反应的调查与研究.心理学探新，1994(1).

[11]童辉杰，杨鑫辉.大学生心理健康评定量表的初测报告.心理学探新，1997(4).

[12]杨鑫辉.中国传统心理治疗的科学性.中国临床心理学杂志，1997(2).

[13][日本]饱户弘等.经济心理学.北京：中国商业出版社，1987：20.

关于人的心理特性测评的理论思考*

在人—机—环境系统中，人是主要矛盾的方面，然而人的一切活动都受其心理的调节、支配，因此，人的因素特别是人的心理特性，是人—机—环境系统中的核心因素。[1] 关于人的特性的研究已经引起广大科技工作者的重视。1991年首届中日驾驶适性理论与事故对策研讨会交流的107篇论文中，有关人的特性研究的21篇，约占20%。[2]1993年第一届全国人—机—环境系统工程学术会议选辑的论文集，117篇论文中有关人的特性研究的为48篇，约占41%。[3] 但是，必须指出，在48篇论文中从人的心理特性进行研究的只有9篇，有必要进一步加强这方面的工作，以便充分发挥人—机—环境系统工程中的心理因素的作用。

该文联系本人主持的关于汽车驾驶员和射击运动员心理特性实际测评的两项研究以及他人的有关研究，试图综合地从整体上探讨人的心理特性研究工作中的几个基本理论问题，这几个理论问题的解决，对于人的心理特性测评工作具有实际指导意义。

一、系统：特性测评—数学模型—检测仪器的系统

从系统工程的视角看，在人—机—环境系统中，不仅需要将人的生理的、心理的、社会的特性联系起来综合地考察人的特性，而且对人的

---

* 载《江西师范大学学报》(自然科学版)1996年第1期。

特性的测评研究，应当建立特性测评—数学模型—检测仪器的系统，必须克服孤立地单项研究心理特性、数学模型和检测仪器的偏向。

过去对人的特性的研究，或探索生理代谢功能、身高体重状况、手眼活动能力、体力劳动负荷等生理特性，或研究人的心理素质、心理调控能力、情感意志特点、性格气质特征等心理特性，或探讨人的道德水准、行为准则、工作评价的价值取向等社会特性。这种研究是完全必要的，而且只有这样才能对人的特性的各个方面有细致深刻的了解。但是，尚缺乏生理特性、心理特性与社会特性的综合整体研究，从系统论看，是不完善的。因而有必要组织生理学家、心理学家与社会学家的联盟，多学科全方位地综合研究系统工程中人的特性；扩而言之，还必须与其他学科的专家配合，以期真正做到人—机—环境系统中的特性研究，而非孤立的静态的人的特性考察。某些研究成果与实际有差距而难得到应用的原因之一也在此。我们这样提出问题，并非否定对人的生理特性、心理特性、社会特性单项研究的必要性，而旨在强调综合的系统研究更为重要，强调研究某一方面时要尽量考虑与其他方面的联系。

过去关于人的特性的研究，包括心理特性的研究在内，存在特性测评、数学模型与检测仪器脱节的现象。我和我的研究生的关于汽车驾驶员的心理素质测评便主要停留在特性测评阶段，由于各种原因而未建立特性测评、数学模型与检测仪器系统。后来在本人参加主持的江西省科委课题《女子步枪和手枪运动员心理特征及心理选材模式的研究》中，筛选出7项指标测试其心理特性，即注意集中力、抗干扰能力、动作稳定性、认知方式、闪电融合频率、水平距离知觉、深度知觉（步枪项目增加手眼协调能力）。根据研究结果建立了选材方程，手枪项目是：$T=0.156Q_1Y_1+0.154Q_2Y_2+0.148Q_3Y_3+0.144Q_4Y_4+0.140Q_5Y_5+0.135Q_6Y_6+0.123Q_7Y_7$，步枪项目是：$T=0.15P_1X_1+0.14P_2X_2+0.135P_3X_3+0.134P_4X_4+0.129P_5X_5+0.114P_6X_6+0.108P_7X_7+0.098P_8X_8$。毛恩荣博士的学位论文《机动车驾驶员适宜性的研究》[4]则是较全面系统的，他将研究重点放在驾驶员的视觉功能与安全行车关系、有无事故驾驶员心理素质比较、驾驶适宜性综合检查与评价三个方面；采用因子分析方法选择检查项目，运用多元统计中的判别分析方法建立评价模型，开发了人体行为特性测试仪的研制。尽管该学位论文仍有进一步完善之处，但他所走的特性评价—数学模型—检测仪器系统的路子是完全正确的。

二、梗阻：从理论研究到实际应用的梗阻

在人的心理特性测评工程中，不仅存在着孤立地研究心理特性、数学模型和检测仪器的偏向，而且更严重的是存在着理论研究不能很好地通向实际应用的梗阻。科学发展的生命力在于应用，这种理论与实践之间的梗阻，既妨碍了人员心理测评工作的社会效益，又阻碍着人员心理测评研究的进一步发展。这种梗阻的发生，既有社会因素的外部原因，也有学科本身的内部原因。我们应当采取各种措施去消除或者至少应尽力减少这种梗阻的产生，从而达到人的心理特性测评理论到实际应用的畅通。

所谓外部原因，是指人员心理测评的科研成果不能转化为生产力的诸多社会因素。江泽民同志《在全国科学技术大会上的讲话》中强调要“强化科技成果的转化，积极推广包括高技术在内的先进实用技术，满足农业登上新台阶的技术需求”。“要使企业逐步成为技术开发和成果转化的主体。在目前市场机制尚不健全的情况下，科技成果的商品化、产业化工作，还需政府在各方面给予必要的政策扶持。”[5]而当前的实际情况是诸多因素在阻碍着科技成果的转化。以汽车驾驶员的适性研究为例，已经有一大批驾驶适性理论与事故对策研究的成果，但是至今极大多数地方并未按照“生理—心理—技术—社会”的模式来选拔培养驾驶员，仍然停留在“生理—技术—社会”的旧有模式上，只对驾驶员作体格检查和操作技术考核，而不搞心理训练，究其原因是复杂的，如有的部门考虑实行心理素质测评会减少驾驶执照的通过率而影响单位收入，很多驾驶人员担心被筛选掉而采取抵制态度等。所有这些都应从全局出发，从社会整体效益出发来正确解决。

所谓内部原因，是指心理学本身尚未形成一门强有力的心理技术学的中介层次。任何一门科学要面向社会生活为社会实际部门服务，都必须充分发展其技术科学层次。钱学森教授认为每门科学都包括基础科学、技术科学和工程技术（或应用科学）三个层次，技术科学发展较晚，是将基础科学应用到实际部门的中介与桥梁。心理科学的情况也是如此，本人一贯强调应用与普及是心理学发展的生命力，必须重建现代心理技术学新体系[6]，使心理学更好地为社会实践服务。然而当前对心理技术学尚未引起应有的重视，学科内部形成了人员心理测评从基础理论研究到实际应用的某些梗阻。以驾驶适性理论与事故对策问题为例，下述问题都是心理技术学所注重探讨、而在基础研究与实际操作应用中易疏漏的。即驾驶员筛选模式的变化，从“生理—技术—社会”模式，转变为“生理—心理—技术—社会”模式；驾驶行为的S—O—R心理学原理之改进，是双向关系并加t因素，同时重视人本主义心理学与认知心理学对驾驶行为的指导作用；驾驶适性测评标准与工作制度等的构想。著名行为主义心理学家B·F·斯金纳在逝世前不久曾指出：“心理学也没有发展出来一门强有力的技术学，内部决定物阻碍有效的行为。”[7]这是值得引起我们重视的。

三、期望：从全面化、国际化到全息化、本土化的期望

关于人的心理特性测评力求科学与实用，这是从事该项工作的基本点，是毫无疑问的。然而对心理测评科学性的认识却有某些偏向，以为讲科学性就是尽量多地全面测评人的各种特性，就必须采用国际上流行的各种量表。我们认为，上述看法的理由是必要的但不是充分的，它没有看到基础科学与技术应用既有联系又有区别，它没有注意人既是自然实体又是社会实体的特点，因而必须重视文化背景，采用本土化量表。

我们期望用全息理论来正确处理全面化的问题，德国物理学家盖柏（D. Gabor）和罗杰斯（G. L. Rogers）于1848年提出的全息（Holography）概念，实际上是一种普遍的现象，而不只是开始研究时的光学全息术。

生物界的植物有分枝数、茎棱数与叶裂数全息相关，叶脉与分枝、叶形全息相关，动物躯干与节枝斑纹条数全息相关，人、动物的分枝呈全息相关，就人类社会现象说，每一件文物都浓缩了社会的众多信息，因而考古学家可以通过一块陶片、一件金属去窥寻过去。一部优秀的文学作品，包含了所处时代的全部信息。总之全息是指总体上的任何一部分或母系统中的任何一个子系统，都包含着整体或母系统的全部信息。全部信息的子系统或部分则称为全息元。人的心理特性测评也应当引进全息理论，各种测评量表的编制不是项目越多越好，而应筛选最有代表性和典型性的指标即全息元，以反映人的基本心理特性。这种根据全息理论编制的量表，既可以保证其科学性，又能精简测试时间，方便实用。我们相信它是测量方法的一个新的变革，应当作为一种重要科学方法去探索。因为“全息元是全息系统的缩影，储存、记录了整个大系统的全部信息，我们便可通过全息元去认识大系统的各种信息情况，推断大系统的性质和规律，进而推至更大的系统……这为我们认识客观世界提供了一个新的重要科学方法”[8]。

我们也期望正确处理国际化与本土化的关系，努力编制出我国本土化的心理测评量表。科学没有国界，心理学也应当没有国界，一般来说是正确的。但是，人既是自然的实体又是社会的实体，决定了心理学是一门中间科学、边缘科学或二重科学的性质，而不是单纯属于自然科学或单纯属于社会科学。心理学的社会科学一重性质，说明不同国家不同民族的文化背景对人的心理行为有极重要的影响。因此心理学的本土化问题本身就是科学的要求，并显示其重要性。我们在人员测评中不能照搬外国的量表，正如今年在台湾举行的华人心理学家学术研讨会的宗旨所指出的，“如何摆脱对他国心理学的盲目依赖，发展出本土化的心理学理论，更为贴切地描述与理解华人社会中人们的思想与行为，乃成为今后华人心理学者不得不严肃思考的重要课题”。当然，这种本土化与国际化是辩证的关系，也即特殊与一般的关系。

总之，我们期待用全息理论使心理测评工作更简便而有效，也期待编制本土化测评量表以反映我国文化背景下的人的心理特性。

参考文献

[1] 杨鑫辉. 论人员心理素质测评. 江西师范大学学报（自然科学版），1993（4）.

[2] 金会庆，何存道. 首届中日驾驶适性理论与事故对策研讨会论文集. 上海：上海交通大学出版社，1992：200—204.

[3] 龙升照. 人—机—环境系统工程研究进展（第一卷）. 北京：北京科学技术出版社，1993：目录1—4.

[4] 毛恩荣，周一鸣. 机动车驾驶员适宜性心理素质评价方法的研究. 心理学探新，1994（2）.

[5] 江泽民. 在全国科学技术大会上的讲话. 人民日报，1995年5月26日.

[6] 杨鑫辉. 心理科学应当面向社会生活. 心理学探新，1990（1）.

[7] B · F · 斯金纳. 作为行为科学的心理学究竟发生了什么. American Psychologist，1987（1）.

[8] 刘宗寅，秦荃田. 全息教学论原理. 济南：山东大学出版社，1990：19—20.

论人员心理素质测评*

一、科学地位

在人—机—环境系统中，作为工作主体的“人”，作为控制对象的“机”，作为人、机共处的特定条件的“环境”，是紧密联系成为一个整体的，三者均不可或缺。从系统思想的发展看，古代东西方的思想家都主张联系地看事物的整体观，系统论的创始人贝塔朗菲更明确地指出：整体论是一般系统论的核心，很显然，将人—机—环境系统视为一个整体是正确无疑的。但是，处于整体中的各部分、各事物是矛盾的统一，“在复杂的事物的发展过程中，有许多的矛盾存在，其中必有一种是主要的矛盾，由于它的存在和发展，规定或影响着其他矛盾的存在和发展”[1]。人—机—环境系统中，人是一种主要的矛盾，各种机器和生产过程受人的操作和控制，温度、光线、声音等造成的特定工作条件也可由人创设或改变，然而人的一切活动都受其心理的调节、支配，人的因素特别是人的心理素质，是人—机—环境系统中的核心因素。

为了更好地进行人的心理素质测评和其他心理技术工作，1988年笔者曾提出重建现代心理技术学这一技术科学。[2]在西方，心理技术学称为Psycho-Technology或Psycho-Technics，它的名称在20世纪初就被提出

* 载《江西师范大学学报》（自然科学版）1993年第4期。

来了，后来的发展也有其局限性。我所提出重建的现代心理技术学，主要包括人员心理测评、社会心理测查、心理诊断与治疗等方面的心理技术，它应当始终首先注重人的因素，而不只是“技术进步”问题。因而特别重视现代化生产中和社会生活中的人—机—环境和人—人—环境系统的关系，把对人的心理因素的研究放在最重要的位置，它应当跟其他学科交叉，共同解决社会实际生活中提出的各种问题，现代心理技术学，特别是它的人员心理素质测评方面的内容，应是人—机—环境系统工程的重要组成部分。

人员心理素质测评工作的科学地位，已为科学技术发展和社会实际生活所证实，并且将愈来愈显示其重要性。早在20世纪三四十年代，西方国家在机器、武器、各种仪表的生产设计和实际操作中，已开始注重人的特点，尤其是人的心理特点，使之易感知、理解、判断和操作，在人员选拔上也较广泛采用了心理测验。世界各国的情况表明，未经心理测验的飞行员，其淘汰率为2/3~4/5，采用心理测验后，其淘汰率一般由76%降到36%，减少了经费浪费，提高了安全飞行水准，其效果是显著的。世界各国汽车交通事故情况，也说明驾驶员心理素质测评与训练的重要，日本重视此项工作，其事故死亡率在降低。以1980年为例，日本的交通事故死亡系数［死亡系数=（死亡人数/$\sqrt{\text{车辆数}\times\text{人口数}}\times 10^4$］为1.28，而我国为5.16，研究分析表明，驾驶员的心理素质与安全行车有密切关系。[3] 当前科技迅猛发展，诸如宇航飞行、卫星发射、海洋开发、电子技术以至一般机器生产过程中的人—机—环境系统，人的因素、人的心理素质的重要性并不因技术的发展而减弱，相反地更要求它发挥其特殊作用。

二、体系建构

人员心理素质测评是运用心理测量、测验的方法对各类人员进行心理过程与特质的测量和评价，它是对人的心理属性的量化研究。虽然这种定量化比物理测量更困难，有更大的间接性、多元性和随机性，但是通过一定的途径、手段的建构，是可以直接或间接获得的。人员心理素质测评是人员测评或人才测评的重要组成部分，例如西方的评价中心使用的测评类型包括能力测验、个性问卷、背景情况面谈、案例研究、公文处理、面谈模拟等[4]，其中能力测验和个性问卷是典型的心理素质测评，我国有研究者提出了食品生产流水线操作工人的小型能力模型[5]。见下表。

食品工人的小型能力模型表

能力分类	能力指标
特殊能力	手臂运动灵活性；手眼配合灵巧性；注意力分配；动作和情绪的稳定性；触觉记忆
创造能力	创造性思维的流畅性、变通性和独特性
一般能力	智力商数（IQ）

这种人员测评内容则完全是心理素质问题。

从测评工作的历史发展看，心理测验最初是“绩效测评”，后来又出现了“纸笔测验”。绩效测评是指非语言测验，要求有某种形式的行为反应，如说话、写字、画图、身手移动、校正钟表指针、摆弄工具等。高尔顿（1822—1911年）在19世纪中期已设计了一些测验设备，如判定音高的音哨，测量视觉广度的条棒，以及反应时测量仪等。卡特尔（1860—1944年）继承和发展了高尔顿的方法，扩展到50多个测验，主要集中在简单反应时和辨别、联想等反应时的差别等的测量。1905年，法国的比纳和西蒙为了诊断智力落后儿童，设计了第一套智力测验量表，提出心理年龄（Mental Age）概念，使测评工作发生了重大变化。后来出现了以实龄（CA）除智龄（MA）计算智商（IQ）的方法，到20世纪30年代和40年代，测评工作主要转向纸笔测验，出现了许多智力量表和人格问卷以及特殊能力的测评[6]。我国心理学工作者对国外的一些主要量表作了引进和修订工作，更自编了一些问卷用来施测。当前，心理测量的计量学理论，在原先的真分数理论（The Score Theory）的基础上，又出现了项目反应理论（Item Response Theory，简称IRT）和概括化理论（Generalizahility Theory，简称GT）。[7]由于GT理论的一个突出特点是强调测量的情境关系，因此用于人—机—环境系统中测评人的心理素质更有广阔前途。

心理素质是指人的心理因素的特性，包括知、情、意心理过程，智力与能力，气质与人格等方面的特性，综合现有的研究成果，应当建立这样一种心理素质测评体系：（1）按测评内容包括：① 一般素质测评，跟先天解剖生理特点密切联系的简单反应时，选择反应时，视、听、嗅、触等感知辨别力。② 智力测评，了解认知的一般能力，特别是言语推理、数值推理、记忆、辩证思维等智能。③ 性向测评，又称能力倾向测验，着重个人对某种职业和活动的特殊潜在能力的测定，用以指导就学和选择职业。④ 人格测评，主要用于测量性格、气质、兴趣爱好、品德等个性特征。（2）按测评材料包括：① 纸笔测验，又称文字测验，受文化程度影响。② 形板测验，又称非文字测验，包括图形辨认、图形排列、形板与实物操作等，尤适合不识字的人。③ 仪表测定，使用各种心理学仪器进行心理特性的测试。（3）按测评应用包括：① 教育心理测评，用于学校中对学生进行成就测验和能力测验。② 职业心理测评，用于各类人员的选拔与培训。③ 临床心理测评，用于心理咨询与医疗部门，诊断人的心理是否健康，值得特别注意的是，我们所进行的人员心理素质测评，是人—机—环境系统中对人的测评，它是与机—环境密切联系的，可以图示如下：

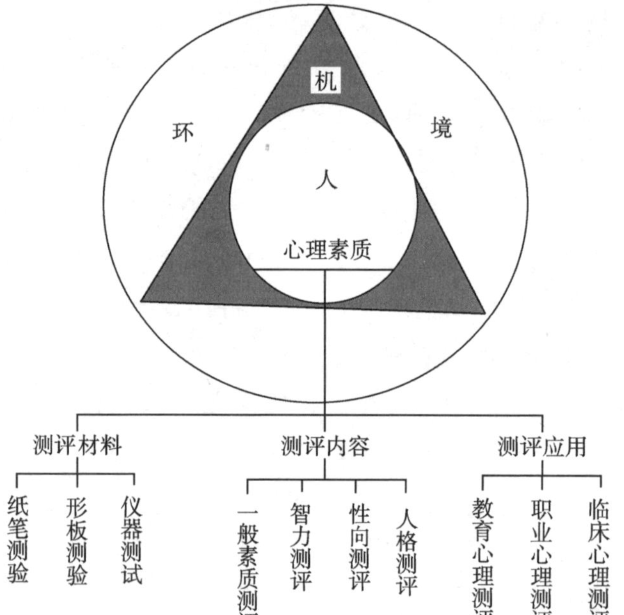

三、工作原则

人员心理素质测评的有效性，在很大程度上取决于遵循一定的工作原则，从我们对汽车驾驶员、射击运动员等的心理素质测评工作情况，以及其他人员功能测评工作经验看，正确地组织人员心理素质测评应坚持如下基本原则：

1. 评定筛选与训练提高相结合的原则

心理素质测评不能简单地理解为只是为了筛选。例如各类驾驶员、机械仪表工人、射击运动员等的测评，只对极少数很不适宜者起筛选作用，对更多的人来说，则是了解其心理素质状况，以便于更有利进行心理训练以配合技术训练，从而提高其工作效率又保证其安全操作。尤其从我国当前的实际情况看，单纯的筛选将遇到阻力而不可接受，所以更应积极地全面地处理好测评与筛选培训提高的关系。

2. 静态测评与动态分析相结合的原则

人—机—环境系统是一种动态的非静止系统，人的心理素质也可以通过学习训练而变化提高，而我们的测评只可能是针对“某一状态”进行的。对这种静态测评必须进行动态分析，即使是再取“另一状态”进行测评，也必须进行动态分析，其结果才会尽量接近实际。因此，在实施心理素质测评中，要考虑人在不同发展阶段的水平，要考虑掌握机器等的熟练程度，要考虑人—机—环境给予的影响，总之要将静态测评与动态分析结合起来。

3. 一般测评与特殊测评相结合的原则

为了全面了解人的心理素质，既要作一般素质测评和智力测评，又要作性向测评（即潜在的特殊能力的测评），既要作一般的人格测评，又要作检查病态的临床心理测评，只有综合分析一般测评与特殊测评得来的材料，才能提出正确的评估与建议，才能避免片面性。

4. 定量与定性相结合的原则

人员心理素质测评中的“测”与“评”是有联系又有区别的。“测”

偏重于定量的测量，“评”偏重于定性的评价。心理量化是比物理量的量化要更为复杂的，通常用数学方法进行量化，它包括确定性数学方法（算术、代数、微分方程等）和非确定性数学（也称随机性数学）方法（数理统计、概率论、随机判决函数等）。模糊数学方法研究系统中模糊要素之间的关系，对人—机—环境系统中心理因素的量化是一种可行办法，广义量化把系统的组成要素间的关系联结起来，既可以是数学方法，也可以是非数学的逻辑关系式的方法，还可以是两者的结合。它能较好地表示心理因素的活动状态、程度、方式等量的存在，至于定性问题的分析方法，最典型的是专家评估法，依靠专家的经验、知识、判断能力、天赋直觉等来分析评估一些复杂问题，有时比定量方法还奏效，更能说明问题的本质。[8]

5. 国际化与本土化相结合的原则

为什么人员心理素质测评必须有这种结合呢？“由于心理学的科学性质是介于自然科学和社会科学之间的中间科学，具有双重性质……不同社会文化背景的人，其心理与行为的规律与特征固然有共同的东西，存在共性，但是也有不同的方面，特别是在个性心理方面尤为突出。不仅我国的心理学需要本土化，任何国家的心理学都有各自的本土化问题，心理学不可能像自然科学一样，完全成为一种‘范式’（Parading）。”[9]具体说来，在人员心理素质测评时，采用国外的心理量表应作适应我国情况的修订，还应提倡编制我国自己的量表。

四、存在问题

我国的人员心理素质测评工作，已经开始引起学术界和实际部门的重视，过去心理学界主要将心理测验用于教育、医学等领域，随着现代社会人才测评的兴起与广泛应用，人员心理测评已开始在许多实际部门应用。例如1991年在首届中日驾驶适性理论与事故对策研讨会上，笔者提出驾驶员的筛选模式应从“生理—技术—社会”模式，转变为“生理—心理—技术—社会”模式，全国不少地方也已对驾驶员的选拔培训进行了心理素质测评工作，这次首届全国人—机—环境系统工程学术会议，征集论文范围中也把人员基本素质测评研究作为重要内容之一。但是，开展该项工作也还存在一些亟待解决的问题。

首先，在理论上尚未完全纳入现代心理技术学这个中介性的技术科学内。著名心理学家B·F·斯金纳于逝世前两年，在《作为行为科学的心理学究竟发生了什么》一文中指出："心理学没有发展出来一门强有力的技术学。"正如钱学森教授指出的，作为中介的技术科学比基础科学和工程技术两个层次发展要晚些，这个问题解决了，人员心理素质测评的科学地位也就得以确立。当然由于人的心理的极端复杂性，我们还必须审慎地对待心理测评的作用，既不可忽视，又不可估计过高而滥用。

其次，在实践上有关领导管理部门没有把它看成"硬件"，这样大大影响了人员心理测评的实效。现在只有选拔飞行员坚持采用了心理测查。人的健康检查本应按照"生物—心理—社会"模式进行身心健康检查，实际上只作体格健康检查，各种职业人员选拔与培训中的心理素质测评工作的推行也是步履艰难。

最后，在手段上也有一些需要进一步研究的问题。例如，斯登伯格等人认为现行的IQ测验需要改进，智力应包括解决问题的能力、言语能力和实际社交能力，而第三种能力很难测到。[10]又如从实际出发，可有多种层次的心理测量，因此应尽量简化量表，以适合实用，从"全息"理论看是可能的。此外，尚缺乏中国自己的各类人员心理素质检测系统，心理学工作者与计算机工作者、仪表研制者的合作前景是大有可为的。

参考文献

[1] 毛泽东.矛盾论.载毛泽东选集（第1卷）.北京：人民出版社，1966：295.

[2] 杨鑫辉.心理科学应当面向社会生活.心理学探新，1990（1）.

[3] 江西师范大学教科所，南昌市交警支队.优良和事故汽车驾驶员心理素质的比较研究.首届中日驾驶适性理论与事故对策研讨会论文集.上

海：交通大学出版社，1992.

[4] 鲁龚等编译.评价中心——人才测评的组织与方法.南昌：百家出版社，1991：131.

[5] 陆红军.各类人员测评实例.北京：中国展望出版社，1986：27.

[6] J·P·查普林.心理学的体系和理论（下册）.上海：商务印书馆，1984：208−224.

[7] 漆书青等.项目反应理论及其应用研究.南昌：江西高校出版社，1992：2−3.

[8] 郭俊义.广义量化引论.南昌：江西高校出版社，1991.

[9]杨鑫辉.关于个体社会化的几个问题.江西师范大学学报，1992(3).

[10] Sternbery.Testing Intelligence Withaur IQ Tests.

驾驶适性理论若干问题探讨*

由于现代化建设的飞速发展，作为经济命脉的交通运输愈来愈显出其重要作用。要使交通运输畅通无阻、安全有序，驾驶员的素质是个关键。众所周知，人（驾驶员和行人）、车辆与道路是构成交通的三大要素，而人（特别是驾驶员）是主导的核心因素。有些人适宜于驾驶作业，有些人则不适宜于驾驶作业，这就存在一个适性的问题，与交通安全密切相关。在实际工作中就出现了驾驶员的筛选问题。发达国家乘汽车者一般都能自己驾驶，在我国则主要是职业的汽车驾驶员，就更应重视筛选。驾驶适性通常指具备圆满完成驾驶作业的资质，主要看它的适宜性，同时也包含一定的适应性。我们研究驾驶适性抓住了安全行车与驾驶员筛选、培训的中心环节，具有重要的理论意义和实际意义。兹就驾驶适性理论的几个问题作如下探讨。

一、驾驶员筛选的模式

在现代社会中，职业选择、筛选日益科学化，对某些特殊专业尤为重要，飞行员的选拔是最典型的例子。世界各国的情况都表明：只做身体检查，未经心理测检，飞行员的淘汰率为2/3—4/5。后来采用心理测验，飞行员的淘汰率一般由76%降到36%。例如，1942年美国从65%降

---

* 载《心理学探新》1992年第2期。

至36%，1943—1944年法国从61%降至36%。汽车驾驶中的频发事故，也促使人们对驾驶员进行筛选。美国曾采用这样的方法：将3年中频发事故者予以调换，其结果是调换后3年间的事故，较以前3年间的事故减少半数以下，当然更佳的方法应当是后来大家重视的事前筛选。日本的交通心理学曾进行过较详细的探讨，重视驾驶适性研究。

综观国内外驾驶员筛选的情况，我认为驾驶员的筛选模式已经发生重要变化,即从“生理—技术—社会”模式,转变为“生理—心理—技术—社会”模式。传统的模式是：认为一名合格的驾驶员主要是身体素质要合格，通过医院的身体检查作出判断，其次要求达到一定的驾驶操作技术水平，通过技术考核来评定；最后是社会因素的要求，受用人部门的招聘数额、政治道德标准等的制约。上述三方面的综合，便构成了驾驶员筛选的传统模式，它曾在提高驾驶质量方面起过积极作用。

但是交通运输迅速发展，早在60年代末道路公里汽车台数在猛增，美国16.9台/公里，英国39台/公里，现在更加密集了。在这种情况下交通事故的发生日趋频繁，以致日本东京大学的宇留野教授惊呼汽车是“活动凶器”、“活动棺材”。我国的交通事故也是相当严重的，1991年1—8月份，发生交通事故22 000多起，死亡5 000多人。江西省南昌市约有车辆2万台，年事故约1 500起，造成死亡的80—90起。国内外的交通事故的分析研究表明：直接与驾驶员心理素质相关的事故为数不少，间接的联系则更为广泛。这就促使人们筛选驾驶员时重视人的心理素质方面的要求。在培训中除技术训练外，要同时重视心理训练。从而形成了一种新的，即重视心理素质的驾驶员筛选模式：“生理—心理—技术—社会”模式，弥补了传统模式的缺陷。遗憾的是，在我国当前的实际工作中，心理素质还是被忽视的。

我们认为，上述筛选模式的转变，不仅对汽车驾驶员的选择是重要的，而且对其他各类技术操作人的选拔也有基本适应的意义。

二、驾驶行为的心理学原理

对驾驶行为的心理学分析，一般都是作为行为主义原理的探讨。日本的宇留野氏著《交通心理学》，将交通现象下人们之行动列式如下：S—O—R。S表示刺激，O表示人，R表示反应。交通道路上的S情况有：道路构造（坡度、线形）、道路设施（信号、标志、天桥、护栏、安全岛等）、行人、别的车辆及其他（气候等）。O情况有：初学者、熟练者、身体特点、年龄、性别、学历、职业、心身状况、思想态度等。将以上O、S各种情况予以分析归纳，以预测O之行动（反应R），这被称为“科学行动分析”。该书是从“交通心理学之对象与研究方法”的角度提出以上论述的，实质上是关系驾驶行为的心理学原理的问题。

上述原理无疑是正确的。但是将行为主义公式引进交通现象中，还需进一步深化和反映其特殊性，以期更切合实际。为此，对驾驶行为的S—O—R公式提出如下改进意见，可表示为：

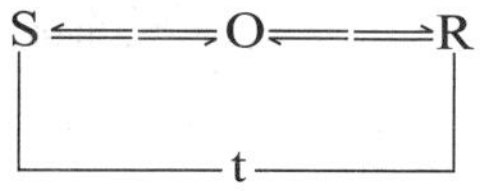

改进之一是，将原先S与R之间的单向关系，改为双向关系，这既符合反馈原理，也符合驾驶行为实际，便于解释复杂的驾驶活动。改进之二是，加入时间t因素。时间t是贯穿在S—O—R公式中的重要因素，别的行为中固然也有t的作用，在交通现象中则有特殊意义。例如，驾驶员看到行人横过马路刹车，从刺激—踩制动板—制动器作用—停车中，S—O—R三因素都有时间t的作用。一般车速40公里/小时，即11.1米/秒，驾驶员的反应时为0.6—0.8秒。青年跨马路1.56米/秒，50岁以上老人1.02米/秒，只有综合考虑上述情况，才能保证安全行车，避免交通事故。很显然，在驾驶行为的心理公式中增加并强调t因素是完全必要的。

我们还认为，对于驾驶行为不能只局限于行为主义心理学的解释。认知心理学与人本主义心理学的作用也是不可低估的。认知心理学反对把人视为被动的刺激——反应器，强调认识、理性的作用，把人看作是信息加工系统。联系驾驶行为来说，对交通道路上看到的各种刺激物S，应作为信息进行传输、变换和整合。经过一系列阶段和操作的产物便是反应。这样看来，驾驶员的认知活动对保证安全驾驶具有重要作用，应当提高认知能力，至于人本主义心理学，则强调人的潜能与价值。运用这一理论来指导驾驶行为，应当重视驾驶员的工作态度、驾驶能力与职业道德等的积极激发与教育，也就是要重视发挥人的主体作用。

三、驾驶适性心理素质测定

宇留野氏指出，驾驶适性的标准尚不一致。主要包括：① 进行驾驶作业必备的身心最低特性；② 操作错误与事故低于所属团体的平均数；③ 操作必须以具有安全意欲为前提。我们认为，驾驶适性最主要应指进行驾驶作业所必具的身体素质和心理素质的最低特性。因为这是最核心的部分，后两条的要求也要以它为基础。还必须指出的是，目前对心理素质的要求仍重视不够，必须重点加强研究。

驾驶员的心理素质，主要包括五个方面的内容：① 知觉、判断认知水平；② 反应速度、熟练技巧水平；③ 注意特性的全面品质；④ 情感、意志的优良品质；⑤ 气质性格的优良特征。已有研究表明，智商分数的高低跟事故多少关系不大，有各种不同情况，并非正相关，甚至完全相反；而性格、气质跟事故的发生却有较大影响。因此智力可不纳入驾驶适性心理素质。

怎样测定驾驶员的这些心理素质呢？这里涉及心理测量的国际化与本土化问题，应当看到民族文化背景对人的心理的重要影响，应有适合于各国情况的量表，对于国外已通行的量表可作修订或借鉴自编。其次是要从实际需要出发，应有多种层次的心理测量，应尽量简化量表，以便实用可行。从“全息”理论看，选择一部分指标以反映全貌是可能的和有效的。基于以上看法，我领导的驾驶员心理素质测评课题组，对驾驶员的心理素质作了如下项目的测试：① 运用心理学仪器进行适性测试：注意的广度，注意的稳定性，知觉深度，视觉误差，红—绿色盲，听力、简单反应时，选择反应时，镜中事物判断能力，动作稳定性，手眼协调能力等。② 运用量表进行人格测验，选择借用通行的性格量表和气质量表。

这里顺便论及一个相关问题，按照著名科学家钱学森教授的意见，任何一门科学技术都可分为基础科学、技术科学和工程技术三个层次。很显然，心理测量是工程技术层次，现在的心理学还缺少一个作为中介层次的技术科学。鉴于此，本文作者曾在《心理科学应当面向社会生活》一文中，提出重建现代心理技术学的构想。认为心理科学包括理论思辨和技术操作两大方面，心理技术学属于技术操作方面，非常有助于心理学的应用。20世纪初在西方出现的心理技术学和苏联二三十年代形成的心理技术学，主要是工业心理学和劳动心理学。我提出重建的“现代心理技术学”的主要不同点是：始终并首先注重人的因素，即人—机系统和人—人系统的关系；将各种心理技术广泛地用于教育、医疗、运动、军事、司法、交通运输、社会经济、人事组织等各种实际领域。现代心理技术学主要包括人员心理测评，社会心理测查，心理咨询、诊断和治疗三个方面。这一学科将使心理学的基础理论与实际应用有一个技术中介。驾驶适性心理素质测试属于人员心理测评范围，当然是交通心理学要求专门研究的问题。我们认为也可同时将驾驶员的筛选模式、驾驶行为的心理学原理以及驾驶适性心理素质测试等纳入现代心理技术学这个中介层次去研究。

四、中国驾驶适性测评工作的设想

最好的理论要有实效都必须付诸实践。我国的驾驶适性测评工作还处于起始阶段，要从实际出发，逐步实验“生理—心理—技术—社会”的模式，兹提出此项工作的如下构想：

1. 建立驾驶适性特别是心理素质测评制度。过去的身体检查制度只能解决驾驶适性的生理素质方面的问题，必须像重视体检一样，建立驾驶员心理素质测评制度。每一个学习驾驶者必须通过这种检查的基本要求，才能参加培训学习驾驶技术以便成为一个合格的驾驶员。当然这种制度的建立会有一个过程，首先，要开展本国自己的有关科学研究。用科学的数据使交通管理的领导部门和驾驶员们认识其重要性，先在小范围内试点，然后广泛推行。

2. 确立中国自己的驾驶适性测评标准。要测评就得有一定的标准尺度，国外虽有一些可供借用的资料，但不能完全反映我国交通情况的实际，应当搞一个本土化与国际化相结合的东西。第一步可以用驾驶员中一定样本的事故者与长期无事故者的对比研究，确定一个经验性标准，进行较小范围的测评工作；第二步通过较大范围的调查研究取得常模，作为推广此种测评工作的标准。这是需要全国范围的大协作的。

3. 必须建立驾驶适性测评的专门机构，由受过专门心理技术训练人员组成。或委托能承担此种工作的高校心理学系科、心理学科研单位，或在交通管理部门设立专门机构，招纳心理技术人员进行。研究生教育中，可培训心理技术方向的研究生。江西师范大学从1990年起招收了现代心理技术学的研究生，并已开展驾驶适性测评研究工作。

4. 正确处理好测评筛选与培训提高的关系。心理素质测评很容易简单地理解为只是为了筛选，这是不全面的。对那些很不适宜从事驾驶的很少数人来说固然是起筛选作用，但对更多的人来说，了解其心理素质状况，更有利有针对地进行心理训练以配合技术训练，从而提高驾驶训练的质量，保证安全行车。尤其从我国当前的实际情况看，单纯的筛选将遇到阻力和不可接受，所以更应积极地全面地处理好测评筛选与培训提高的关系。

参考文献

[1][日]宇留野著.孙景韩译.交通心理学.台湾徐氏基金会出版.

[2]杨鑫辉.心理科学应当面向社会生活.心理学探新，1990(1).

优良和事故汽车驾驶员心理素质的比较研究*

一、引言

机动车肇事是一个由来已久的社会问题，它随着第一辆汽车的诞生伴随着人类已经走过了一百多年的历史。为什么交通事故总是不断地发生，而且近年来还呈急剧增长甚至恶化的趋势呢？在现今的道路、汽车等客观条件下，研究人的因素特别是驾驶员的自身素质，如何来挖掘他们的潜能充分发挥驾驶员的主观能动性，已日益受到交通部门、科研部门和社会各界的普遍重视和关注。据统计，近几年的交通事故中，心理素质差的驾驶员占事故驾驶员总人数的50%以上。可见，驾驶员心理素质与安全行车有着密切的内在联系。本研究仅对驾驶员的注意广度、注意稳定性、深度知觉、简单误差、简单反应时和选择反应时等六项心理素质进行测定，旨在了解优良与事故汽车驾驶员心理素质的差异，从而为逐渐建立和完善驾驶员心理素质的测评体系，为科学地选拔和培训驾驶员提供可靠的依据。

---

* 本人是课题组组长。（1991年）

二、研究对象和方法

1. 研究对象

本研究的样本来自南昌市交警支队的西湖大队、东湖大队、青云谱大队的80名驾驶员，其中优良驾驶员（3年以上未发生任何事故的）40名，事故驾驶员（3年内曾发生过一次或多次事故的）40名。该样本的抽取是随机的。

样本的具体情况，见表1。

表1

组别	人数	性别		文化程度					年龄		
		男	女	小学	初中	高中	中专	大专	20~29	30~44	45~54
优良	40	37	3	3	18	15	3	1	12	20	8
事故	40	40		3	23	13	1		9	25	6

2. 研究手段与方法

（1）本研究中使用的心理素质测定手段有：

① 光电速视仪（天津师院电子器材厂）；

② 数字划消仪；

③ 深度知觉阈限量器（北京仪器厂）；

④ 长度估计器（北大仪器厂）；

⑤ 简单、选择反应时测定装置（华师大科教仪器厂）。

（2）本研究的各项心理素质测定都由被试者操作或口头报告，由主试者记录测试成绩。除注意稳定性的测定是团体实施外，其余均是个别测试。

（3）各种测定的具体规定如下：

① 光电速视仪的时间控制为1/100秒，从5~10点分别测试4次；

② 数字划消仪的作业时限为4分钟；

③ 深度知觉是按平均误差计算，单位是毫米。以固定棒为准，前后各测4次；

④ 视觉误差是指长度估计的平均误差，单位是毫米。左右各测4次；

⑤ 简单、选择反应时的单位是毫秒。声光各测4次，红蓝绿黄各测4次。

三、结果与分析

1. 两组驾驶员心理素质的比较

六项测试结果见表2。

表2　优良和事故驾驶员心理素质的比较

项目	注意广度		注意稳定性		深度知觉误差		视觉误差		简单反应时		选择反应时	
类别	优良	事故	优良	事故	优良	事故	优良	事故	优良	事故	优良	事故
x	8.63	7.15	158.89	156.80	0.331	0.386	0.176	0.204	351.50	459.48	496.95	586.52
S	1.43	1.80	33.91	36.56	0.160	0.178	0.104	0.131	118.50	161.48	112.92	126.60
t	4.020 4***		0.261 7		1.430 6		1.045 4		3.366 7**		3.297 3**	
P	$P<0.001$		$P<0.8$		$P<0.2$		$P<0.3$		$P<0.01$		$P<0.01$	

（$t_{0.001}$=3.415 6，$t_{0.01}$=2.633 0，$t_{0.2}$=1.293 0，$t_{0.3}$=1.043 5）

注：*** 表示极其显著；** 表示非常显著。

从表2可以看出，优良驾驶员和事故驾驶员的心理素质有差异，其中注意广度的差异极其显著，简单反应时、选择反应时的差异非常显著，深度知觉误差、视觉误差在两组驾驶员之间也有一定差异。可见，优秀驾驶员的心理素质要比事故驾驶员的心理素质要好。

2. 事故率与文化程度的关系

不同文化程度驾驶员的事故率比较结果，见表3。

表3　交通事故与驾驶员的文化程度的关系

	高中及以上程度	初中及以下程度	Z检验
优良	19	21	Z=1. 153 8
事故	14	26	
事故率	42. 4%	55. 3%	

数据表明，不同文化程度驾驶员的事故率无显著性差异，即文化程度对事故率的影响不大。这说明，文化程度并不是造成驾驶事故的重要原因。

3. 驾驶员心理素质与年龄的关系

不同年龄驾驶员的心理素质测定结果的方差分析，见表4。

表4　驾驶员心理素质与年龄的关系

项目	注意广度	注意稳定性	深度知觉误差	视觉误差	简单反应时	选择反应时
20—29	7.95	175.52	0.357	0.223	308.14	462.62
30—44	7.78	158.91	0.335	0.190	411.36	549.86
45—54	8.14	129.36	0.428	0.140	524.84	635.36
F	0.236 0	7.173 0**	1.502 0	2.275 1	8.958 4**	9.365 2**

注：** 表示 $P<0.01$，即非常显著水平。

从表4看出，注意稳定性在不同年龄阶段的发展水平有非常显著的差异，并随年龄的增长逐渐减退。简单反应时和选择反应时在不同年龄阶段的发展水平也有非常显著的差异，并随年龄的增长而明显增长，即反应速度渐次变慢，视觉误差随年龄增长有所减小。注意广度和深度知觉误差在不同年龄阶段的发展水平无显著性差异。可见，驾驶员的注意稳定性，简单和选择反应时三项心理素质发展具有显著的年龄特征。

为了更全面地说明三项心理素质发展的年龄特征，它们的方差分析见表5、表6、表7。

表5　注意稳定性的方差分析表（N=76）

方差来源	自由度	方差和	方差	F值
组间	2	15 391.777 4	7 695.888 7	7.173 0**
组内	73	78 321.42	1 072.896 2	
总体	75	93 713.194 7		

（$F_{0.01}=4.890$）

说明：因被试有4名未戴眼镜，故没参加该项测试。

表6　简单反应时的方差分析表（N=80）

方差来源	自由度	方差和	方差	F值
组间	2	339 826.683	169 913.341 5	8.958 4**
组内	77	1 460 456.020	18 966.961 3	
总体	79	1 800 232.703		

（$F_{0.01}$=4.890）

表7　选择反应时的方差分析表（N=80）

方差来源	自由度	方差和	方差	F值
组间	2	257 124.413	128 562.206 5	9.365 2**
组内	77	1 057 030.060	13 727.663 1	
总体	79	1 314 154.473		

（$F_{0.01}$=4.890）

四、讨论和小结

1.关于驾驶员心理素质问题

通过优良驾驶员和事故驾驶员心理素质比较研究（表2）发现，优良驾驶员的心理素质要比事故驾驶员为好，尤其在注意广度、简单反应时、选择反应时三个方面。这与驾驶员实践经验和国内外研究结果是相一致的。因此,这三项内容可作为驾驶员心理素质测评的重要指标。然而,深度知觉误差和视觉误差虽然在两组驾驶员之间差异不是非常明显，但仍可作为待检验的测评指标。该研究同时表明，注意稳定性在优良和事故驾驶员间没有差异,与其他研究的结果不符。这可能与抽样、作业时限,无关刺激等有关，我们将作进一步研究。

当然，驾驶员心理素质测评并不只是以上六项内容。驾驶员的性格气质测定、安全态度测定虽然列入计划，但未全部完成。故本文仅是研究的起步，整个测评体系有待进一步充实和完善。

2.心理素质与性别、文化程度、年龄之间的关系问题

由于该样本中男女驾驶员的比例相差悬殊，故不能对男女驾驶员的心理素质作出科学的比较分析，拟另文补充。

表3说明驾驶事故与文化程度的相关不大。日本的研究表明驾驶员智能的高低与事故的多少有多种不同的结果，因此对文化程度与驾驶员心理素质的关系，我们还将进一步探讨。

表4中可见，驾驶员心理素质与年龄有一定关系，尤为显著的内容有注意稳定性、简单反应时和选择反应时等三项。这说明这些心理素质随着年龄的变化而变化，即：注意稳定性随年龄增长而减弱，反应速度随年龄增长而减慢。在反应时方面，本研究发现，三个年龄阶段的反应时变化较大，这与一般工作人员（非驾驶员）中年龄与反应时的变化规律不尽相同。因为其他研究认为30—60岁之间个体的反应时变化与年龄的关系不大，而该研究结果是：驾驶员从30岁起反应时就有较大变化。我们认为，这一现象可能与驾驶员工作的年龄特征有关，也可能是因为年纪大的驾驶员一时较难适应心理学仪器的操作。至于被试者的反应时值大于一般标准，则是由于在测试时未加任何预备测试而引起的。但从年龄来看，我们认为，驾驶员（特别是职业驾驶员）的年纪不宜过大，也不宜太小，一般应在25—45岁之间。

婚姻与驾驶员心理素质的关系。我们对20—29岁之间的已婚驾驶员和未婚驾驶员的心理素质进行了比较，结果表明，两者无显著性差异。

3.心理选拔、淘汰抑或发展、教育

多年来，在国外驾驶员心理素质测定（国外有驾驶适应性或性向测验）的主要目的在于选拔具有良好心理素质的驾驶员，淘汰那些心理素质较差或不适宜从事驾驶工作的人，如美国WILSON驾驶员选拔测验。但是，由于这类筛选性测验的局限性，尤其是效度不高时，必将导致优秀驾驶员的错选、漏选。其次，随着科技进步和生活水平提高，定将有大批的人要求驾车，对这一趋势仅用筛选方法解决，显然是不合理的。再次，即使对即将从事驾车的人员进行筛选测验是行得通的，但要在占很大比

例的已从事驾车的人员中用测验进行剔除，这又会造成严重的社会问题。

因此，我们认为：驾驶员心理素质测评应将心理测量、心理评价与心理咨询结合起来，做到测量、评价、咨询三者合一。心理素质测评的目的不能仅局限于选拔、淘汰，而在于了解个体的心理素质状况，及时作出科学的诊断，从而进行心理素质教育与训练，挖掘个体的潜能，发展他的驾驶行车能力。众所周知，心理素质是可以通过练习而提高的。因此，除了淘汰极少数确实不适宜驾驶的人外，交通管理部门应以教育训练为主，也只有用发展的观点和方法，才能真正提高驾驶员的心理素质，有效地控制交通事故，创造更大的经济效益和社会效益。

射击运动员心理特性测试与反思*

一、引言

运动员的心理素质，与竞技体育运动的成绩高度相关。从某种意义上说，竞技体育运动不仅是运动员体力与技术的竞赛，而且也是运动员心理素质的竞赛。这既表现为竞赛中心理状态是否良好，也表现在运动员的心理选材上。因而对运动员（当然也包括射击运动员）心理特性的测试，并在此基础上建立心理选材模型，就显得非常重要了。这个问题已引起国内外有关学者的重视，开展了一些研究。在我国体育科学界，有的综合介绍了国外运动员选材的文献[1]，有的探索了我国运动员的选材问题[2]，有的初步开展了中国优秀射击运动员的心理诊断[3]。但是至今尚无一套系统而有效的心理选材标准，更未建立心理选材模型。

为了实现射击运动员心理选材的规范化和科学化，本研究集中测试了女子步枪和手枪运动员的主要心理特性，同时结合优秀教练员选拔射击运动员的成功经验，确定了女子步枪和手枪运动员的心理选材指标及其标准，建立了相应的心理选材模型。它的实用价值在于，一方面，缩短了运动员的成才周期，为国家节约了人力、物力和财力；另一方面，提高了运动员的全面素质，更有助体育运动竞技水平的上升。

---

* 载《南京师范大学学报》(社会科学版)1997年第2期。本人是当时在江西师大工作期间的课题组组长。

二、心理特性测试结果及分析

我们采用多种心理学仪器，对全国重点布局的调赛女射击运动员130人（其中步枪74人，手枪56人），以及上海、江西队非调训队员20人，总共150人进行了心理特性的测试。这些仪器主要有注意集中力测试仪、九洞仪、棒框仪、闪烁仪、视错觉仪和深度知觉仪。对运动员进行心理测试的结果见表1。

表1　运动员的心理测试结果

	注意集中力		抗干扰能力T′－T	动作稳定性DG	认知方式RZ	闪光融合频率SG	水平距离知觉SC	深度知觉SD
	T	T′						
总X 体S	0.38 0.19	0.34 0.12	0.04 0.98	52.6 19.8	2.3 1.1	34.3 4.4	2.22 2.91	0.36 3.4
步X 枪S	0.42 0.22	0.35 0.14	-0.08 1.30	44.1 20.2	2.3 1.1	33.9 5.4	2.35 2.96	3.98 3.62
手X 枪S	0.32 0.17	0.32 0.07	0 0.08	63.9 12.6	2.4 1.1	34.9 2.1	2.06 0.82	3.16 3.05
t考验 P值	3.16 ** <0.005	1.47 >0.1	0.46 >0.6	6.44 ** <0.001	0.51 >0.6	1.31 >0.1	1.81 * <0.01	1.37 >0.1

注：（1）X—平均数；S—标准差

（2）T—没有干扰时每错一次的错误时间；T′—有干扰时每错一次的错误时间。

（3）水平距离知觉和深度知觉均用误差值表示，误差越小，知觉越好。

（4）*—显著差异；**—非常显著差异。

研究结果表明：射击运动员必须具备良好的注意集中力，手眼协调能力、抗干扰能力、动作稳定性、认知方式、闪光融合频率、水平距离知觉和深度距离知觉。表1的结果显示：手枪与步枪运动员在注意集中力（T）、动作稳定性和水平距离知觉三项心理特性上有显著差异，前者较后者的这些心理素质要优越些,（其P值分别是：$P<0.005$,$P<0.001$,$P<0.01$）。因此应因项目而异来考虑其心理选材问题。

由于人的各种心理特性可以相互影响，我们对各种心理测试结果进行了相关分析。其结果是：动作稳定性与射击成绩显著相关（P<0.05）；注意集中力与深度知觉关系密切，相互影响（r=0.199 2，P<0.05），注意集中力与抗干扰能力相关接近显著水平（r=0.191 6）；平时成绩及其稳定性与比赛成绩相关很高（r=0.992 7，P<0.001）。这为选材提供了依据。

为了在心理选材中尽量挑选与优秀射手心理特性相近的运动员，我们对优秀的与普通的运动员的心理素质作了比较测试，来考察他们心理特性的差异。测试的结果见表2。

表2　优秀射手和普通射手心理测试结果的比较

		注意集中力		抗干扰能力	DG动作稳定性	RZ认知方式	SG闪光融合频率	SC水平距离知觉	SD深度距离知觉
		T	T′	T′-T					
优秀射手	平均数 标准差	0.38 0.20	0.33 0.15	0.25 1.79	56.9 15.2	2.2 1.1	34.2 5.5	2.26 0.96	4.68 5.11
普通射手	平均数 标准差	0.38 0.18	0.34 0.10	-0.04 0.15	50.9 21.3	2.3 1.0	34.4 3.8	2.21 0.90	3.19 2.25
t考验	t值 P值	0	0.444 0.05	1.549 <0.05	1.577 <0.05	0.503 5 <0.05	0.237 8 <0.05	0.282 5 <0.05	2.314 <0.01

从表2得知：优秀射手与普通射手之间的心理特性差异，只有深度知觉是显著差别（t=2.314，P<0.01），抗干扰能力和动作稳定性两项接近显著水平（t=1.549，t=1.577），其他心理指标的差异甚小。因此，进行心理选材时应着重前三项指标。

此外，我们还采用“808”量表测试了射击运动员的神经类型分布情况。结果表明：在13种神经类型中，过渡型占48.7%，跟一般人群体神经类型的分布相一致。但是活泼型占16.1%，稳定型占7.1%，比一般人群相对大一些，因此活泼型和稳定型的人较适宜于从事射击运动。

三、心理选材模型的建立

我们测试的6项心理特性共有19项测试指标，经过R型聚类分析，步枪运动员有8个典型指标（表3），手枪运动员只有7个典型指标（表5）。

表3　步枪运动员的8个典型指标

编号	指标名称	平均数	标准差	变异系数
1	注意集中力	0.421	0.220	52.130
2	手眼协调能力*	61.203	27.273	44.562
3	抗干扰能力	3.24	1 296.9	1 645.925
4	动作稳定性	44.122	20.026	45.388
5	认知方式	2.270	1.066	46.950
6	闪光融合频率	33.866	4.200	12.403
7	水平距离知觉	2.343	0.955	40.654
8	深度距离知觉	3.984	3.593	90.185

*为跟踪光源运动的错误次数，可作为手眼协调能力的指标。

根据优秀教练员的经验判断，各指标的权重比例见表4。

表4　各指标的权重

指标	水平距离知觉	动作稳定性	闪光融合频率	手眼协调能力	抗干扰能力	深度知觉	注意集中力	认知方式
“权”	15%	14%	13.5%	13.4%	12.9%	11.4%	10.8%	9.0%

表5　手枪运动员的7个典型指标

编号	指标名称	平均数	标准差	变异系数
1	注意集中力	0.324	0.103	31.816
2	抗干扰能力	-1.714	13.016	-759.271
3	动作稳定性	63.893	12.548	19.467
4	认知方式	2.364	1.068	45.191
5	闪光融合频率	34.870	2.100	6.022
6	水平距离知觉	2.055	0.812	39.487
7	深度距离知觉	3.159	3.027	95.849

根据优秀教练员的经验判断，各指标的权重比例见表6。

表6　各指标的权重

指标	抗干扰能力	动作稳定性	闪光融合频率	水平距离知觉	认知方式	深度知觉	注意集中力
“权”	15.6%	15.4%	14.8%	14.4%	14.0%	13.5%	12.3%

本课题的最终目标是探讨建立女子步枪、手枪运动员的心理选材指标及其模型。根据以上测试结果，可以建立如下心理选材模型：

1. 步枪项目

如果以：X_1代表水平距离知觉　$P_1=(X_1+IS)/X_1$

X_2代表动作稳定性　$P_2=(X_2+IS)/X_2$

X_3代表闪光融合频率　$P_3=(X_3+IS)/X_3$

X_4代表手眼协调能力　$P_4=(X_4+IS)/X_4$

X_5代表抗干扰能力　$P_5=(X_5+IS)/X_5$

X_6代表深度知觉　$P_6=(X_6+iS)/X_6$

X_7代表注意集中力　$P_7=(X_7+IS)/X_7$

X_8代表认知方式　$P_8=(X_8+IS)/X_8$

各指标的平均数X和标准差S均为已知值（见表3），故按公式可分别求得各指标的指数P值。

PX则为各指标的得分，代入测试值X即可求得。

用K表示各指标的权重系数。按以下方程：

$$T=K_1P_1X_1+K_2P_2X_2+K_3P_3X_3+K_4P_4X_4+K_5P_5X_5+K_6P_6X_6+K_7P_7X_7+K_8P_8X_8$$

代入表4步枪的权重系数，即可求得被测对象的得分：

$$T=0.15P_1X_1+0.14P_2X_2+0.135P_3X_3+0.134P_4X_4+0.129P_5X_5+0.114P_6X_6+0.108P_7X_7+0.09P_8X_8$$ （公式一）

2. 手枪项目

如果以：Y_1代表抗干扰能力　$Q_1=(Y_1+IS)/Y_1$

Y_2代表动作稳定性　$Q_2=(Y_2+IS)/Y_2$

Y_3代表闪光融合频率　$Q_3=(Y_3+IS)/Y_3$

Y_4代表水平距离知觉　$Q_4=(Y_4+IS)/Y_4$

Y_5代表认知方式　$Q_5=(Y_5+IS)/Y_5$

Y_6代表深度知觉　$Q_6=(Y_6+IS)/Y_6$

Y_7代表注意集中力　$Q_7=(Y_7+IS)/Y_7$

各指标的平均数Y和标准差S为已知值(见表5),故Q值可按公式求得。

QY则为各指标的得分，代入测试值Y，即可求得。

用K表示手枪项目各指标的权重系数。

按以下公式：

$T=K_1P_1X_1+K_2P_2X_2+K_3P_3X_3+K_4P_4X_4+K_5P_5X_5+K_6P_6X_6+K_7P_7X_7+K_8P_8X_8$

代入表6手枪的权重系数，即可求得被测对象的得分：

$T=0.156Q_1Y_1+0.154Q_2Y_2+0.148Q_3Y_3+0.144Q_4Y_4+0.14Q_5Y_5+0.135Q_6Y_6+0.123Q_7Y_7$（公式二）

以上两个公式的心理选材模型，式中各指标的得分指数P、Q若按高于平均数一个标准差计算，则为省级选手。总分T越高，表明其心理素质越好，确定选拔对象时可按得分高低依次录取。此外，还应结合各人的神经类型综合考虑，最佳型、灵活型和稳定型者可作合适人选的参考指标。

四、几点反思

对射击运动员进行心理特性测试之后，我们确定了女子步枪和手枪射手的心理选材指标及其标准，建立了相应的心理选材模型。这无疑对国家队和省队进行该项目运动员的实际选材工作，提供了比较科学的依据。但是还有几个问题值得反思，以求得深化与改进。

首先，从全面了解人的心理素质看，除本研究确定的一般心理特性外，还应测试射击运动员的人格特性。本研究确定的8项心理指标主要是指注意力、感知觉和动作方面的特性，国内外的有关研究也多在此范围内。尽管本研究还加上神经类型的测试，但仍不全面。人格是个人所有的比较稳定的心理特性的总和，它对人的行为有重要影响，因此对于人的心理素质的测试应包括人格特性测试在内。全面的心理素质测评包含了一般素质测评、智力测评、性向测评和人格测评四个主要方面。[4]顺便指出，一般的人类工效学研究，特别强调心理—动作功能，对于人格因素的影响也未引起重视。

其次，我们曾经指出："需要将人的生理的、心理的、社会的特性联系起来综合地考察人的特性。"[5]从国内外射击比赛的实践看，取得优秀成绩的运动员，其良好素质是生理特性、心理特性和社会特性的统一表现。因而今后对运动员的选拔，应作更全面的测试与考察。不仅如此，"在人—

机—环境系统中，人和机的效能不仅取决于人、机本身的结果与机能素质，而且还依赖于人—机—环境三者的匹配关系”[6]。因此，还应将射击运动员的整体特性所使用的不同枪支，以及射击场的具体环境联系起来研究。本研究区分步枪和手枪项目，测试认知方式以考察其场依存性，已有初步体现。

再次，本研究只限于女射击运动员的心理特性，而没有从男女性别差异的维度进行考察。有待于我们继续研究男子射击运动员的情况，并进而开展性别比较研究。

最后，我们曾经指出："在人的心理特性测评工程中，不仅存在着孤立地研究心理特性、数学模型和检测仪器的偏向，而且更严重的是存在着理论研究不能很好通向实际应用的梗阻。"[7]本研究确立的射击运动员心理选材指标、标准和模型，虽然为射击界选拔优秀运动员和进行训练提供了理论依据，但是重要之处还在于采用实施。即使需要改进也只能在实践中实现，束之高阁则是空谈与浪费。

参考文献

[1] 宋景茂.国外运动员选材研究文献综述.山西体育科技，1990(3).

[2] 邱宜均.探索中的运动员选材研究.浙江体育科学，1985(4)。

[3] 徐媛.中国优秀射击运动员的心理诊断.甘肃体育科技，1990(4).

[4] 杨鑫辉.论人员心理素质测评.江西师范大学学报(自然科学版)，1993(4).

[5] 杨鑫辉.关于人的心理特性测评的理论思考.江西师范大学学报(自然科学版),1996(1).

[6] 朱祖祥.人类工效学.杭州：浙江教育出版社，1994：6.

[7] 杨鑫辉.关于人的心理特性测评的理论思考.江西师范大学学报(自然科学版)，1996(1).

离退休干部心理反应差异性研究*

为引起社会各界对离退休干部心理特点的关心、重视，为有关部门做好离退休干部的工作提供科学的心理依据，江西师大心理技术应用研究所和江西老同志大学共同组织了一个离退休干部心理调查研究组，在江西老同志大学部分离退休干部学员中进行了一次心理测查，并对调查结果作了初步的分析和研究。

一、调查研究的方法

这次调查采取座谈与问卷笔答相结合的方法进行。即在与各专业班的老干部学员代表，分班就老干部离退下来以后的心理状况、遇到的问题、对当前的形势和他们关心的一些问题的看法，以及对老干部工作的意见和建议等开展了广泛的畅所欲言的座谈讨论。然后在这些信息反馈的基础上针对性地拟订调查问卷，请愿意受试的老干部学员进行填写和答题。问卷为封闭式的选择题，共24题（其中包括一部分学习心理的题目），每题有5个可选择答案，采用五级分制计分。即相当于“很好”的为5分，“较好”的为4分，“一般”的为3分，“较差”的为2分，“很差”的计1分。

接受这次问卷调查的老干部学员共221人，回收有效问卷150份。这

* 载《心理学探新》1996年第2期。

150人中，男91人，女59人，最大年龄76岁，最小年龄50岁。50—55岁的9人，56—60岁的47人，61—65岁的49人，66—70岁的40人，71—76岁的5人。原从事党政工作的（以下简称行政干部）105人，从事各种专业、技术工作的（以下简称专业干部）45人。文化程度大学水平59人，中专36人，高中23人，初中文化32人。

对这150人的有效问卷调查的结果，我们采用计算机对数据进行了统计处理。

二、调查研究结果

1. 受试者心理反应的自我评定（略）。

2. 受试者自我评定的男女性别的差异，行政干部同专业干部的差异。

关于这方面详情见图表。

从表的（2）栏中，可以看出：在离退休态度和余热发挥状况上，男女性别“差”异显著（$P<0.10$），前者男性得分平均值明显低于女性，而后者男性得分平均值则明显高于女性。在对目前国内外形势的关注度上，男性得分平均值亦明显地高于女性，呈极其显著状态（$P<0.01$）。

其他21个项目上，男女均有差异，但不显著。

在表的（3）栏中，我们则看到：在对离退休制态度、离退休时情绪反应、原单位生活关心度以及余热发挥状况等问题上，行政干部的得分平均值明显低于专业干部，差异呈显著状态（$P<0.10$）；在离退休生活适应度上，行政干部的平均得分亦明显低于专业干部，差异呈非常显著状态（$P<0.05$）。

在其他19个问题上，行政干部同专业干部的心理反应亦有差异，但均不显著。

受试者记分 (X ± SD) 及其性别差异、行政和专业干部差异统计表

数据 项目	(1)	(2)			(3)		
	受试者记分 (N=150)	男性记分 (N=91)	女性记分 (N=59)	两性记分 X 的 Z 值	行政干部记分 (N=105)	专业干部记分 (N=45)	两者记分 X 的 Z 值
居住条件满意度	3.57 ± 0.83	3.53 ± 0.83	3.63 ± 0.82	0.65	3.59 ± 0.81	3.54 ± 0.89	0.26
离退休后的生活规律	3.88 ± 0.63	3.82 ± 0.67	3.910 ± 0.60	0.76	3.83 ± 0.68	3.85 ± 0.57	0.19
同老伴感情状况	4.23 ± 0.82	4.26 ± 0.79	4.21 ± 0.86	0.14	4.20 ± 0.77	4.31 ± 0.84	0.71
同邻居关系状况	4.17 ± 0.67	4.16 ± 0.83	4.21 ± 0.73	0.39	4.14 ± 0.69	4.23 ± 0.82	0.64
同老同事老朋友关系状况	4.08 ± 0.73	3.99 ± 0.71	4.10 ± 0.89	0.82	4.11 ± 0.81	3.95 ± 0.90	1.03
同儿女关系状况	3.99 ± 0.86	3.88 ± 0.88	4.02 ± 0.67	1.10	3.87 ± 0.67	3.99 ± 0.91	0.80
饮食习惯满意度	3.96 ± 0.82	3.98 ± 0.61	3.92 ± 0.73	0.52	4.07 ± 0.72	3.95 ± 0.83	0.84
体育锻炼状况	3.83 ± 1.02	3.85 ± 1.09	3.76 ± 1.15	0.48	3.86 ± 1.12	3.78 ± 1.05	0.41
离退休态度	3.89 ± 1.16	3.70 ± 1.22	4.09 ± 1.08	2.02**	3.86 ± 1.22	3.64 ± 0.96	1.12
离退时情绪状况	2.64 ± 1.13	2.70 ± 1.26	2.49 ± 1.16	1.05	2.52 ± 1.26	2.89 ± 1.09	1.82*
良好的文艺爱好	3.16 ± 0.83	3.28 ± 0.88	3.07 ± 0.95	1.30	2.92 ± 0.64	3.17 ± 0.86	1.75*
对目前国内外形势关心度	4.01 ± 0.79	4.12 ± 0.80	3.60 ± 0.76	3.97***	3.75 ± 0.87	3.64 ± 0.92	0.66
对晚辈的教育	4.07 ± 0.78	4.08 ± 0.76	4.05 ± 0.74	0.21	4.02 ± 0.82	3.94 ± 0.69	0.61

续上表

项目＼数据	(1)	(2)			(3)		
	受试者记分(N=150)	男性记分(N=91)	女性记分(N=59)	两性记分X的Z值	行政干部记分(N=105)	专业干部记分(N=45)	两者记分X的Z值
老年心理学知识帮助度	3.95 ± 0.96	3.93 ± 0.90	3.98 ± 0.85	0.34	3.86 ± 0.86	3.99 ± 0.78	0.91
参加社会活动心情	4.13 ± 0.83	4.09 ± 0.86	4.28 ± 0.81	1.29	4.16 ± 0.69	4.11 ± 0.85	0.35
原单位政治待遇关心度	3.20 ± 0.89	3.27 ± 0.97	3.10 ± 0.90	1.10	3.26 ± 0.95	3.12 ± 0.78	0.94
原单位生活关心度	3.26 ± 0.83	3.30 ± 0.93	3.20 ± 0.89	0.68	3.03 ± 0.81	3.27 ± 0.69	1.84**
对于青年人较普遍的新思想新观点习惯度	3.40 ± 0.88	3.42 ± 0.95	3.37 ± 0.75	0.67	3.28 ± 0.84	3.47 ± 0.69	1.14
离退休生活适应度	3.78 ± 0.78	3.74 ± 0.72	3.85 ± 0.88	0.80	3.51 ± 0.88	3.80 ± 0.73	2.09**
家中的民主作风状况	4.01 ± 0.73	4.04 ± 0.59	3.88 ± 0.84	1.27	3.87 ± 0.69	3.99 ± 0.83	0.85
家中心情舒畅度	3.74 ± 0.75	3.75 ± 0.92	3.73 ± 0.70	0.15	3.68 ± 0.59	3.84 ± 0.81	1.20
对子女前途关心度	3.44 ± 0.01	3.45 ± 1.04	3.42 ± 0.99	0.20	3.44 ± 0.97	3.47 ± 1.03	0.17
余热发挥状况	2.71 ± 1.16	2.85 ± 1.24	2.45 ± 1.19	1.98**	2.41 ± 1.02	2.76 ± 1.13	1.79*
体脑能力减退状况	3.51 ± 1.15	3.49 ± 1.07	3.57 ± 1.14	0.16	2.56 ± 0.99	2.53 ± 1.10	0.36

注：* 表示 $P<0.10$，显著水平，** 表示 $P<0.05$，非常显著水平，*** 表示 $P<0.01$，极其显著水平。

三、对调查结果的初步讨论与分析

1. 离退休干部心理反应中几个值得重视的问题

（1）调查资料表明，离退休干部的心理反应总的来说是比较好的，从附表的（1）栏中可以看出，在24项调查问题中，平均得分值在4分以上的有7项：3.5~4分的有10项；3~3.5分的有5项。只有在离退休时的情绪状况和发挥余热问题上，得分值均在3分以下，其余得分值都在3分以上，可见结果是好的。特别是在人际关系的处理（与老伴、子女、邻里、同事等的相处），在关心国家振兴、社会进步和后代教育等重大问题上，离退休干部的心理反应都有令人较为满意的结果。充分反映了老干部的思想、道德、作风等方面的优良传统和忧国忧民的高尚品质，并未因离退休而减退。如何弘扬他们的这些高尚品质，使其在社会主义建设中继续产生积极的影响，是值得有关领导部门和社会各界予以重视和研究的。

（2）调查表明，被试老干部在离退休时的情绪状况平均值只有2.65分，情绪反应的波动面是大的，这也明显地显示了被试者的心理特点。老干部在长期的革命生涯中，生活和服务于群众之中，为中国的革命和建设事业奔波操劳成习。离开工作岗位以后，突然改变了紧张而有节奏的群体生活，心理上一时适应不了这种急剧变化，加上由于社会角色的改变，感到现在是“门前冷落车马稀”。这些都会给他（她）们在精神上带来一种“失落感”，从而感到精神空虚、思想苦闷、生活闲得无聊，有些人甚至产生焦急烦躁、敏感多疑、好发脾气的反常心理。这些情绪对老年人的身心健康都会产生消极的影响。怎样解决或帮助老同志缩短这个不适应期呢？在座谈中我们得到一些很好的启示。一是有关领导部门在干部离退休前要做深入细微的思想工作，进行心理疏导，使之有思想、心理准备，不要像过去“一刀切”，把这些干部突然甩掉，不闻不问；二是在离退休之前，有意识地为自己的生活节奏安排一个过渡期，使之不致于从过度紧张工作突然进入离退休生活；三是各单位和老干部工作部门要帮助老干部尽力尽快为他们的晚年生活建立新的动力定型。如开办老年大学，开办老干部活动室，组织老干部从事一些力所能及的工作，让他们重新回到群体之中，精神有所寄托，消除寂寞和孤独感，逐步建立新的生活作息秩序，求得心理节奏上新的平衡，促进心理健康。

（3）关于发挥余热问题。调查表明，被试者的得分平均值只有2.71分，余热得到充分或较好发挥的人不到30%，结果是不能令人满意的。产生这一结果的原因，根据调查资料分析，并非离退休干部没有发挥余热的愿望和能力。在150名受试者中，有75%的老干部认为离退休以来自己的体、脑劳动能力没有减退或减退不太明显，平均每天仍能坚持工作或学习5小时以上，其中有8.5%能坚持8小时。可见在离退休老同志中，人力资源丰富，潜力很大。座谈中很多老同志也殷切希望有关部门能提供他们在社会主义两大文明建设中发挥余热的机会。“莫嫌老圃秋容淡，犹有黄花晚节香”正是他们愿望的写照。这些资料表明，离退休干部的余热得不到较好发挥的原因主要不在其自身，而在于社会和有关领导部门对老年人的第二人生价值缺乏认识，没有为他们发挥作用提供必要的舞台和机会，甚至在政策上作了一些不恰当的限制，以致这一人力资源得不到很好的利用，造成很大浪费。如何积极创造条件，充分发挥离退休干部的余热，这是心理学和社会学都亟待探讨和研究的问题，更应引起各级领导决策部门的高度重视和全社会的关注。

（4）关于老年人的学习能力问题，在心理学界与教育学界曾一直存在着争议。美国教育心理学家桑代克认为：人生23岁左右学习能力达到最高峰，45岁后学习能力则呈显著下降状态。日本学者长岛等人则不同意上述观点。他们通过对65名健康老人进行学习记忆力的实验研究表明，老年人的学习能力不是减退而是上升。最近的研究发现，老年人的学习能力是上升抑或减退，不能绝对而论。学习成绩同学习的内容有关。对于自己感兴趣、关心或同自己关系密切的材料，则有较好的学习成绩，反之，对于自己无关或不感兴趣的材料则学习成绩不佳。总之，较青年人而言，老年人在持续较长时间的学习和速度快慢上不比前者，但是老年人仍具有较大的或相当的学习潜能，这是毋庸置疑的。我们这次调查所得的统计数据对此也给了很好的佐证。如每天能坚持5小时以上学习的人数众多，离退后脑力减退不明显。而且许多老同志也以自身的学习成绩来说明了这个问题。江西老同志大学书画班的老干部学员，大都在入校之前对书画可以说几乎没有什么基础，是离退休后从头学习的，但经过几年的刻苦学习和钻研，取得了可喜的成绩。现在不少人的书画作品已在省内外参展或在报刊上发表，还有14位学员分别加入了中国书法家协会江西分会和中国美术家协会江西分会。从一个门外汉步入了书法家、美术家的行列，这充分地说明了老年人仍具有较大的学习潜能。其他专业也有不少学有所成的例子。因此，采取多种形式，为老年人提供“老有所学”的机会，进一步开发和利用老年人的学习潜能，让其学有所得，服务社会，实现“老有所为”，这是值得政府和社会各界予以重视和关注的问题。

2. 离退休干部心理反应的男女性别差异比较和分析

如前调查结果所示，离退休干部的心理反应上存在着男女性别差异。

在24项问题中，13项男性得分平均值高于女性，11项则女性高于男性。其中在下列几个问题上尤为显著：

（1）在余热发挥状况上，虽然两性得分平均值较低，但在两性之间相比较，男性得分又明显高于女性，呈非常显著状态。即男性余热发挥程度比女性明显为高。其原因除女性在身体状况、原社会地位、文化科学素质等方面的限制和影响外，主要可能是女性离退休后相对来说承担的家务更多，所以能再出来工作的时间和机会相对比男性要少得多。要改变这一状况看来关键在如何处理好离退休后家务劳动问题上。我们认为，离退休后承担适当的家务劳动是有着积极意义的。其一，家务劳动是家庭团结和加深家庭成员之间感情的重要途径。其二，老人适当参与家务劳动，有利于调整离退休后的心理节奏，提高独立生活的能力和情趣，增进身心健康，但必须限制在力所能及的范围内，不能承揽过多，形成沉重的负担，否则会产生相反的心理效应。这就要求做子女的要关心和劝慰老人，在家务劳动上要适度，并鼓励老人要有一定的时间走向社会，追求新的生活情趣。社会应更多地为女性老人创造条件，使之有机会能为社会做一些力所能及的有益工作。

（2）在对离退休态度上，两性差异也非常显著，男性得分平均值明显低于女性。产生这种心理差异的原因可能有三个方面，一是在岗工作期间，一般女同志同时要承担的家务比男性要多，从而也更紧张更辛苦。因此，愿意到了年龄就退下来，可减轻身心负担。二是从生理上来说，女性衰老一般比男性快，到了老年期容易感到力不从心。三是因为女性承担的家务较多，离退休后不如男性感到精神空虚，心理上较能适应从紧张工作到离退休的急剧变化。因此，她们对到了年龄就应该退休的态度，心理反应比男性平静。

（3）在对国内外形势的关注方面，两性记分平均值较高，这是符合被试者心理特点的。因为他们都为社会主义新中国的建立和建设事业倾注了心血，有实现共产主义的崇高理想信念。因此现在虽然人已离退休了，但思想并没有离退休，对党的基本路线的贯彻执行、对党和国家的前途和命运仍然十分关注。但是这一项上男女得分显示出二者有较大的差异，呈极显著状态，男性得分明显高于女性。究其原因，可能是由于女性离退休后家务负担比男性重，待在家里的时间多，接触社会的时间少，对国内外局势所获得的信息量远次于男性，因而关注的程度也就不如男性了。

3. 行政干部和专业干部心理反应的差异比较和分析

调查统计资料表明，离退休的行政干部同专业干部的心理反应也是有差异的。在24个项目中，有10个项目行政干部得分平均值高于专业干部。其中，在离退休时的情绪反应，原单位生活关心度，是否有良好的文艺爱好以及余热发挥等问题上差异显著（$P<0.10$），行政干部明显低于专业干部。在离退休后生活适应度上，行政干部得分亦明显低于专业干部，差异更为显著（$P<0.05$）。

我们认为，调查统计结果是符合被试者的心理特点的。我们知道，相对来讲，行政干部离退休前处在领导岗位上的居多，管理决策权力较大。在人际关系上与他们联系工作的人较多较广，处处受到尊敬，在生活上因职位的不同、工作的需要，相应享有的待遇也较好，如配备专车等。而一旦离退休下来就不同了，社会地位一下从领导者变成了一个普通百姓，找他们的人也少了，不免有失落感。原生活上所能享受的待遇被取消或不如以前，而工作上的繁忙成习突变为清闲无聊，社会地位、人际关系、工作和生活上发生这些急剧变化，心理上往往一时难以适应，所以离退休时情绪波动较大，那是自然的。而专业干部原先要从事具体的专业性和技术性工作，离退休后除工作节奏变化较大，其社会地位、人际关系和生活待遇的变化相对前者来说则小得多，所以情绪波动自然比前者小。也正因为上述这些原因，在原单位对自己在生活上的关心度方面，行政干部与专业干部相比，前者的期望值和敏感度都要比后者高，加上社会上的"人走茶凉"的世态刺激，所以行政干部比专业干部自我评定相对较低。另外，专业干部文化程度平均高于行政干部，大多属于知识分子，文艺素质可能高一些，兴趣更广泛一些，因此文艺爱好较多。在发挥余热方面，前面已经谈到被试者总的平均值是低的，原因也作了一些分析，但专业干部平均值高于行政干部，可能是由于专业干部离退休后凭其专业所长比较容易从社会找到发挥其所长的舞台和机会，而行政干部相对而言，则缺少这方面的优势。至于离退休后生活适应度的高低则与上述几个问题的综合反应有较大的相关性，就不再陈述了。

由此可见，这种由于工作性质的不同而产生离退休干部心理反应上的差异是有其客观基础的。我们认为，认识这些特点，对有针对性地开展老干部工作是有利的。

综上所述，我们在这次调查资料的统计和初步分析中所得到的启示是：离退休干部由于性别、年龄、老化程度、工作性质、社会角色、老干部政策落实的程度的不同，他们的心理反应是有差异的，在有些问题上差异还很显著。这就要求我们在做老干部工作时要根据其心理特点来进行，不能"一刀切"。在实践中如发现老干部政策规定中某些不合理的部分，要反映和建议党政决策部门进行必要的调整和修改，以促进我国干部离退休制度的逐步完善，真正使“五个老有”方针得到落实。

参考文献

[1] 许淑莲.青年心理学.北京：科学出版社，1987.

[2] 李德滨.青年社会学.北京：人民出版社，1988.

[3] [日] 长容川和夫，霜山维尔著.车文博译.青年心理学.哈尔滨：黑龙江人民出版社，1985.

[4] [美] 戴维L·维克尔著.沈健译.青年社会学.天津：天津人民出版社，1986.

[5] Richard A kalish著.张降顺译.青年心理学.台湾桂冠图书公司，1976.

[6] Havighurst RJ，Albrecht R : Old people，Longmans，Gerrn. New York，1953.

[7] Monk，Abeaham, Aging，Loneliness, and Communications. American Behavioral scientist, 1988，31(5)：531-563.

运用心理学原理加强思想工作的科学性*

思想工作在任何时候、任何部门都是非常重要和必要的。思想工作是一个广泛的概念，它包含平时讲的思想政治工作、思想教育工作和思想宣传工作等含义在内。思想工作涉及政治学、心理学、教育学、社会学等许多学科。必须开展多学科的综合研究，实现思想工作的现代化、科学化，以适应社会主义物质文明和精神文明建设的需要。本文讨论如何运用心理学原理，加强思想工作的科学性。运用心理学原理，实现思想工作的现代化和科学化，主要表现在下列方面：重视人的需要和动机，调动人的积极性；了解知情意行过程，掌握道德品质形成的规律性；依据年龄心理特点和个性特征，加强思想教育工作的针对性；运用注意、兴趣的规律，增强思想工作的有效性；进行心理预测与心理调查，增强思想工作的预见性与可控性。当然还可以从更多的心理因素和心理学原理去探讨思想工作的现代化、科学化问题。

一、重视人的需要和动机，调动人的积极性

思想工作的关键是要调动人的积极性和自觉性。从心理学上讲，调动人的积极性主要涉及需要与动机的问题。这也符合哲学道理，一般说，外因是要通过内因起作用的。思想工作只有通过激发人的需要、动机这

* 载《江西师范大学学报》（哲学社会科学版）1987年第3期。

个内因才能取得成效。我们有些思想工作之所以不成功,就在于只是灌输,而没有使这些灌输的外界的、他人的、社会的要求，转化或内化为思想工作对象本身的需要、动机。

需要是人们对客观需求的反映，也是心理发展的动力。广而言之,需要有机体因缺乏某种重要刺激而引起的紧张状态，即有机体与环境之间形成的不平衡状态。人们不断地有各种新需要，也就是不断地从不平衡状态进入平衡状态又进到一种新的不平衡状态。这是人的积极性的源泉。动机是指人从事某种活动的内部动力,或者说是一种由需要所推动的,达到一定目标的行为动力。它起着激发、调节、维持和停止行为的作用。人的需要愈强，从事活动的行为积极性就愈高。行为与需要、动机的关系可图解为：

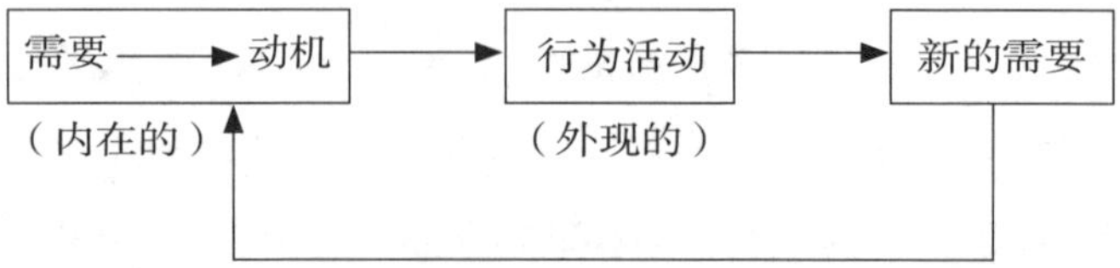

在需要的基础上产生动机，动机产生行为；需要不一定都转化为动机，不直接决定行为。赫尔说：“需要，无论是现实的或潜在的，通常总是在动机之先。否则,社会这个大系统一定为人的需要所破坏。”人的需要、动机与行为的关系是一个循环往复的过程。总之，需要是人的积极性的基础和源泉，动机是推动人们活动的直接原因。

过去，心理学上把需要分为生理性需要和社会性需要两大类，社会性需要又分为物质需要和精神需要两个方面。20世纪50年代末，在美国出现的人本主义心理学对需要、动机进行了更广泛深入的研究。其创始人马斯洛提出了以自我实现为最高目标的需要—动机层次说，即生理需要、安全需要、交往需要、尊重需要与自我实现依次形成金字塔的层级。见下图：

这个理论认为，需要是从低级向高级发展的。这符合人类需要发展的一般规律，对思想工作是有帮助的。例如，入学动机、入伍动机、入党入团动机等，都极大地影响人们的学习和工作。引导学生从为考得高分的近期动机，迁移到为今后更好工作的长远动机；把为个人找铁饭碗的低级动机，迁移到为振兴中华而努力学习的高级动机，正是我们所要做的工作。我们必须考虑人们的各种需要，从动机发展的趋势中，探求和把握不同动机对行为活动的影响，从而加强教育，端正他们的动机，提高他们的积极性。其次，考察人们在不同时期的主导需要，对各种管理工作有实际作用。例如，解决一对两地分居青年职工的问题，先是调在一起为主导需要，生了孩子以后解决住房为主导需要，再过几年孩子的入托和入学又成为主导需要，等等。

马斯洛的需要层次说认为人的需要都是本能活动，只讲个人需要不讲社会需要，各层级有一定机械主义色彩等。这些是要批判对待的。我国古代思想家有关欲（需要）的论述，已涉及需要的种类与层次。例如，《管子》一书将欲望分成生育、存安、富贵、佚乐四种；清代的王夫之也把人的欲望分成四类，即声色、货利、权势、事功。这样依次列举生理、物质、权力和功名的需要，并不比马斯洛的需要层次论逊色。

二、认识知情意行过程，掌握道德品质形成的规律性

形成社会主义的道德品质是思想教育工作的一项重大任务。但是道德品质的形成，并不是通过某种道德品质谈话或规则的强制执行可以一蹴而就的。我们有些同志不大了解其规律性，便造成了思想教育工作的

简单化和急躁情绪，其结果必然收效不大。孔子说："有德者，必有言；有言者,不必有德。"只有道德认识屡次见诸道德行为,才形成了道德品质。很显然，在这里孔子已经意识到道德品质的形成，是经由道德行为的心理过程。

现代教育心理学也认为，道德品质的形成是一个知、情、意、行的过程，是受人的心理发展规律制约的。任何一种道德品质都包含着道德认识、道德情感、道德行为三种心理成分。军队里采用说理教育、典型教育和养成教育完全符合上述心理学原理。说理教育在于提高道德认识，典型教育在于激发道德情感，养成教育在于培养道德行为。无论对部队、学校、工厂企业等都是行之有效的。根据心理学原理，进行思想教育工作必须抓住下述三个关键环节。首先，是晓之以理，提高道德认识。道德认识主要是指对是非、善恶的行为准则及其意义的认识。它包括道德概念的掌握和道德判断能力的发展，是产生道德情感和道德行为的基础。许多调查研究表明，品质不良的青少年，缺乏正确的道德观念的占2/3以上。各种品质不良的行为都与道德认识的错误密切相关。其次，是动之以情，激发道德情感。道德情感是人的道德需要是否得到满足所引起的内心体验。它包括阶级情感、爱国主义情感、国际主义情感、集体主义情感、社会主义人道主义情感、义务感、责任感、荣誉感、自尊心等。道德情感从形式上看，可分为三种情况：直觉情绪的体验，与具体的道德形象相联系的情绪体验，意识到道德理论的情绪体验。因此，教育者必须深切地关心受教育者，要有人情味，要用热烈的感情去激发受教育者的道德情感。最后，是导之以行，训练道德行为。道德行为是指能表现人的道德品质、道德面貌的行为举止，它是在实际行动中形成和发展的。一定要使受教育者掌握一系列道德行为方式,养成各种道德行为习惯。"习与性成"，习惯成自然。因此，各种守则和规章制度在训练道德行为中是必要的和重要的。

皮亚杰学派有关道德的研究方法，对我们思想教育工作者是有帮助的。皮亚杰采用的是临床法，将自然观察、测验、谈话与诊断法结合起来。

他用对偶故事（如有意打破一只碗与无意打破十只碗，哪个更坏），研究四五岁至十三四岁的儿童少年的道德观念，得出道德水平是由他律水平向自律水平发展的。科尔伯格认为皮亚杰的方法是封闭式的，而提出开放式的两难故事法（如钱不够，该不该偷药救亲人），研究对象是十岁至十六岁或十八岁。得出了三种道德发展水平：前道德水平，与传统角色相符的水平，自我认可的道德原则水平。后来，里斯特（Rest）更采用了不必谈话的纸笔法研究人的价值观，设计出一系列问题，每一个问题分成五种评价：最重要、次重要、一般、次不重要、最不重要。让被试者选取一种回答，从而分析研究其价值观。

三、依据年龄心理特征和个性特点，加强思想工作的针对性

人的心理是不断发展变化的，并且有其阶段性和连续性。儿童、少年、青年、中年和老年的心理特点各不相同，“老安少怀”就反映出不同年龄的人们的一种社会心理状态。不同年龄阶段的人的兴奋点不同、心理状态不同，因此我们做思想工作的时候，一定要考虑一个人的年龄心理特征。

以青少年来说，少年具有半儿童半成人的特点；青年则开始出现成人感。苏霍姆林斯基认为青年的一般特征是：身体进入成熟期成为青年精神生活的一个因素和青年精神生活中的矛盾性。他说：“男女青年意识他们的身体已趋于成熟，对自己的力量有了信心，感到自己是个‘成年人’了。”有的心理学家甚至把青年期的意义称为“心理上的断乳”，认为青年人心理上独立了，为走向社会准备了心理上的条件。这样，青年人要求别人尊重他们的意志和人格。但是他们主观上的成人感和客观上的不成熟和稚气，往往产生矛盾与冲突，所以社会上有所谓“崽大爷难做”的说法。对待青年，既不能用对少年儿童的办法，也不能完全用对成人的办法，而必须采取适合青年心理特点的教育方法。首先，青年思想活跃，要掌握好疏导原则，青年思想活跃是由青年期的逻辑思维得到了较高发展，具有辩证性、批判性和独立性决定的。但另一方面青年由于缺乏社会生活经验，缺乏深刻的分析判断能力，往往看问题容易片面和偏激，

因此要坚持疏导的原则。其次，青年想象丰富，要树立革命理想。理想是指向未来、指向人的生活和活动的系统的想象。积极的、健康的理想能激励人的斗志，鼓舞人的信心，推动人去工作。因此，对青年要特别抓住理想教育，将远大理想与实际活动紧密结合起来。第三，青年性在成熟，要处理好婚姻恋爱问题。青春发育期，身体迅速成长，性腺机能日趋成熟，身体发育已经接近成人的水平。青年期出现恋爱情感是自然的事情，问题在于正确地对青年进行恋爱观和适当晚婚的教育，引导青年恰当地处理这个问题。

在思想教育工作中，常常会发现有的人吃软不吃硬，有的则相反。这牵涉到人的性格与气质问题。要求我们考虑不同人的性格、气质类型，以便因材施教。性格是人对现实的稳固的态度，以及与之相适应的习惯了的行为方式。性格具有稳固性、可变性和可预见性。在思想工作中，观察把握一个人的性格特征很重要，因此可将人的性格归属为类型来考察。心理学家对性格类型的分类尚不统一，各自从某个方面进行了划分。英国培恩的功能优势说，将性格分为理智型、情绪型、意志型；瑞士荣格的内外倾向说，将性格分为内倾型和外倾型；奥地利阿德勒的个体竞争说，将性格分为优越型和自卑型；也有人按照独立性，将性格分为独立型和顺从型。至于还有所谓性格的体型说和血型说，更没有揭示性格的内部结构。气质是在情感的发生、表现和运动的速度、强度方面的心理特征，它影响性格的表现方式，使性格特征“涂上”一种独特的“色彩”。心理学上把人的气质分为四类：① 胆汁质的人，直率、热情，精力旺盛，情绪易冲动，心境变换剧烈，具有外倾性。② 多血质的人，活泼、好动、敏感，反应迅速，喜欢交往，注意和兴趣多变，具有外倾性。③ 粘液质的人，安静稳定，反应缓慢，沉默寡言，善忍耐，情绪不易外露，具有内倾性。④ 抑郁质的人，情绪体验深刻，孤僻，行为迟缓，且不强烈，善觉察细节，具有内倾性。

性格是个性心理特征的核心内容。思想工作要增强针对性以取得成效，就必须测定性格。测定性格的方法很多，由于性格的复杂性，往往需要多种方法的有机结合。这些方法是：观察法、谈话法、调查法、个案追踪法、作品分析法、自然实验法、投射测验法（包括采用人格量表的自陈法、罗夏墨迹投射等），苏联甚至建立了性格诊断学，这是值得重视的。

四、运用注意、兴趣的规律，增强思想工作的有效性

注意和兴趣也是引起人积极活动的重要心理因素。为了增强思想工作的有效性，在组织各种活动中都要考虑怎样引起人们的良好注意，激发他们的浓厚兴趣。

注意这种心理特征，是心理活动对事物或现象的指向和集中，它伴随一切心理过程的始终。注意可分为无意注意和有意注意，前者与直接兴趣联系，后者与间接兴趣联系。两种注意在一定条件下会相互转化。根据多变的、新异的刺激更能引起注意的道理，我们的思想教育工作形式不能单一化、老一套，而应多样化和新颖化。说书的人往往在能给人以悬念的紧要处结尾，吸引人们下次再来听。许多成功的教育经验也告诉我们：把教育内容搞得丰富多彩，寓教育于各种活动之中，而且不断变换着使用各种教育形式，就能吸引青年积极参加这些活动，并从中受到教育。

兴趣爱好是人认识某种事物或从事某种活动的倾向性。兴趣可以分为两种：直接兴趣，对事物本身的需要；间接兴趣，对事物未来结果的需要。间接兴趣可以转化为直接兴趣。兴趣对于人们的学习和工作有着重要的作用。爱因斯坦说："只有热爱才是最好的老师，它远远超过责任感。"我们的政治理论教学和日常思想工作，不能只是板着面孔说教，应该使工作对象感兴趣才行。有一个青年说："你们讲的那些没有一点吸引力，我就不爱听。好有一比，你们没有磁性，我却有弹性。"它告诉我们，思想工作要从实际出发，生动有趣，为人所容易接受。现在有的出版物也在注意这方面的问题。例如，江西出版的《使人聪明的学问——哲学纵横谈》一书，每篇以富有哲理性的故事开头，深入浅出地

讲述一个哲学道理，知识面广，趣味性浓，使人爱读，为读者所欢迎。这并不是说一切教育活动都要用故事形式，而是我们一切教育活动（包括政治理论教育）都应有血有肉有趣味，才能收到预期的效果。当然，我们在思想工作中，也不只是简单地适应人们的兴趣，还要通过活动去培养人们的广泛兴趣。

五、进行心理调查与心理预测，增强思想工作的预见性与可控性

成功的思想工作不是有了问题才去做工作，更重要的是要有预见性，调节控制有关事情的发展。这样就需要运用一些心理方法进行心理测定与分析。心理调查是有助于领导者的决策和思想教育工作的。它包括参与法、访问法、问卷法、民意测验、社会测量法等。但是有效的心理调查，首先要有科学的设计；其次要有科学的调查实施；再次要有科学的统计处理；最后要有科学的结果分析。参与法是参与者终日参与到他需调查研究的对象的日常生活中去，以便观察、了解调查对象的心理及其活动。访问法是调查者与被调查者通过有目的谈话以收集研究资料的方法。它包括严格按事先拟定的调查表格或发问的结构性访问，和只就调查主题临时发问的非结构性访问。问卷法是经过周密设计一套问卷，要求被调查者回答的方法，在测定群体心理时应用广泛，它包括被调查者自由回答问卷的开放式问卷，和对列举可能答案进行选择回答的封闭式问卷。这里还要介绍一下德国心理学家的对立面问卷方法。它使用一种对立面量表，不仅能查明被调查者是否具有某种品质的意见，而且能查明它们表现程度的意见。一套标准化的个性品质，每个侧面按四级制量表（0,1,2,3）的评定（见表1）。至于民意测验与社会测量法，也已广泛地用来研究小型群体中的人际交往水平、好感与反感等。

表1　个性品质四级制量表

评定的品质	品质表现的分数							评定的品质
	3	2	1	0	–1	–2	–3	
容易接近			•					孤僻
慷慨	•							吝啬
集体主义		•						利己主义
积极					•			消极
坦率		•						不坦率
大胆						•		胆怯
拘谨				•				随便
诚实		•						虚伪
有原则性				•				无原则性
意志坚强							•	意志薄弱

我们还可以运用有关心理学公式进行心理预测。德国心理学家勒温提出过一个行为公式：B=f（P·E）。认为行为（B）是人（P）和环境（E）的函数，即行为是随人和环境的变化而变化的。如果我们把这个公式加以扩展或引申来看待，需要与动机是人这个主体变量中最活跃的因素，对人的活动行为的积极性发生决定性影响。这个公式的环境不把它局限为心理环境，而看成广义的环境。那么，我们就不难从人的需要、动机、身体状态等和所处环境条件去预测和控制一个人的行为活动。美国心理学家弗鲁姆提出的期望理论对我们的思想工作也有帮助。这个理论认为，人的积极性的高低与追求的目标密切相关，其公式是：

$$\underset{\text{（积极性强度）}}{\text{激发力量}} = \underset{\text{（目标价值）}}{\text{效　价}} \times \underset{\text{（期望概率）}}{\text{期　望}}$$

其中，激发力量指调动一个人的积极性、激发人内部潜力的强度。效价指达到目标对于满足个人需要的价值。期望指根据一个人的经验判断一定的行为能够导致某种结果和满足需要的概率（可能性）。即是说，一个人把目标的价值看得越大，估计能实现的概率越高，则激发的力量也就越大。这样看来，学习或工作的目标、生产的定额、奖励等指标订得合理，对事物有正确的价值观都影响人的积极性的强度。所以这个公式的应用既有助于管理工作，也有助于思想工作。

“组织气候”管理学说的心理学管窥*

一

无论是古典管理理论还是现代管理学派，都跟心理科学有着密切的关系。因为人是管理内容和管理手段的双重因素，凡有人活动的地方就有心理问题，所以对于各种管理学说都必须也有可能进行心理学的考察。只有这样，才能更好地评价一种管理学说的完备性，帮助进行全方位的思考。

古典管理理论的代表人物泰勒的“搬铁块”、“铁锹”、“金属切削”等实验，经过心理学家吉尔布雷思的动作分析研究的补充、修正而得到更完备的发展，在资本主义国家里形成了所谓“操作合理化运动”。现代管理学派包括行为科学和管理科学两大学派，它们的理论虽然各有侧重，但在实际工作中是相互补充的，并且都与心理学有关。行为科学“包括心理学、社会学、社会人类学及其他学科中类似的观点和方法”（美国《管理百科全书》）。这个管理学派研究有关激励、人际关系、领导与组织等问题，它跟心理学的密切关系是不言而喻的。例如，完形心理学派勒温的动力场理论，人本主义心理学创立者马斯洛的需要动机理论，新行为主义心理学派斯金纳的强化理论，以及弗鲁姆的期望概率模式理论等，

* 载《萍乡教育学院学报》(社会科学版)1988年第2期。

都对管理科学产生了很大影响。至于管理科学学派应用“三论”方法、电子计算机和数学模型等手段来解决管理问题，表面上看来与心理学无甚关系，其实不然。例如，将一个企业的生产活动与管理方式作为一个系统来建立数学模型时，就必须包括有关人的因素（自然也就含人的心理因素）的估计在内。也就是要进行人、机器、社会环境等的统一思考。

总之，心理学特别是社会心理学、管理心理学已经渗透到一切管理学说之中。这是我们评价某种新出现的管理学说时也必须坚持的一个基本观点。

二

最近美国出现了一种新的管理理论——“组织气候”的管理学说，我国目前最大的管理科学词书《现代管理科学词库》（上海交通大学出版社1981年出版）也尚未来得及收入条目。下面，我们试图从心理学角度考察它的思想发展渊源和利弊得失。

何谓“组织气候”？它是美国哈佛大学管理学者黎特文等人所提出一种管理学说，用以说明环境对于职工行为动机的影响作用。“组织气候”不是指广泛意义的环境影响，主要指领导方式、管理方式、规章制度及结构所导致的领导与职工、职工与职工之间的群体气氛。良好的“组织气候”能激发群体所属人员积极工作的动机，保持高度的士气；而恶劣的“组织气候”则会使人感到心情压抑，工作积极性不高。很显然，这种管理学说不是把人的行为的冲动仅仅看作来自物质需要的满足，而是更为重视人际交往、群体气氛等非物质需要的意义和作用。

笔者认为，“组织气候”的管理理论可以归属于现代管理学派中的行为科学学派之内。它的思想渊源则可以追溯到德国心理学家勒温的动力场说。勒温接受了完形心理学的观点，即自我与环境的动的交涉就产生人变动不定的行为。并且明确地认为行为是人与环境的函数。他说："要了解或预期心理行为（B），我们必须确定当时整个情境中的各种心理事件（动作、情绪、表现等等），即当时的完整结构和人（P）的状态以及心理环境（E）的状态。"[1]如果用公式来表示此种关系就是B=f（P·E）。这里所说的心理环境包括准物理、准社会和准概念的事实[2]。而心理环境中的事实在被人感知时，就可以产生引拒力，正的叫吸引力，负的叫排拒力。从某种意义上看，管理过程中的"组织气候"就是相当于心理环境。"组织气候"这种环境气氛则可间接引发职工的行为动机，从而影响人的行为活动。所不同的是：勒温的心理环境片面地强调主观因素的实在性及其影响，在理论上不免陷入主观唯心主义的泥潭；而"组织气候"则是属于一种客观环境或行为环境，是实在的环境影响。

至于"组织气候"学说中的领导方式、管理方式问题，这更是勒温社会心理学里首先涉及的研究课题。大家知道，早在1939年勒温和利比特、怀特等人共同研究了有关领袖的问题，即以儿童为被试，研究放纵式、独裁式和民主式究竟哪种领导方式好的问题。结果表明，由于三种不同领导方式的社会气氛不同，民主式领导下的工作效果比另外两种方式优越得多。1940年，利比特进一步开展了民主和独裁气氛的效果的实验研究。结果也表明，由于民主组重视自由讨论，而独裁组片面强求服从，因而民主组的团结性和稳定性明显地优于独裁组，而且前者比后者更具集体精神。当然这里所讲的民主式是资产阶级的民主，对集中是重视不够的。必须指出，"组织气候"学说的研究范围，比勒温等关于领导、管理方式的研究的范围要更广阔，它还包括规章制度及结构等方面的问题在内。

那么，"组织气候"理论与组织行为学又有什么异同呢？组织行为学是将行为科学应用于企业管理而形成的一门知识体系。组织行为学主要解决领导和被领导的关系，一个单位的正式组织和非正式组织的关系。组织行为的公式可以表述为：组织效率=f（领导者·被领导者·环境）。在这里，领导者、被领导者和环境三个因素与组织效率是函数关系。只有三个因素结合得好，才能提高组织效率。例如，就一个企业来说，当前面临着经济制度和政治体制改革的新环境，领导者与被领导者的关系，领导、管理的方式都必须适应这种新的经济环境和政治环境，才能提高组织效率搞好这个企业。“组织气候”理论与组织行为学的共同点是：都重视领导管理方式对组织效率的影响，也都涉及环境问题。所不同的是：组织行为学所讲的环境是广义的环境，而“组织气候”理论是指领导方式、规章制度及结构等所形成的狭义的环境。但是，它们都属于行为科学管理学派，从各自的侧重点对管理工作的实践活动都发生着重要的影响作用。

管理活动过程中的人际关系、组织行为、组织气候等不仅在西方受到重视，而且也同样引起苏联与东欧国家的注意。苏联社会心理学家的有关研究，就与美国的“组织气候”理论有相通之处。例如，叶尔绍夫1974年的研究表明，工厂里生产小组内的“社会心理气氛”对生产效率有很大的影响，因而他强调生产组长与工人口头交往形成和谐气氛的重要性。我们感到，这种生产组内的社会心理气氛，就可视为一种组织气候。甚至有的社会心理学家认为，生产组内人们的称呼（你、您）也可以影响组内的社会心理气氛，并从而影响生产效率。

许多中国古代思想家更是很早就重视社会各种活动中的人和上下关系。例如，诸葛亮强调“用兵之道，在于人和，人和则不劝而自战矣”（《诸葛亮文集·和人》）。至于上下关系问题，孔子则指出“上好礼则民莫敢不敬，上好义则民莫敢不服，上好信则民莫敢不用情”（《论语 · 子路》）。晋代的葛洪更注意到了“上行下效，君行臣甚”（《抱朴子外篇 · 审举》）的社会心理效应。上述思想与现代社会心理学中的人际关系理论、管理科学中的组织气候理论正相暗合。

三

应当开展我国自己的“组织气候”管理理论的研究与应用。从当前正在进行经济体制和政治体制改革的任务和要求看，开展对“组织气候”

的管理理论的研究，是有实际意义的。这个理论对我们改革各项管理工作是可供借鉴的。为了实现社会主义物质文明和社会主义精神文明的目标，必须有一种既有民主又有集中，既有统一意志又有个人心情舒畅的局面和气候。我们应当努力创造一种领导方式民主的组织气候，管理方式科学的组织气候，规章制度合理的组织气候，人员结构精干而有活力的组织气候。从而使每个人始终处在一种团结和谐的气氛里，领导者和被领导者、管理者和被管理者都能充分释放出自己的潜能，发挥自己的创造性，提高工作的效能。例如说，要协调好厂长、经理与职工的关系，校长与教工、教师与学生的关系，医院院长与医生、医生与病人的关系，机关领导与干部、干部与群众的关系等，这里面都有领导方式、管理方式、规章制度、组织结构等形成的组织气候问题。它们对激励职工积极性和创造性的作用，是物质激励所不能代替的。这正是有些知识分子和职工宁肯留在物质条件较差但组织气候和谐的单位工作的原因，相反也是有的人宁愿不要较好的物质条件而要求变动单位的原因之一。

良好的组织气候的形成，不只是领导者、管理者的事情，它取决于领导者、管理者与被领导者、被管理者的共同努力。这种和谐气氛是两种力共振的结果，缺少任何一个方面的努力都不行，但是主导的一方是领导者、管理者，要与职工相互沟通思想，交流情感，以形成和谐的组织气候。

当然，整个管理工作的科学化和管理效能的提高，不是某一种管理学理论所能全部解决的。但是，我们应当把“组织气候”管理学说纳入最新管理科学系统之中予以充分的重视。而且应当根据我国的国情，结合经济体制和政治体制改革的实际，开展我国自己的“组织气候”管理理论的研究和切合实际工作的有效的应用。笔者认为，当前应着重研究下述几个方面的问题：① “组织气候”理论的管理思想发展渊源与意义，它跟其他管理理论的联系与区别；② 我国的政府机关、工厂企业、教育科研等部门的领导方式、管理方式、规章制度及结构等，较之西方国家应有何特点；③ 调查一些单位，进行符合“组织气候”理论与违背“组织气候”理论对职工积极性影响的比较研究；④影响领导与职工、职工与职工之间的群体气氛的归因研究；⑤“组织气候”对人的创造性活动的影响和如何客观地考评职工的劳积等等。

参考文献

[1] 勒温.人格的动力学说（英文版）.1935.

[2] 勒温在《拓扑心理学原理》一书中提出的三个概念。准物理事实，即心目中的自然环境；准社会事实，即心目中的社会环境；准概念事实，即思想观念与现实的差异。

我国学生心理健康教育对策*

近几年来，学生的心理健康问题日益引起学校、家庭和社会的广泛注意。《人民日报》1989年8月15日曾以《大中学生心理障碍应该引起社会重视》为题，报道了"大中学生心理卫生问题和对策研究"的成果[1]，调查2 916名大学生（男1 523人，女1 438人），有严重心理卫生问题的占16.79%。并且发现学生随年龄增长，心理卫生问题大幅度上升，初中为13.76%，高中为18.79%，大学达25.39%。上海、杭州、湖南、广州等地也先后有类似调查报告，只是数据或高或低而不尽相同。在不少报刊、电视广播中严重心理问题的个案，包括学生中的精神病、自杀现象亦时有所闻。还曾报载某医院对沈阳市1 063名3—5岁儿童进行健康检诊，发现30种精神卫生问题，占受检人数69.9%。不少人在惊呼：学生的心理疾病在悄悄蔓延，并有低龄化趋势，儿童和青少年的心理健康状况堪忧。同时也在发问：这些调查心理健康的标准是什么？为什么数据差异甚大？造成学生心理健康问题较多的原因是什么？

另一方面，学校、医院和有关部门也在采取各种措施关心学生的心理健康问题。心理咨询中心，心理卫生、心理教育、心理咨询、诊断与治疗的书籍也不断问世。不少学校开设了心理教育与心理卫生课程，建立了心理健康档案等。有关部门和学会也经常举办心理咨询培训班和研

---

* 载《现代教育研究》1998年第1期。

讨会，国家教委思政司在1994—1996年间，委托有关师范大学举办过三期全国高校心理咨询教师培训班。与此同时，人们也发现，社会上有以捞钱为目的乱开心理门诊、热线电话的现象，心理咨询工作者水平不高，工作不规范，无章可循或有章不循，有关学会制定的规章又缺乏行政权威性。学术界对开展心理健康、心理咨询工作的某些方面还缺乏共识，心理学工作者、医务工作者和思想政治教育工作者如何协调一致也未完全解决。

那么针对上述情况，关于我国学生心理健康问题应采取什么对策呢？作为一个心理学工作者和教育工作者，根据我多年开展心理咨询工作的实践，1994年受国家教委思政司委托举办首届全国高校心理咨询教师培训班的体会，和主持“学生心理健康现状调查研究”课题的情况，提出以下几点意见。

一、全面认识意义增强心理健康意识

过去存在某种片面性，许多人主要是从心理问题发生在学生身上的严重性看心理健康教育的重要性，从而只注重开展心理咨询与治疗，以帮助消除其心理障碍，矫治其心理疾病与不良行为习惯。没有将平时积极的心理教育与心理卫生摆到应有的重要地位，没有在全社会增强心理健康意识，以促进人们身心健康水平的提高。殊不知《黄帝内经》提出的“治未病不治已病”预防原则，不仅适用于身体方面的生理疾病，也适用于精神方面的心理疾病。何况青少年儿童的心理健康问题，有其更广泛更深远的积极意义。

首先，从健康概念的扩展性看，健康不只是指体魄健壮，还包括心理健全，即现代的健康概念应当是身心健康的概念。正如《世界卫生组织宪章》所指出的：“健康乃是一种在身体上、精神上和社会上的完善状态，而不仅仅是没有疾病和衰弱现象。”现代医学模式也发生了重大变化，即从生物医学模式转变为“生理—心理—社会”医学模式。因而，我们都不应当局限于体魄健壮来理解健康的概念，而应当树立一种全面的既重视体魄健康又重视心理健康的身心健康概念。遗憾的是现在社会上仍然较严重地存在着只重身体健康，忽视心理健康的倾向。这样看来，加强心理健康教育就具有普遍意义了。顺便要指出的是，中国古代早已有“身心”健康的思想。华佗所著《青囊秘录》一书中说：“夫形者神之舍也，而精者气之宅也，舍坏则神荡，宅动则气散，神荡则昏，气散则疲，昏疲之身心，即疾病之媒介，是以善医者先医其心，而后医其身。”[2]据推断，“身心”健康与医疗的这一光辉思想大约出现于距今一千六七百年前，我们应当在当今的心理健康教育实践中将它发扬光大。

其次，从素质教育的包含性看，心理健康和心理素质教育是全面发展教育的重要内容之一。《中国教育改革和发展纲要》要求：“全面提高学生的思想道德、文化科学、劳动技能和身体心理素质，促进学生生动活泼地发展。”[3]很显然，素质教育就是要求学生的德、智、体、美、劳诸方面素质的全面发展。人的素质的内涵是非常丰富的，至少可以包括身体素质、政治素质、品德素质、心理素质、文化素质、技能素质、业务素质等几个方面。所谓心理素质是指人的心理因素的特性品质，包括知、情、意和人格诸方面的心理特性品质。心理健康是发展良好心理素质的前提与基础，反之有了良好的心理素质，人的心理健康水平也会提高。

再次，从思想教育的深层性看，心理教育是思想教育工作的重要方面。我们认为思想教育工作有三个层次，即政治观点教育、伦理道德教育和心理品质教育。过去对其深层的心理品质教育认识不足，重视不够。在学生思想教育工作中有不少属于心理方面的问题，而并非都是道德品质问题或者政治观点问题。前几年国家教委就指出，心理咨询、辅导是进行思想教育的重要途径之一，要求心理咨询工作要朝科学化、规范化方向发展。我们许多学校思想政治教育工作者也认识到，心理咨询、心理教育与思想教育工作，都要求培养人的健全人格，消除心理障碍，促进人生的积极发展。心理咨询、辅导要达到身心健康的要求，也是教育的目标之一。

最后，从生活质量的全面性看，人的精神生活、心理状态是极其重要的内容。随着科学技术的飞跃和经济的发展，人们的生活水平尤其是物质生活水平有了很大的提高。与此同时人们也会发现只有物质享受的生活并不是完全的高质量生活，充实的精神生活、良好的心理状态以至达到一种完美的人格才是更高生活质量的追求。心理健康教育有助于人的生活质量的全面提高。1976年美国的伊斯坦（Epstein）与麦克帕兰（Mcpartland）将生活质量概念引入学校教育与管理工作，并进行了相关的课题研究，是有借鉴意义的。

二、切实开展学校心理教育与心理咨询辅导

由于人们对心理健康的重要性认识的提高，积极开展心理教育与心理咨询辅导的呼声也日益提高，但是如何进行此项工作却存在着不同的看法与争论。例如，心理咨询与思想教育的关系，心理教育与心理咨询、治疗的关系，心理健康教育工作中，心理学工作者、医务工作者与思想政治工作者的关系等，学术界的认识并不一致，甚至存在很大分歧。我们认为，有争论是正常的，可以求同存异，但不应等待一个较一致的结论才去行动。不仅要借鉴外国的有关理论模式与经验，更要从我国的国情出发，真正切切实实地开展工作，在实践中去改进和完善。

从我国的国情出发，一般的心理教育与心理咨询辅导可以与思想教育工作结合起来。只有那些严重的心理障碍、心理疾病需要进行专门心理治疗的，才是医学心理学着重要解决的问题。因此，就学校心理健康教育的任务而说，一方面要指导学生学会适应社会环境，注意心理卫生和心理保健，防止心理疾病，以增进学生的身心健康；另一方面要结合思想教育工作，提高学生的心理素质，促进学生认知、情感、意志和个性等方面的发展。为此就需要对学生开展学习指导和生活指导。也许正是基于这种理解，国家教委思政司曾指出，在新的形势下，心理咨询是高校进行思想教育的重要途径之一。当然我们必须注意心理咨询与思想教育工作的侧重点是不同的，所采用的方式、方法也不同。总之，学校心理健康教育的任务，正如《中共中央关于进一步加强和改进学校德育

工作的若干意见》所指出的："要积极开展青春期卫生教育，通过各种方式对不同年龄层次的学生进行心理健康教育和指导，帮助学生提高心理素质，健全人格，增强承受挫折、适应环境的能力。"[4]

为了使心理健康教育落到实处，各级学校应按不同要求开设有关心理健康教育的课程或讲座，并以心理健康教育课为主要阵地开展学生心理健康教育。其任务在于让学生掌握一些基本的心理卫生知识，预防心理疾病，培养自我调节、自我教育的能力，提高自身的心理素质，培养健全人格。很显然，我们的心理健康教育应面向全体学生，而不能把心理健康教育局限于只对少数有心理障碍的学生。当前各地各校开设课的情况差异很大，有心理卫生课、心理健康教育课、心理教育课等名称，有的为单开课程，有的附属在有关课程中讲授；城市学校一般有这方面的课程或讲座，广大农村学校由于条件限制开课的很少。同时大、中、小学的此种课程没有什么衔接。现在已经到了必须由教育行政部门统筹考虑心理健康教育课程的时候了，必须在教学计划中加以肯定，有组织地编写教材。

除了开设课程，还必须设立心理咨询或心理教育辅导的组织机构，以开展有关心理咨询、辅导及一般心理治疗的实践活动。美国在20世纪初便开始在学校相继建立心理门诊，现在已经成为美国教育系统的一个重要组成部分。以哈佛大学为例，50年代便建立了由14名心理学博士、硕士组成的学习咨询处，以帮助学生在智力上和情感上得到全面发展。我国港台地区的学校也有专门的心理教育机构，例如香港的高等学校设立了学生辅导处，负责心理咨询、升学和就业指导等工作。台湾从70年代末起，连小学也设立了儿童辅导中心，其地位与教务处等并列。我国内地各省的学校80年代起逐步设立了心理咨询、教育机构，不同地区不同级别学校的情况参差不齐，名称各异，有的设专职人员，有的均为兼职人员。因此，建议教育行政部门应明确规定建立专设机构，或明确纳入现有相关机构负责该方面的工作。其人员应以心理学工作者、思想政治教育工作者和医务人员三结合组成，逐步做到以心理学工作者为主，并且要求师范院校心理学系加速培养心理咨询辅导和临床心理学专业工作者。

学校心理教育、心理咨询工作科学化和规范化的主要措施之一，是必须建立学生心理档案。现在这方面的工作开展情况很不理想。有的虽建了心理档案但内容很不全面，或只是入学时的测试记录，有头无尾，或不能依据和运用已建的心理档案为心理教育辅导工作服务。许多学校甚至完全没有开展此项工作。我们认为，可首先建立心理健康测验和咨询档案。中小学和高校应分别采用不同的心理健康测验，随同学生身体健康检查时一道进行。在此基础上，还应建立智力与能力测验、人格测验和性向测验等方面的心理档案。这对于指导学习、选择职业和处理人际关系等都大有裨益。

三、建立适合国情的心理健康标准、诊断手段和有关法规

有效地进行心理健康教育，必须先有一个公认的、科学的心理健康标准，否则对有关心理健康的看法会众说纷纭，莫衷一是。第三届国际心理卫生大会曾确定："所谓心理健康是指在身体、智能及情感上与他人的心理健康不相矛盾的范围内，将个人心境发展成最佳的状态。"这就是说，一个心理健康的人应当有健康的身体、敏锐的智能、愉快的情绪、和谐的人际关系。美国心理学家马斯洛和密特尔曼提出过心理健康的10条标准：① 有充分的自我安全感；② 能充分了解自己，并能恰当估计自己的能力；③ 生活理想切合实际；④ 不脱离周围现实环境；⑤ 能保持人格的完整与和谐；⑥ 善于从经验中学习；⑦ 能保持良好的人际关系；⑧ 能适度地宣泄情绪和控制情绪；⑨ 在符合团体要求的前提下，能有限度地发挥个性；⑩ 在不违背社会规范的前提下，能适当地满足个人的基本需要。

但是由于文化背景的差异，完全搬用外国的标准是不行的。因此我国心理学工作者和医务工作者应当联手制定出我国自己的心理健康标准。陈永胜同志在《导引人生——心理卫生学》[5] 一书中也提出10条

标准：① 认知功能正常；② 情绪反应适度；③ 意志品质健全；④ 自我意识客观；⑤ 个性结构完整；⑥ 人际关系协调；⑦ 社会适应良好；⑧ 人生态度积极；⑨ 行为表现规范；⑩ 活动效能吻龄。其他同志也提出过类似或相近的标准。然而都未跟测验诊断完全匹配，没有将定量与定性结合成操作细则。这需要进一步开展研究，由有关部门组织力量制定我国统一的心理健康标准。

现在使用的诊断手段也存在问题。一是选取的测验量表多元化，因而影响诊断结果的可比性和一致性。二是所用量表多是引进外国的或稍加修订的缺少我国本土化的量表，影响反映中国人心理健康状况的真实性和可靠性。目前较广泛使用的有SCL—90量表、艾森克个性问卷（EPQ）、卡特尔16种人格因素问卷（16PF）、明尼苏达人格调查表（MMPI）、加利福尼亚心理调查表（CPI）等，主要从人格方面测查心理健康状况。由日本引进并适当修订的心理健康调查表，有适用于大学的UPI和适用于中小学的MHT。以上量表除了非本土化的问题，其中不少存在编制的项目过多，追求所谓全面性。因此应当正确处理好国际化与本土化的关系，处理好用全息理论解决项目过多的全面化问题，尽快编制出本土化的心理健康测评量表。[6]我们课题组对此作过探索，自编量表进行过初步研究，看来必须有全国性大协作才能真正解决此方面问题。最后要提出的是心理健康教育、心理咨询工作的科学化和规范化必须制定相应的法规来保证。心理咨询特别是心理治疗是一项心理学专业的技术性工作，实施的好坏直接关系到人们的心理健康。世界各国的心理学会等有关组织都制定了心理咨询、治疗工作准则或职业道德原则。[7]例如，美国心理学学会（APA）于1967年和1981年公布了关于咨询者伦理原则与义务的规定，美国学校心理学者协会（NASP）也制定了这方面的职业道德原则。我国进入90年代以后才制定有关规定。中国心理学会、中国心理卫生协会于1992年12月公布了《卫生系统心理咨询与心理治疗工作者条例》[8]，对心理咨询与心理治疗者的资格、专业要求、专业职责，以及组织、保密原则、危机干预和收费都作了较明确的规定。这本是一件大好事情，但是现在社会上有规不循，执行得很不理想。由于该条例局限于“卫生系统”，对学校教育系统等其他部门缺乏约束力。所以有必要就学校心理教育、心理咨询工作制定相应的准则。而且呼吁有关行政和法制部门以法规的形式像医疗法规一样公布于世。只有这样，才能真正保证我国心理健康教育、心理咨询与心理治疗工作朝着科学化和规范化的道路发展。

参考文献

[1] 大中学生心理障碍应该引起社会重视.人民日报，1989年8月15日.

[2] 杨鑫辉.中国传统心理治疗的科学性.中国临床心理学杂志，1997(2).

[3] 中国教育改革和发展纲要.

[4] 中共中央关于进一步加强和改进学校德育工作的若干意见.

[5] 陈永胜.导引人生——心理卫生.济南：山东教育出版社，1992：79.

[6] 杨鑫辉.关于心理特性测评的理论思考.江西师范大学学报（自然科学版），1996(1).

[7] 沙莲香.人格的健康与治疗手册.北京：中国人民大学出版社，1988：517—536.

[8] 中国心理学会，中国心理卫生协会.卫生系统心理咨询与心理治疗工作者条例.心理学报，1993(1).

教师应学会心理调适保持心理健康

随着科学技术的发展、经济的发达，伴随而来的竞争日趋加剧，人们的心理健康问题也日渐突显出来。大中小学生的心理健康问题相当严重，并已引起家庭、学校、教育部门和社会的广泛重视，采取了一些措施，取得了一定的成效。心理健康的学生必须由心理健康的教师去培养。但是当前教师的心理健康却堪忧，同样需要社会各部门的关注。这里只简要地谈谈教师自身应当学会心理调适以保持心理健康的问题，概括地说就是要做到“三要”。

一、要认识自尊和自信是心理健康的支点

著名奥地利精神分析心理学家阿德勒认为，人的一切行为都是受某种“向上意志”支配的，这促使人要做一个没有缺点的“完善的人”，因此，羡慕别人、超过别人等便成为追求优越的表现。美国人本主义心理学家马斯洛的“需要层次理论”，也将自尊列为人最重要的一种需要。要自尊就必须自信，不断克服自卑。

因此我们认为，自尊和自信是心理健康和完善人格的支点。教师为了完成国家和人民赋予培养高素质的年轻一代的重任，会时常感到要求自身不断提高业务道德水平和工作加重的压力，也会面临聘用上岗、提职晋级以及考试考核等多方面的竞争。这些竞争压力处理得当会变为动力，否则心理压力日重而不得疏解，就会心理失衡影响心理健康。只要

人的自尊和自信这根心理支柱不倒，便可以通过心理调适来恢复心理平衡、保持心理健康。

二、要掌握一些心理调适的方法

“心病还得心药医”。心理健康、心理疾病，只有通过心理调适和心理治疗才能解决。下面简介四种常用的心理调适方法。

1. 端正认知偏差，保持心态平衡。人的认知是能影响、支配自己的情感、意志和行为的。例如说，偏见、成见往往会影响人际关系、人事关系的处理，假若采用心理换位，设身处地，从对方的角度去看待同一问题，一些偏差和误解便容易得到解决，你的心态也会比较平静。

2. 学会控制情绪，逐步消除焦虑。过激情绪和焦虑，是产生心理问题和行为不当的重要原因。所以，中国古代学者常说要“制怒”，“不过喜”、“不过悲”。我们应当采用多种方法来控制情绪的紧张度。例如，对待考试紧张和体育竞赛恐惧症，可以采用喝水镇静法、积极自我暗示法和快速放松法等。不妨一试，闭目站立或静坐，想象自己的紧张随着血液流动从指尖流走了，而得到一种放松的感觉。再如，怕见生人，对异性或职位高者尤甚的人际交往恐惧症，新教师新上讲台的紧张情绪，可以采用系统脱敏法来消除（其刺激由弱渐强）。还有可以运用“七情互治”的原则，用喜乐情绪去冲淡悲痛情绪等。

3. 运用坚强意志，克制不当行为。意志往往表现在克服人的内外部困难过程中,战胜自己更为重要。我们在工作中遇到各种困难决不能退缩，而应迎难而上。即使暂时受挫，也要意志坚强，不断克服心灰意冷的低落情绪。另外，在处理人事关系过程中，不能尽如人意，甚至出现激怒的情况，这时一定要冷静沉着，用理性和意志去克制激情和不当的行为，使心情保持平静。

4. 做感兴趣的事，转移注意中心。当某种不快的事情发生后，甚至形成了不良心境时，你最好运用注意转移法，以调节心理状态。可以从事平时最感兴趣的活动（如运动、唱歌、书画等），在大脑中形成一个新的强兴奋灶，产生愉悦的情绪，从而减弱、抑制原有心境不佳的兴奋灶。这种注意转移法运用得当是可以调适自己的心理状态的。

三、要平时养成心理卫生习惯

中国古代医学主张“不治已病治未病”。现代医学和医学心理学也都主张重视预防。从人的心理健康来说，就是平时要养成心理卫生习惯，掌握心理卫生方法，概括而言主要有下面几条：

1. 涵养道德。孔子有“仁者寿”之说。只有关爱别人、品德高尚的人，才会身体健康、健康长寿。品性不端、心胸狭窄的人是很难心理平衡，达到心情愉悦的。因此，一个心理健康的人，平时的言行要合乎道德规范，以养德为要务。

2. 陶冶性情。一些学者和医家都主张陶冶性情来调神养生。例如，欧阳修通过学琴陶冶性情，并治好了自己的心理忧郁症。医家也认为“读书悦心，山林逸兴，可以延年。”我们可以通过琴棋书画、歌舞游览等活动陶冶性情，以达到良好的心理状态。

3. 运动养形。我们认为真正的健康是身心健康，既有健壮的形体，又有健全的心理。可以通过适度的体育运动，达到怡神健康。古人要求“安步以当车”，就是运动养形，最后达到身心健康的。

与时俱进，开展心理技术应用研究*

——全国第二届心理技术应用学术研讨会开幕词

（2001年9月26日　上海）

同志们，朋友们：

全国第二届心理技术应用学术研讨会，今天在上海市胜利召开了。我谨代表全国心理技术应用研究会，向来自全国各地的同仁们表示热烈的欢迎，向承办本次研讨会的中国四达国际经济技术合作公司上海分公司，以及支持帮助过本次会议的有关单位，表示衷心的感谢。

为了促进我国心理技术学理论与应用工作的开展，加强应用心理学领域的交流与合作，使心理学为社会实际部门服务，2000年11月10日—13日在南京市举办了全国首届心理技术应用学术研讨会。这是中国心理学会理论与史专委员会，南京师范大学心理学系、心理学研究所与江苏省心理学会通力合作的结果，并得到了江苏省国信信息产业发展中心等单位给予的资助。与会者59人，除高校和科研院所的心理学教授、研究人员和博士生、硕士生外，更有政府、企业、军事等部门的同志参加，形成了理论工作者和实际工作者紧密结合的良好局面。会议报告和讨论的内容丰富而广泛，除了对心理技术学体系建构的研讨外，更具体涉及了人员心理测评、社会心理测查、心理咨询与治疗、经济心理技术等诸

*《心理技术应用论丛》(第1辑),河海大学出版社2002年版。

多方面，并且汇编了《论文摘要集》。研讨会上大家积极要求成立全国心理技术应用研究会。会议结束后报告中国心理学会，同意成立本研究会，属中国心理学会理论心理学与心理学史专业委员会二级分会。以上为后来的活动打下了良好的基础。

我们这次学术研讨会，是正式以全国心理技术应用研究会的名义召开的，与会代表所来自的地区、部门、专业方向也更广泛了，交流研讨的内容也将更为广阔和深入。心理技术学是介于基础研究与实际应用之间的一门技术科学，是心理学应用于社会的桥梁，我们可以预期这次会议的实际意义和影响也将更大些。这次会议的主题是：与时俱进，开展心理技术应用。主题领域包括人才测评与人员选拔、人力资源开发与管理、心理咨询与治疗、学校心理辅导、营销广告心理、消费心理与行为，还涉及金融、证券、投资、保险心理和心理技术应用的其他领域等。此次会议的主要议程是：（1）报告论文，开展学术研讨；（2）推广研究成果，进行产品交流；（3）建立研究会的理事会及学科组，通过研究会章程；（4）讨论并落实研究会的工作，如编印研讨会论文摘要集、出版心理技术应用丛书、确定下一届研讨会事宜等。

各位同仁，下面我想专门对“与时俱进，开展心理技术应用”的主题谈一些看法，与大家共同研讨。新的世纪已经开始，我国经济和社会的全面发展，将进入一个崭新的发展阶段，即将加入WTO带来了新的挑战与机遇。这一切要求各方面的工作都得与时俱进，心理学的应用工作也必须与时俱进，才能更好地为社会实际工作服务，并求得自身的发展。为此，我想特别提出以下三个问题。

一、关于现代与后现代看应用意义的问题

心理学理论与应用的对立不利于心理学发展，已引起国内外的重视并开展了有关研究，但是这种对立没有得到较好的解决。学术界主要从现代与后现代两种对立范畴审视理论与应用两者的关系。笔者认为，上述关系是心理学研究的一项重大理论课题，并涉及从整体上把握心理学

发展方向而具有重要意义。今年5月在陈立教授100周年华诞暨“新世纪心理学展望国际学术研讨会”上，我报告的题目是《心理学理论与应用：现代与后现代的两种对立观点》(我的博士生罗清旭副教授与我合作)，我们对这个问题看法的要点是：

1. 心理学理论与应用的现代心理学观：现代心理学以实证主义及理性主义为普遍性基础，将两者分裂视为学科发展过程中之暂时现象并终将随科学的成熟而统一。其共同特点是不否认理论建设对心理科学发展的意义，不根本否认两者协调发展的可能性，并将这种可能性更多建立在理论完善发展的基础上。

2. 心理学理论与应用的后现代主义心理学观：后现代心理学以现代哲学为其认识论基础，以非理性或反理性方式展开研究，采取相对主义、视角主义的态度看待上述对立并表现出反理论倾向。其共同特征是强调实践经验的重要性而把理论对心理科学发展的作用降至最低程度，将两者对立归之于实证主义的影响及限制，而将两者都统一建立在对前者的摒弃以及经验和应用发展的基础上。并主张在研究中放弃总体化宏观理论的获取而转向对微观理论的探求。

3. 对两种对立观点的看法：面对两种对立倾向，在思考心理学理论与应用关系问题时应考虑心理学的实际状况即在未完成科学化及实证化进程而被指为前科学的同时遭遇后现代对理性及实证主义挑战的双重夹击下而产生心理学研究的再定位问题。我们认为，正确处理上述问题的适当做法在于建立心理学技术学为代表的中层理论而无需在两种对立倾向间作非此即彼的强迫性选择。其依据有五：心理学存在技术进步的可能性；后现代心理学对实证心理学理论的否定性批判有一定现实基础；后现代心理学对现代心理学中存在的某些问题的批评是中肯的；后现代对心理学理论与应用关系的看法是以相互交替、矛盾、并不周密、复杂且值得质询的哲学认识论为基础；后现代对现代方法学及理论的批判更多的是指出后者存在的问题而非系统地提出解决方案而只对心理学起有限作用。中层理论的特征如下：只涉及有限的心理现象；介于宏观理论与微观理论之间而具有适度的概括及抽象性；既具概括性又可更好地指导心理学实践。最后，指出现代心理学需主动接受后现代心理学对之的合理批评，通过发展心理技术学中层理论，方可更好地解决心理学理论与应用两种转换间的主要障碍而使两者更好地结合。

二、关于加入WTO的心理准备：强化五种意识

中国古代兵家说：兵无常势，水无常形。预则立，不预则败。我国加入WTO已是近期的事了。在经济领域中，我们也要不打无准备之仗。我们心理学工作者责无旁贷地从专业视角考虑，应提醒社会各方面做好加入WTO的心理准备，提高应变能力来做好各自的工作，在国际市场开放的形势下，积极促进我国社会主义现代化的经济和社会的全面发展。我认为，加入WTO的心理准备要处理好五对关系，强化五种意识，即现实与未来——超前意识，中国与外国——全球意识，社会主义与资本主义——国情意识，经济与其他——泛化意识，市场与法规——规则意识。现简述如下。

1. 超前意识：从心理定势谈起

心理定势是指先前心理活动所形成的准备状态，决定着同类后继心理活动的趋势，表现为在解决问题过程中作特定方式的加工准备。它可以起促进作用，使心理活动完成得既快又好。我们提出强化超前意识，就是要使人们有迎接WTO的思想准备。尤其需要具有知识经济、信息经济、心理经济的超前意识。知识经济更突出了科技是第一生产力，新生一代产品的科技含量将日益提高，知识创新工程将更显现其重要作用，保护知识产权将更加突现出来并受到进一步的重视。信息经济要求实现企业信息化，电子商务从互联网上开拓资源和市场，数字家庭、数字城市、数字地球将更快地提到议事日程上来。心理经济是在满足物质需要的基础上，以满足人的心理需要为主。正如未来人类学家托夫勒在《未来的震荡》一书中所说："人类正从一种饱肚子经济走向心理经济。"

2. 全球意识：开国门看地球村

改革开放20多年来，我们已经打开国门看世界，加强了跟世界各国的经济与文化交流。加入WTO看世界，贸易交流和文化交流将更深入广泛。信息网络化和超音速的航空，使人们把硕大的地球看成了一个小小的地球村。这迫使我们必须具有全球意识，从经济方面来说要善于站在全球市场的视角考虑问题和处理问题。中国企业须有全球眼光，重视全球化战略、跨文化战略、信息化战略和生态战略。全球500强中已有近400家在我国“抢滩”落户，出现调整经营策略新动向。中国企业要更多地“走出去”，加速造就高素质的新型企业家，“全球化企业家”。

3. 国情意识：立足自己的国家

加入WTO，既要放眼全球，也要立足自己的国家，重视国情意识，把全球意识与国情意识联系起来考虑问题和处理问题。我想国情很多，而最大的国情至少有三条。首先，我国是社会主义国家，在社会制度上是不同于西方资本主义国家的。在政治上我们要坚持江泽民同志提出的“三个代表”的重要思想，即要代表中国先进生产力的发展要求，代表中国先进文化的前进方向，代表中国最广大人民的根本利益。我们在吸收外国先进科学技术的同时，也要继承中国优秀传统文化。其次，据第五届全国人口普查统计，我国总人口12.953 3亿，比1990年增长1 325万人，增长11.66%，男性占51.63%，女性占48.37%，大陆城镇人口占33.09%，乡村人口占63.91%，受大学教育的为4 571万人。再次，我国长期是一个农业大国，现代化工业起步较晚，对于农业问题要作特殊处理。

4. 泛化意识：从经济到各领域

泛化原本是一个条件反射问题的概念，这里的“泛化”扩展为广泛化，与单纯化相对应。所谓泛化意识指不能把加入WTO“纯化”为只是经济领域的事，而应认识到它对经济领域以外的其他领域的广泛影响。首先当然是WTO对经济领域的影响，包括从生产到经营，从国际企业到零售商，以及金融市场的新竞争等。其次对政府部门的影响是，政府角色应转换到创造有效市场环境，人力资源管理和开发面临新的机遇和挑战。

再次要特别引起重视的是，入世以后多元文化的碰撞将加剧，西方文化产品可能大量涌入，有可能造成思想观念的剧烈冲突或出现价值真空现象。因此，在注意吸收多元先进文化时，必须抵御腐朽颓废文化的侵蚀，使人们树立正确的价值观、人生观，具有健康和高尚的人格。

5. 规则意识：公平竞争是核心

没有规矩不成方圆。只有遵守大家共同制定的制度或章程，才能把企业之间、地区之间、国家之间的事情办好。加入WTO必须熟悉和遵守它的各种规则，才能自如地有成效地进行活动。因为市场经济的核心是公平竞争，所以入世环境要求强化规则意识。因此加入WTO中国谈判代表团团长龙永图指出，为了适应入世后环境的变化，很重要的一条就是强化“规则意识”。要求因人而异，有的放矢地学习世贸规则，领导干部主要学习世贸组织的基本原则，业务部门主要学习操作性规则。国家已经采取具体措施，组织有关领导和管理人员进行培训学习。

三、关于心理技术应用当前应着重抓的几项工作

心理技术可以应用到社会生活的各个方面，跟各个实践工作部门都有关系，根据社会需要当前应着重抓好下面几项工作。

1. 人力资源的开发与管理

江泽民同志今年5月15日在亚太经合组织人力资源能力建设高峰会议上作了题为《加强人力资源能力建设，共促亚太地区发展繁荣》的重要讲话。他说：“物质资源的开发利用是人类社会发展的基础，而人类智慧和能力的发展决定着对物质资源开发的深度和广度。”并指出：“当今世界，人才和人的能力建设，在综合国力竞争中越来越具有决定性的意义。”为了落实其讲话精神，6月下旬在北京举行了首届“中国人力资源业高层论坛暨中国人力资源管理技术咨询会”，9月中旬又举行了此会的上海会议。我们心理学界应着重从人的创造能力、创造精神和人员心理测评以及管理心理的角度，介入这方面的工作，增强其广度和深度。

2. 经济心理技术及其应用

广义的经济心理学是一门研究人类经济心理与行为的学问。它不是单一属于心理学或经济学的领域，而是将经济学、心理学、社会学、文化人类学综合后产生的一门新的综合性科学。我国经济的迅速发展，迫切需要加强经济心理学的研究与应用。尤其加入WTO后更要加强这方面的工作，主要包括消费心理与行为、营销广告心理，以及金融、证券、投资、保险心理等研究，并且要努力做好相应的应用与普及工作。

3. 心理咨询与心理治疗技术

现代医学早已从单一的生物学模式，转变为“生物—心理—社会”模式，健康的概念也应是完整的身心健康概念。激烈的竞争容易引发各种心理障碍和心理疾病，物质生活改善后人们更追求高质量的精神生活。因此，健康心理学应当得到广泛重视，我们应当把心理学专业知识应用于预防医学，以保持和增进人们的健康。应当在我国文化背景下使青少年、成年人、老年人都有良好的心态、健康的人格。为此，必须进一步搞好心理教育、辅导，心理咨询、治疗的中国化研究与普及工作。

此外，社会群体心理、老年人心理、军事和军人心理等方面的问题也都应引起大家的重视，我们应开展研究，加强应用。

同志们！朋友们！

我们这次研讨会是在21世纪的头一年举行的，更具有意义。希望大家以文会友，切磋交流，互相学习，共同提高。时代在前进，任务更繁重，我们应当与时俱进，开展心理技术应用，为我国现代化建设事业贡献一份力量。

祝与会代表身心愉快，祝会议圆满成功！

全国维果茨基研究会第四届学术年会论文*

——维果茨基关于心理技术学论述的启示（提要）

心理技术学（psycho-Technology）的名称，是德国心理学家斯腾（L. W. Stern）于1903年提出来的。近半个世纪来，被许多心理学工作者所淡忘。然而科学的发展包括心理科学的发展，愈来愈显示出技术学层面的生命力，尤其是社会生活实践的迫切需要，又将一百年前出现的“心理技术学”的名称召唤回来了。

心理学界公认，最早具体研究心理技术学及其应用并取得突出成果的先驱，是侨居美国的德国心理学家闵斯脱博格（H.Munsterberg 1863—1916）。另一位先驱人物是克拉佩里德（Edouard Claparede 1873—1940），他在1920年建立了心理技术学协会。然而，人们对维果茨基（BbI Γ OTCKNЙ Л.C 1896—1934）关于心理技术学的论述对当时苏联心理学的影响和对今天的启示作用都重视不够。

维果茨基1926年在所著的《心理学危机的历史内涵》中指出，现阶段解除心理学危机的主要动力是各方面的应用心理学的发展。它包括：

* 本文写于2002年9月13日。

第一是工业的、教育的、政治的、战争的实践领域；第二是解决方法论问题；第三是发展心理技术学，使之成为实在（实用）的心理学。他说："新的心理学种子应植根于心理技术学之中。"认为"心理技术学是科学的理论，它将支配和控制心理，人为地支配操作"，"心理技术学面向行为，面向实践，原则上不同于纯理论的理解和解释，它涉及因果性的、客观的心理学"。*

维果茨基关于心理技术学的论述，对当时苏联心理技术学的发展产生了重要影响。1927—1928年，成立了心理技术协会和应用心理生理学协会。1928—1934年出版了《苏联心理技术学》杂志。许多城市建立了心理技术学实验室。1931年在莫斯科召开了第七届国际心理技术学会议。只是由于1936年联共布关于取消儿童学错误决定，也取消了心理技术学。20世纪六七十年代，苏联工程心理学得到恢复和发展。尤其苏联解体以后，在国际维果茨基热的背景下，心理技术学重新受到重视，证实了维果茨基关于心理技术学的思想的正确性。

维果茨基关于心理技术学的论述，对于当前中国的心理学工作也有重要的启示作用和借鉴意义。首先，既然解除心理学危机的主要动力是发展应用心理学，因此应大力倡导心理学面向社会生活，面向实践，加强应用。最近刚问世的《新世纪版国际心理学手册》论述心理科学的未来时指出："在应用领域内，心理学正在扩展更大的阵地去为人们的社会福利作出贡献。"其次，强调新的心理学应发展心理技术学来增强其生命力，发挥其重要作用。杨振宁教授2001年在第六届华商大会的讲演中认为，21世纪头三四十年科技发展的重点将向"技"倾斜。在这个科技发展大趋势中，心理技术学也必将为人们所重视。最后，维果茨基关于心理技术学的性质和范围的思想，对我们当前重建现代心理技术学新体系，有着重要借鉴意义。心理技术学是一门介于基础理论与具体应用之间的技

---

*《维果茨基文集》（第1卷），莫斯科教育科学出版社1982年版，第387—390页。

术理论学科，“原则上不同于纯理论的理解和解释”，要“面向行为，面向实践”和“支配操作”。其应用范畴涉及工业的、教育的、政治的、军事的诸多实践领域。我们多年来倡导重建的现代心理技术学的内容体系则包括：就个体说，有人员心理测评技术；就群体说，有社会心理测查技术；就个体与群体心理失常说，有心理咨询与治疗技术；就经济是个体和群体社会活动中心说，有经济心理技术。

加入WTO的心理应对：强化五种意识*

中国加入世界贸易组织（WTO）之路历时15年之久[1]，差不多是8年抗日战争时间的2倍，可见其道路是曲折的，工作是艰辛的。从1986年开始至1994年属于恢复关贸总协定谈判，但是未能取得成功。从1995年开始的加入世界贸易组织的谈判，于2001年取得最后成功，这是我国在国际经济事务上的胜利。然而我们也必须清醒地认识到，任何事情都带有双刃剑的性质，加入WTO对于我国的经济发展既是一种机遇也是一种挑战。我们可以从多视角多领域采取应对措施，本文则专门讨论加入WTO的心理应对问题，而且它是应当渗透和贯穿于各种应对措施的始终的。

中国古代兵家说："兵无常势，水无常形。"[2]"知彼知己，百战不殆。"[3]（《孙子兵法》虚实篇；谋攻篇）凡事预则立，不预则败。我国加入WTO已是事实了。商场如战场，在经济领域中，我们也要打有准备之仗，打有战略眼光之仗。心理学工作者责无旁贷的从专业视角考虑，应提醒社会各个方面做好加入WTO的心理应对，提高应变能力来做好各自的工作，在国际市场开放的形势下，积极促进我国社会主义现代化的经济和社会的全面发展。我们不能只是被动地适应这种情势，而应当主动出击。我认为，加入WTO的心理应对，就是要处理好五对关系，强化五种意识，

---

* 载《萍乡高等专科学校学报》2002年第3期。选入张汉林主编《WTO与中国经济研究文库》（上卷），中国环境科学出版社2003年版。

即现实与未来的关系——要强调超前意识；中国与外国的关系——要具有全球意识；社会主义与资本主义的关系——要坚定国情意识；经济与其他领域的关系——要重视泛化意识；市场与法规的关系——要强化规则意识。

一、超前意识：从心理定势谈起

心理定势是指先前的心理活动所形成的准备状态，它决定着同类后继心理活动的趋势，表现为在解决问题过程中作特定方式的加工准备。它可以起促进作用，使心理活动完成得既快又好。这告诉人们，任何事情的事先心理意识的准备状态，对后来的活动有着重要的影响作用。我们在对待加入世贸组织的现实与未来时，提出强化超前意识，不仅要求人们要有迎接加入WTO的思想准备，而且始终要有超前意识来对待加入WTO以后的各种事务。顺便提一下，当我们这些年来正在强调科学、讲求“现代化”的时候，西方却又出现了一种“后现代主义”的思潮，没有超前意识就不可能直面各种新思想、新事物，更谈不上正确认识和评价它们。

当前我们所处的是一个知识社会和信息社会，尤其需要具有知识经济、信息经济、心理经济的超前意识。首先应当看到，科技是生产力而且是第一生产力，知识经济更突现了科技是第一生产力。现在新生一代产品的知识含量、科技含量将日益增高，知识创新工程将更显现其重要作用。与此同时，保护知识产权也将更加突现出来并且受到更大的重视，国际上的知识产权、著作版权意识将更强烈。其次，要有信息经济的超前意识，信息经济要求实现企业信息化，它是企业产业化升级和实现工业现代化的关键环节。新出现的电子商务，从互联网上开拓资源和市场，将有力地推动营销、运输和服务方式等一系列变革，并从而提高交易的速度和扩大交易的规模。江苏省在2001年8月间便提出到2002年企业信息化的进程将加快，实现全省80%的企业和90%的工业产品要上网的目标。从更大的视野看，数字家庭、数字城市、数字地球将更快提到议事日程上来。信息网络、网络教育作为优化学习的手段将以较快的速度普及。再次，心理经济也是我们应当充分预见将更快到来的问题。心理经济是指在满足物质需要的基础上，以满足人的心理需要为主的经济。正如未来人类学家托夫勒在《未来的震荡》一书中所说："人类正从一种饱肚子经济走向心理经济。"[4]心理经济的理念，要求我们将心理学、经济学与文化艺术结合起来，以增强市场竞争力，更充分发挥文化艺术在市场经济中的作用。

二、全球意识：开国门看地球村

改革开放20多年来，我们已经打开国门看世界，从站在天安门放眼看世界，到走到国外去放眼看世界，大大加强了跟世界各国的经济贸易与文化交流。超音速的航空和信息网络化，使人们把硕大的地球看成了一个小小的地球村，加入WTO看世界，贸易来往和文化交流将更加深入广泛和快速。这都迫使我们必须具有全球意识，从经济方面说要善于站在全球市场的视角考虑问题和处理问题。广而言之，也就是说在处理中国与外国的关系时，要具有广阔视野的全球意识。

在加入WTO以后，中国企业更需要有全球眼光，要加速造就一大批具有国际竞争能力的企业家。在2001年中国企业高峰会上，有学者提出要有战略选择，重视全球化战略，跨文化战略，信息化战略和生态战略，我们认为这是一种高屋建瓴的观点，它从战略高度概括了全球化意识的主要内容。现在全球500强中已有400多家在我国"抢滩"落户，为植根中国，他们纷纷调整经营策略，大到金融保险，小到零售经营都在跟进。他们纷纷追加投资，加大股份控制，搬迁总部，研发中心"分店"，等等。通过逆向思维，中国企业也应更多的"走出去"，不仅在国内要竞争，更要开展国际竞争，在国际市场中取胜。为此要加速造就高素质的新型企业家，"全球化企业家"。

全球化意识，不仅大企业要具备，小企业也要具备才能生存和发展；各个产业都要有这种意识，不仅工业和金融业首当其冲，农业、科技、教育、服务行业等也是如此；不仅要从全球化对产业结构作战略性调整，而且要在经营战术中渗透全球化意识。

三、国情意识：立足自己的国家

我国是社会主义国家，跟西方的资本主义制度是不同的。所以加入WTO，既要放眼全球，也要立足自己的国家，立足于办好中国自己的意识，重视国情意识，把全球意识与国情意识联系起来考虑问题和处理问题，按照中央提出的“稳定、安全、灵活、多元”的思路来处理重大事务。我想我国的国情很多，主要概括为以下几个方面：

首先，我国是社会主义国家。关于姓“资”还是姓“社”的问题，邓小平同志指出，“判断的标准，应该主要看是否有利于发展社会主义社会的生产力，是否有利于增强社会主义国家的综合国力，是否有利于提高人民的生活水平”[5]。在政治上，我们要坚持江泽民同志提出的“三个代表”重要思想，即要代表先进的生产力，代表先进的思想文化，代表人民的根本利益。我国是社会主义制度的国家，不仅要求坚持社会主义方向，而且要求在吸收外国先进科学技术的同时，也要继承中国优秀传统文化。

其次，我国是世界头号人口大国。全世界50多亿人口，中国近13亿人。据第五次全国人口普查统计[6]，我国总人口12.953 3亿，比1990年增长13 125万人，增长11.66%；男性占51.63%，女性占48.37%；大陆城镇人口占33.09%，乡村人口占63.91%；受大学教育的为4 571万人。这其中的世界比、男女比、城乡比及受大学教育人数等，在经济和社会发展中都有其利弊。

再次，我国长期是一个农业大国。农业是我国最重要的产业之一，所以在世贸谈判中对农业问题需要作特殊处理，尽量减少入世对我国农业的冲击。虽然我国对粮食、棉花、食油、糖等事关国计民生的产品的进口和经营实行国家垄断，但是仍需抓紧农业结构的调整，促进实现农业现代化。

四、泛化意识：从经济到各领域

泛化原本是条件反射问题的一个概念，即某种条件反射建立起来以后，如果出现与条件刺激相类似的刺激，也能引起相同的条件反射现象。这里的“泛化”扩展为广泛化与单纯化相对应。所谓泛化意识，是指不能把加入WTO“纯化”为只是经济领域的事情，而应当认识和重视它对经济领域以外的其他领域的广泛影响。那种认为我不在经济部门，加入WTO与自己的工作没有多少关系的看法，是片面和有害的。单就经济领域内部来说，也应具有泛化意识。入世对经济内的影响领域也是广泛的，包括从生产到经营，从国际企业到零售商，以及金融保险市场的新竞争等等。

入世对政府部门的影响也是很大的，在新的开放格局下，政府要进行角色转换，即从计划经济的行政干预，转换到创造有效率的市场环境上来。因为只有有效率的市场环境的支撑，才能使中国在经济全球化进程中，发挥自己的竞争优势。正如有的经济学专家指出的，面对入世的新格局，政府的态度应当是：“驾驭市场”、“增强市场”和“紧随市场”。上海市已经提出在两年内，政府对经济的管理，将从直接到间接，即创造平等公平市场，组建行业协会和中介机构，只做“裁判员”不做“教练员”。江泽民同志指出：“开发人力资源，加强人力资源能力建设，已成为关系当今各国发展的重大问题。”[7]据统计，1990—1999年，我国劳动力为1.89亿人，其中大专以上只占3.5%，中专程度14.5%，受初中教育的占46%，未达初级技术的为36%。这说明我国虽然人力资源丰富，但是人才资源却缺乏，因此政府应采取有力措施，进行人力资源的深度开发。

要特别引起重视的是，入世以后的多元文化的碰撞将加剧。由于文化娱乐产业的逐步放开，西方文化产品的大量涌入，有可能造成思想观念的剧烈冲突，甚至出现价值真空现象。尤其要警惕以美国为首的西方国家对我国进行“西化”和“分化”，在意识形态上争夺青少年一代。如果不引起高度重视和采取得力措施，将带来不可挽回的后果。因此在注意吸收多元先进文化时，必须抵御腐朽颓废文化的侵蚀，使人们树立正确的价值观、人生观，具有健康、高尚的人格。

五、规则意识：公平竞争是核心

没有规矩不成方圆。只有遵守各方共同制定的“游戏规则”——制度或章程，才能把企业之间、地区之间、国家之间的事情办好。加入世贸组织，就必须熟悉和遵守它的各种活动规则，才能自如地有效开展各种活动。市场经济的活力在于它引入了竞争，而公平竞争就成了市场经济的核心问题。要做到公平竞争就必须共同遵守活动规则，所以入世的客观环境要求我们强化规则意识。因此，加入WTO中国谈判代表团团长龙永图指出，为了适应入世环境的变化，很重要的一条就是强化“规则意识”[8]。要求因人而异，有的放矢学习世贸规则，领导干部主要学习世贸组织的基本原则，业务部门则主要学习操作性规则。国家和有关部门已经采取多种具体措施，组织有关领导干部和管理人员进行培训学习。重视了“规则意识”又掌握了基本原则和操作规则，就为我们自如地参加世贸组织活动奠定了基础。

与此密切相关的是，在世贸组织活动中不可避免地会出现涉外民商事、行政案件需要进行审判。为此，最高人民法院已经提出与世贸组织规则相关的司法解释立项意见，入世后的审判工作要坚持透明原则、司法统一原则、非歧视原则等。但要注意，除少数关于自然人、法人民事权利义务的规定，法院可在未来的司法实践中直接引用外，人民法院一般不应在裁判中直接引用WTO规则作为法律依据。要保持我国司法审判工作的自主性。但从当前来说，要重视加强对WTO规则及涉外案件法律适应问题的调查研究，增强适应国际关系准则、国际条约、国际惯例的意识。为此已有近百名高级法官到国外进修研究，以适应参与经济全球化审判工作的需要，如涉外民商事、行政知识产权、海事海商审判工作等。

前面已经简要分述了，要强化超前意识、全球意识、国情意识、泛化意识和规则意识，以应对加入WTO以后的新格局。但在实际工作中，应将这五种意识联系起来综合认识和处理问题，才能避免可能出现的认知偏差。

参考文献

[1] 世界贸易组织（新华社北京2001年11月7日电）.

[2]《孙子兵法》(虚实篇).

[3]《孙子兵法》(谋攻篇).

[4]（英）托夫勒.《未来的震荡》.转引自郭平海.心理经济已向我们走来.扬子晚报，2001年5月20日.

[5] 邓小平1992年在南方的谈话.

[6] 国家统计局.2002年第五次全国人口普查主要数据公报（新华社北京2001年3月28日电）.

[7] 江泽民. 加强人力资源能力建设，共促亚太地区发展繁荣——在亚太经合组织人力资源能力建设高峰会议上的讲话.新华日报，2001年5月16日.

[8] 龙永图.入世需强化规则意识.新华日报，2001年8月2日.

面向社会生活，积极开展心理技术应用*

——全国第四届心理技术应用学术研讨会开幕词

（2003年9月26日）

同志们，朋友们：

全国第四届心理技术应用研究学术研讨会现在开幕了，这次学术研讨会是由全国心理技术应用研究论坛、江西省萍乡高等专科学校和南京师范大学教育科学学院联合举办的，由萍乡高专承办。江西素有“人杰地灵”之美誉，现在正发扬井冈山精神，努力使中部地区发展崛起。萍乡市既是举世闻名的安源路矿工人运动的发源地，又是秋收起义的主要策源地，它正以崭新的风貌，锐意改革、开拓进取，使经济建设和文教社会事业驶入了健康发展的快车道。大家都很高兴来这里开会相聚。我谨代表会议，向来自全国各地和江西的高等学校、科研院校和实际部门的同仁们，以及年轻的博士生、硕士生、大学生们，表示热烈的欢迎；向莅临指导本次研讨会的萍乡市党政领导同志和嘉宾表示热烈的欢迎和谢意；向承办会议和赞助合作出版《心理技术应用研究》的江西萍乡高等专科学校，以及支持帮助本次会议的有关单位，表示衷心的感谢！

心理学过去被视为一门理论深奥只为少数人研究的科学，现在已经渗透到社会生活的方方面面，甚至是家喻户晓这门学科。人只要活着就

*《心理技术应用研究》（第3辑），甘肃文化出版社2004年版。

有心理活动，个体和群体在社会中的各种实践活动都要受心理活动支配，所以凡有人活动的领域都有需要研究的心理学问题。心理学既不是单纯的自然科学，又不是单纯的人文社会科学，而是一门同时具有自然科学性质和人文社会科学性质的二重性学科。人是一个活生生的整体的社会人，不只要研究心理学的理论问题，更要研究心理学的应用问题。国内外心理学的发展历史表明，应用是心理学发展的生命力。我在《心理学理论与应用》一书的前言中曾强调指出：理论与应用的关系是辩证的，理论植根于应用的土壤之中，应用在理论指导下进行，理论是指南针，应用是生命力。国际心联副主席，荆其诚教授在《新世纪版国际心理学手册》一书中指出："在应用领域内，心理学正在扩展更大的阵地去为人们的社会福利作出贡献。"

要搞好心理学的应用，就必须加强心理技术学的研究。在心理学的理论—技术—应用的工作链中，我们应当着重抓住技术这个中间链来推动两头。美国著名心理学家斯金纳1990年去世前，在一篇论文中就强调要发展心理学的技术学。这一观点是有远见的。杨振宁博士预见21世纪科技发展的趋势时说：今后三四十年全球科技发展的重点将继续向技术的方面倾斜。这样看来，发展心理技术应用无疑也将是心理学发展的一个重点。只有如此，心理学才能对社会作出重大贡献。美国著名心理家普林斯顿大学教授丹尼尔·卡尼曼"将心理学的前沿研究成果引入经济学研究中，特别侧重于研究人在不确定情况下进行判断和决策过程"。由于他对这方面所作出的贡献，荣获2002年诺贝尔经济奖。在此以前，著名认知心理学家西蒙也获得了诺贝尔经济奖。全世界心理学家中只有他们两位获得过诺贝尔奖，而且都是由于将心理学应用于经济领域而获奖的。这不是很能说明问题吗？就军事上应用心理学来说，有评论指出：现代心理战被军事家称为"区别于陆战、空战、海战的第四路作战样式"。在伊拉克战争中，美国对伊拉克的心理战与伊拉克的反心理战斗争，引起了人们的广泛关注。美军有专门的心理战部队，达7万多人，有独立的作战纲领。伊军则没有专门部队，但其利用美英军战俘在媒体上露面，萨达姆在美国声称其被炸死后在电视上公开讲话，伊军51师师长出面反驳美军的谣言，就是反心理战的经典之作。以上两例，足以说明心理技术应用之重要性。

在强调面向社会生活，积极开展心理技术应用时，有三个根本性的问题要特别注意：第一，重视心理学的技术应用，决不可忽视心理学基础理论和基本理论问题。只有研习好心理学的基础理论，有比较扎实的心理学知识根底，才能站在更高的层面上把心理学的应用工作搞好。第二，重视心理技术的作用，绝不是只重视技术而忽视人的作用。在现代化生产和生活中，一定要把对人的因素的研究放在最主要的位置上，并且与其他多学科交叉共同解决社会生活中提出的实际问题。第三，推进心理技术应用一定要与时俱进，而不能满足已有手段和成果，固步自封。社会在不断发展，人的心理也随时在变化。只有根据社会发展的需要与时俱进，心理技术学才能更好地为社会实际工作服务，并求得自身的发展。

这届全国心理技术应用研究学术研讨会的主题领域是广泛的，主要包括八个方面：① 心理技术学的基本理论与研究新进展；② 人事心理人力资源开发与管理；③ 心理测评技术及应用；④ 社会心理、管理问题调查研究；⑤ 心理咨询、治疗与学校心理辅导；⑥ 经济心理学问题（广告营销、金融保险等）；⑦ 军事心理、司法心理等应用研究；⑧ 新闻出版、传播媒体等的心理学应用问题。

研讨会的主要议程有：请专家作专题报告，帮助了解学术前沿动态；组织与会者报告论文，开展广泛的学术探讨；交流心理学应用工作的经验体会和推广研究成果。

会议期间，还将召开如何组织以论坛形式开展心理技术应用研究活动的小型工作会，研究讨论下一届研讨会和继续出版《心理技术应用研究》等事宜。

同志们！朋友们！

出席我们这次学术研讨会的成员中，既有学有专长的心理学专业工作者，也有热心推进心理学应用的实际工作部门的同志；既有博士生导师和80岁高龄的老教授，也有年轻好学的博士生和硕士生。希望大家以文会友，切磋交流，互相学习，共同提高，团结奋进，开好会议。让我们共同努力，坚定地面向社会生活，积极地开展心理技术应用工作，为我国的经济建设和精神文明建设作出应有的贡献。

最后，祝学术研讨会圆满成功！祝与会全体同志身心愉快！

中国现代心理技术学的回顾与展望*

现代心理技术学，在我国从一个较陌生的名称到逐渐成为心理学中的一个热点，已走了20多年的路程。为了更好地推进心理技术应用工作的发展，以适应社会的迫切需要，有必要回顾一下它建立的过程，了解其发展的现状，展望其继续努力的前景。

一、中国现代心理技术学的建立

1. 世界心理技术学的简史回眸

德国心理学家斯腾（L. W. Stern）于1903年最早提出心理技术学（Psycho-technology）的名称。侨居美国的德国心理学家闵斯特伯格（H.Munsterberg）在1913—1914年间出版了两本专门著作《心理学与工作效率》和《心理技术学原理》，可视为西方心理技术学的开端。当时主要是为了适应工业生产发展的需要，围绕职业选择问题开展研究，以提高生产率。

心理技术学的另一位先驱人物，是瑞士心理学家克拉佩里德（Edouard Claparede）。他提出用心理学知识进行主动干预，来处理现实生活中个人与群体的问题，解决商务、教育和政府的问题，并且于1920年在日内瓦举行的第一届国际心理学会议上建立了国际心理技术学协会。[1] 以后每

* 该文应邀首先发表在《宁波大学学报》（教科版）2007年第2期，并曾选入《心理学探新》增刊（2008年），此次在《心理技术与应用》2013年创刊号上重登，又作了些增补和删节。

一两年就举行一次国际研讨会，促进了心理技术学在各国迅速发展。

由于心理学应用分支越来越多，1955年，国际心理科学联合会把国际心理技术学协会改为国际应用心理学会。此后，心理技术学的名称就很少用了。

2. 重建心理技术学的必要性

笔者提出重建心理技术学的思想基础，可追溯到1979年提交中国心理学会天津会议的论文：《略论心理学的应用与普及》[2]，在考察世界心理学发展的历史后提出：应用与普及是心理学发展的生命力。以后逐渐认识到必须在中国重建心理技术学，其必要性主要表现在下述四个方面：

首先，从科学学理论看，每门科学都有技术科学层次。著名科学家钱学森在20世纪80年代提出，每个科学技术部门都可分为基础科学、技术科学和工程技术（具体应用）三个层次。“介于基础科学与工程技术之间的技术科学，它一方面是基础科学的应用，一方面又是不只一门工程技术的理论基础，形成得更晚一些，大约在20世纪二三十年代。”[3]很显然，如果心理科学中没有心理技术学，就违背了具有普适性的科学层次的划分。诺贝尔奖获得者杨振宁教授2001年在《展望21世纪科技》[4]的演讲中说：就21世纪头三四十年来说，科技发展的重点将不是“科”而是“技”。其启示是，发展心理技术学及其应用，也将是心理学的一个重点。

其次，从心理学的理论与应用的关系看，必须发展心理技术学。我国著名心理学家潘菽教授于20世纪40年代就作了如下精辟的论述：“从历史发展的过程看来，理论都是以应用为基础，理论是由应用发展而来的（因为应用上有许多问题需要进一层的解决）。故研究心理科学者应把这根植在应用上。”[5]苏联著名心理学家维果茨基，早在20世纪20年代更直截了断地说：“新的心理学应植根于心理技术学之中。”[6]把发展心理技术学，看成是当时苏联心理学摆脱危机与困境的重要出路。

第三，从社会生活需要看，要求提供心理技术的帮助与服务。人们不满足于解释和说明心理现象，更在于掌握一些心理技术来解决生活、工作中的实际问题。诸如职业的心理选拔、人事心理与管理心理、社会心理倾向、心理健康、运动竞技与心理素质、广告与营销心理问题等，都需要心理技术的帮助。

第四，从经典心理技术学的局限性看，需要重建与发展。将原先的心理技术学称为经典的心理技术学，现在要建构新体系的心理技术学称为现代心理技术学。重建包括：以辩证唯物论作为哲学方法论基础，而不是“处于哲学斗争之外”，并强调为广大群众服务；始终首先重视人的因素，而不能像原先只强调“技术进步”；尤为重要的一点是，现代心理技术学应为包括已有各种心理技术的综合学科。

3. 中国现代心理技术学体系之简介

过去，中国一般没有使用心理技术学这个名称，但在20世纪30年代已有工业心理学和实业心理学的研究与介绍。近20多年又发展了人类工效学和工程心理学等应用心理学。所谓重建心理技术学，是针对20世纪50年代以后它被应用心理学的名称所取代而言的。重建中国现代心理技术学，是笔者1988年在中国心理学会基本理论学术年会上正式提出的，即后来发表的《心理科学应当面向社会生活》[7]。第二年开始招收心理技术应用研究生，1999年发表了现代心理技术学的体系建构[8]，并招收心理技术学及其应用的博士研究生。2005年初出版《现代心理技术学》专著[9]，在过去所做一些课题和给研究生授课的基础上，系统地阐述了它的体系内容。

所谓现代心理技术学，是应用现代心理学原理、方法及心理测试、测量、统计等技术手段，研究社会生活实际部门中个体和群体心理问题的综合的应用理论学科。它不是心理实验室的技术问题，而是介于基础研究与实际应用之间的中间层面，一方面是心理学基础科学的应用，一方面又是许多具体应用技术的理论基础，即中层理论。

个体和群体在社会实践活动中心理问题是多样复杂的，应当抓住主要方面来构建心理技术学的内容体系。就个体来说，有人员心理素质测评技术，并包括人力资源开发与管理技术。就群体来说，有社会心理测查技术，包括群体心理、社会心理倾向性和民意调查技术。就个体与群体心理是否正常来说，有心理健康、心理咨询与心理治疗技术。就经济是个体和群体的社会活动中心来说，有经济心理技术，包括金融、保险、广告、营销与企业形象策划等技术。此外，从人的社会活动来说，还可以有军事心理技术、司法心理技术、工程心理技术、运动心理技术、艺术心理技术等。它们构成一个整体而与心理学各种具体应用问题发生联系。心理技术学的相关学科主要有工业心理学、工程心理学、医学心理学、心理卫生学、社会心理学、管理心理学、经济心理学等。

二、中国现代心理技术学的现状

中国现代心理技术学，从提出重建到初步建立已经走过将近20个年头。其发展是从无到有、从小到大的。它的发展现状可从下述主要几个方面来了解考察。

1. 全国心理技术应用论坛连年举办研讨会

2000年由南京师范大学发起召开了首届全国心理技术应用学术研讨会，来自北京、上海、江苏等十多个省市的心理学工作者和实际部门人员参加，揭开了该领域全国性研讨会的序幕。第二届于2001年在上海中国四达国际经济技术合作公司举办。会上成立了全国心理技术应用研究会，杨鑫辉为会长，俞文钊、沙莲香、余嘉元、傅双喜为副会长，赵凯为秘书长。研究会隶属中国心理学会理论与史专委会，挂靠南京师大教科院。第三届于2002年由湖南师大在张家界举办，第四届于2003年在江西萍乡高专举办。根据中国科协规定和中国心理学会意见，将研究会改称论坛。第五届于2004年在四川绵阳师范学院举办。第六届于2005年在广州中国南方人才市场举办。第七届于2006年在开封由河南大学举办。增补顾海根、苏永华、吕建国为副主席。第八届于2007年在云南昆明师院举办。第九届于2008年在辽宁沈阳师院举办，增补童辉杰为副主席。第十届于2009年在北京由北京师大和诺姆斯达研究院举办。增补许燕、时勤、张掌然为副会长。第十一届于2010年在武汉大学举办。第十二届于2011年在南京师大举办。第十三届于2012年在上海师大举办。第十四届于2013年将在常州市江苏理工学院举办。

2. 出版了心理技术学专著、丛书与论文集

2005年1月，由上海教育出版社出版了杨鑫辉著《现代心理技术学》，它是在多年来给心理技术学硕士生、博士生授课讲稿基础上写成的，可视为我国现代心理技术学的一项标志性成果。2001年在上海会议期间策划的，江波主编的《经济心理战》丛书和杨鑫辉主编的《心理技术应用丛书》，由暨南大学出版社先后出书。从2002年起，集结论坛与会者的部分论文，每年正式出版《心理技术应用研究》（第1辑称《论丛》）一本，至今已出版1—5辑。这份年刊式的《研究》是论坛参加者进行学术交流的重要园地。此前，我国研究心理技术应用的论文，分散地发表在各种学术刊物、大学学报上和其他论集上，例如，《心理学探新》和《心理学探新论丛》（曾多年开辟专栏）以及《人—机—环境系统工程研究进展》等。

3. 多所高校建立了心理技术应用研究所或中心

1991年，江西师范大学创办了我国第一家心理技术应用研究所，设置了若干学组，开展了多项研究，如汽车驾驶员适性心理素质比较、射击运动员心理选材、离退休干部心理反应差异性、洪涝灾害中情绪反应的调查研究等，还开设了心理咨询室。2001年萍乡高专建立了心理技术应用研究所，并强化了原有的心理咨询室。2004年绵阳师范学院建立了应用心理学研究所，并与四川省新华劳教所联合建立了“新华违法心理矫治实验室”。南京师范大学从1995年起一直在开展心理技术应用研究，后又建立研究中心，以强化该方面的研究。

4. 开发研究出一大批心理技术软件产品，积极为社会各部门和民众服务

许多参加全国心理技术应用学术论坛的单位和个人，下力气抓了心理技术的开发、应用与推广工作，为社会各类实际部门提供心理学的指导与服务，在历届研讨会上，都有一些心理技术开发产品的交流。就单位而言，例如上海四达测评研究中心，由主任苏永华博士领衔，开发了心理测验、人力资源测评等方面的软件，提供网络测评服务。他们开发

的“华瑞人才测评软件”曾荣获上海发明协会授予的“创造发明奖”。中国南方人才市场，由人才测评中心技术总监蔡圣刚博士领衔，也开发研制了一批人才测评软件，广泛用于人员选拔工作。就个人而言，我国第一届心理技术学博士、苏州大学童辉杰教授取得了突出的成绩，已独立开发研制出七种软件包：《析梦软件v3.3》、《笔记投射分析技术专家辅助系统v2.0》、《择偶评估预测系统v2.0》、《中学生心理素质评估系统》、《小学生个性发展评估系统》、《心理卫生评估系统》、《自我分析系统》。

5. 重视心理技术应用人才的新生力量的培养

新生力量是事业发展的根本，20世纪80年代以来，江西师范大学率先在全国招收多届心理技术应用硕士研究生和心理学理论与应用硕士研究生，毕业后散布在大学和省人事管理部门、航空公司、电视台、金融、保险等实际部门。20世纪90年代后期，南京师范大学开始招收心理技术学研究方向的博士生，提升了这方面人才的学养层次，毕业后主要在大学从事教学与科研工作。尤其值得特别强调的是，许多高校和实际部门的年轻心理学工作者、心理学专业与相关专业的博士生、硕士生们，积极参加了心理技术应用学术活动（对心理学研究生和大学生是减免会务费的）。每年举行的全国心理技术应用研讨会的参加会议人员，中青年人数占四分之三，多次会议都有数十名大学生、研究生旁听。论坛理事会成员中青年也占三分之二。这都说明，事业将后继有人。

三、中国现代心理技术学的展望（略述）

时间在前进，事物在发展。中国现代心理技术及其实际应用也将与时俱进。

1. 应在学科建设方面有所前进，不断提高其学术水平

必须进一步加强心理学理论、方法和心理技术学的学习与研究，不断提高自身的心理学理论水平与学术水平。建议心理学系尤其是应用心理学系能给大学生和研究生开设现代心理技术学课程，把它作为应用心理学的概论课，以满足社会对心理技术应用的迫切需要。

2. 将进一步面向社会，更广泛地开展心理技术的实际应用

一定要根据社会的需求，走出课堂，走出研究室，努力解决社会生活向心理学提出的各种实际问题来为社会服务。例如，各类人员的人才测评与人员选拔，人力资源开发与管理，社会群体心理倾向调查与预测，心理咨询与治疗，学校心理辅导与就业指导，营销策划心理，消费心理与行为，金融、证券、投资、保险心理、司法心理，军事心理等。研发出新的心理技术应用产品，并将原先研发的产品推广出去。这些工作一定要与培养新生力量结合起来。

3. 每年一次的全国心理技术应用研讨会，将开得更加内容丰富和受到欢迎

承办单位和参会人员将越来越是大学与实际应用部门、心理学专业工作者与实际部门工作者相结合。研讨的主题要密切符合社会生活实际的迫切需要。研讨的内容可以是较全面的，也可以是某个方面的问题。

4. 全国心理技术应用研究论坛要将加强自身的建设，搞好经常性工作

首先，论坛的理事会成员将更加年轻化和向心理学实际应用部门扩展，使之更加具有活力和广泛性。其次，进一步健全论坛的经常性联络工作和组织工作，建立秘书组、培养教育组和网站。创造条件为建设成全国性二级学会而努力。最后，办好心理技术应用研究的学术交流园地，继续坚持每年出版一本《心理技术应用研究》论文集，新开办“心理技术应用”网站，经协商由全国心理技术应用研究论坛与中国南方人才市场合办。现在开明出版社，在办理《中小学心理健康教育》期刊的基础上，2013年创办了《心理技术与应用》杂志，它将更有力地推进心理技术学更广泛地为社会服务。

我们有理由坚信：“心理科学包括理论思辨和技术操作两大方面，心理技术学属于技术操作方面，非常有助于心理学的应用。心理学的应用是心理学发展的生命力，心理技术学的建立将使心理学日益成为科学中的热门，学校中的主课，生活中的常识。”

参考文献

[1] Kurt Pawlik. 张厚粲等译. 新世纪版国际心理学手册（下册）.

[2] 杨鑫辉. 略论心理学的应用与普及. 江西师院学报，1980(1).

[3] 钱学森. 关于思维科学. 上海：上海人民出版社，1987:15.

[4] 杨振宁. 展望21世纪科技. 扬子晚报，2001，A5.

[5] 潘菽. 潘菽心理学文选. 南京：江苏教育出版社，1987:91.

[6] 维果茨基文集（俄文版，第一卷）.38.

[7] 杨鑫辉. 心理科学应当面向社会生活. 心理学探新，1990(1).

[8] 杨鑫辉. 略论现代心理技术学的体系建构. 心理科学，1999(5).

[9] 杨鑫辉. 现代心理技术学. 上海：上海教育出版社，2005:14.

拓宽研究视野，更好服务社会*

——第五届全国心理技术应用学术研讨会开幕词（主题报告）

（2004年7月7日）

诸位领导嘉宾、诸位教授专家、全体与会的同行朋友们：

第五届全国心理技术应用学术研讨会今天在四川绵阳市开幕了。这次学术研讨会是由全国心理技术应用研究论坛、四川省绵阳师范学院和南京师范大学教育科学学院联合举办，由绵阳师范学院承办的。绵阳地处成都平原北端，人口520万。公元前201年已设县治，历史悠久，历史文化旅游资源丰富。现在绵阳科技城是国家重要的国防科研生产基地，科技人才济济，科技实力雄厚，是中国西部的一颗明珠。来这里开会相聚是大家都很高兴的事情，既可以受到开发大西北精神的鼓舞，也可以表达为开发大西北贡献绵薄之力的心愿。我谨代表会议，向来自全国各地的高等学校、科研院所和实际部门的教授专家和同仁们，以及年轻的研究生、大学生们表示热烈的欢迎；向莅临指导本次研讨会的绵阳市党政领导同志和嘉宾表示诚挚的欢迎和谢意；向承办会议和部分赞助合作出版《心理技术应用研究》第三辑的绵阳师范学院，以及曾经支持帮助

*《心理技术应用研究》（第4辑），西南交通大学出版社2005年版。

过历次会议的其他有关单位和个人，表示衷心的感谢！

自2000年在南京举行首届全国心理技术应用研讨会以来，许多省市心理技术的理论探讨和实际应用工作取得了可喜的成绩。参加研究与应用推广的人数不断扩大，尤其中青年力量在增多。有关的研究与应用推广组织机构逐步增加。坚持了每年召开一次全国性研讨会，交流论文和产品成果。每年都选取一部分论文与报告集结成《心理技术应用研究》，由出版社正式出版。2001年在上海会议期间策划的《经济心理战丛书》和《心理技术应用丛书》，也已经出书或正在陆续出书。有的高校还开设了相关课程，招收培养了心理技术应用研究方向的博士生和硕士生。所有这些成绩是大家共同努力的结果，而且是有目共睹的。但是从全国总体来说，研究与应用推广工作还远远跟不上社会的需要。我们一定要站在更高的高度上向前看，与时俱进，使心理技术工作更好地为我国的物质文明、精神文明、政治文明建设服务。

社会现实生活中有许多问题都要求心理学参与干预去解决。只要我们拓宽研究视野，心理技术应用的领域就会广阔，心理学工作者就大有用武之地。可以说在有人活动的地方，就有人的心理活动，就需要心理学的参与干预。当前有许多比较严重的问题，要求心理学在综合治理中发挥作用。例如说，据有关统计，我国公共安全事故每年夺命20万人，造成的经济损失竟占到GDP6%，约6500亿人民币。2002年全国共发生107万余起各类事故，导致14万人丧生，其中77万多起道路交通事故，夺走11万人的生命。而且交通事故中每死亡4个人有3个是行人和骑自行车者这些交通弱者。另外，重大突发性灾害频发，70%以上人口、80%以上工农业和城市，受到各种灾害的严重威胁。我们应当加强驾驶员心理与交通安全对策研究和灾害心理与防灾对策研究。例如说，据2002年11月的调查公布，我国每年有28万人死于自杀，是各类死亡原因的第五位，而在15至34岁人群的死亡原因中，自杀更列第一位。全国平均自杀率为23/10万，女性自杀率比男性高25%，农村自杀率是城市的3倍。我们应当加强自杀心理研究与危机干预工作，平时要加强生命教育，唤起全社会珍惜生命。又例如说，校园心理问题亟待引起高度重视，青少年的心理健康、心理卫生状况令人堪忧。云南大学学生马加爵先后用铁锤残忍地杀害同宿舍的四个同学，更是令人触目惊心。我们应当加强心理健康教育，切实地开展心理咨询治疗、心理辅导教育工作，使青少年成为身心健康、人格完善的人。还例如说，农民进入城市参加现代化建设，几千万上亿的农民工群体如何更好地与原有城市居民相融合，更加积极地发挥作用，农民工这个大群体的心理问题是值得特别重视的。据有关数字显示，在发达国家中，每百万人中就有500人从事心理学的研究工作，而在我国，每百万人中仅有3至5人从事这方面的研究。可见，我国心理学工作者是任重而道远的。

我们曾多次强调："应用是心理学发展的生命力，运用心理技术为社会谋福利，是我们努力工作的共理念。"那么怎样才能使我们的心理技术应用更好地为社会服务呢？首先，既要重视科学前沿研究，又要抓好普及应用研究。这里只讲一下前沿研究，例如大家都知道诺贝尔奖获得者卡尼曼教授，将心理学前沿研究成果引入经济学研究中，探究人在不确定情况下进行判断和决策的过程，提出了风险决策的前景理论。最近我国有教授以此理论为指导并力求突破其局限性，提出了"决策框架与非理性风险决策研究"的课题，对于提高组织和个体的风险决策能力有着重要意义。又如在心理治疗技术方面，有教授的课题是，以沙盘游戏治疗作为进行心理分析的主要形式，研究心理分析技术在中国文化背景下使用的可行性和有效性，它具有广泛的应用前景。其次，要下力气抓好心理技术的开发、应用与推广工作，为社会各类实际工作部门提供心理学的指导与服务。我们历史研讨会上都有一些心理技术开发产品的交流。我国第一批心理技术学博士、苏州大学童辉杰教授在这方面取得了突出的成绩。已独立开发研制出了七种软件包：《析梦软件V3.3》、《笔迹投射分析技术专家辅助系统V2.0》、《择偶评估预测系统V2.0》、《中学生心理素质评估系统》、《小学生个性发展评估系统》、《心理卫生评估系统》、《自我分析系统》等。就专门的组织而言，上海四达测评咨询中心，由该中心主任苏永华博士领衔，开发了心理测验、人力资源测评等方面的软件，提供网络测评服务，其开发的“华瑞人才测评软件”曾荣获上海发明协会授予的“创造发明奖”。我们希望今后能开发研制出更多的心理技术软件，尤其要积极搞好实际应用和推广工作。第三，开展心理技术应用工作，必须充分发挥中青年的中坚作用。今年2月公布的2003年度的国家科技奖，在186个获奖的通用项目完成人中，40岁以下的年轻科技工作者占39%，40—50岁占32%，这说明中国科技人才青黄不接的局面已经结束，一大批中青年才俊正迅速崛起，希望我们搞心理技术应用的中青年朋友要勇挑重担。中国的心理技术应用事业寄厚望于你们。

我们这次研讨会的主题是：心理技术应用应当拓宽研究视野，更好服务社会。围绕这个主题的研究领域则是非常广泛的，主要包括：心理技术学的基本理论与研究新进展，领导人事心理、人力资源开发与管理，心理测评技术及应用研究，社会公共危机应急心理、灾害心理干预，心理保健、咨询、治疗与学校心理辅导，广告营销、金融保险等经济心理学问题，以及军事心理、司法心理、新闻心理等应用研究。

研讨会的主要议程有：请专家作主题报告，介绍学术前沿动态和重要研究成果；组织与会者在大小会上报告论文，广泛开展学术探讨；交流心理技术应用工作经验体会和推广研发的成果。举行小型工作会，讨论如何充分发挥中青年作用办好论坛，商定下一届研讨会和继续出版《心理技术应用研究》等事宜。

同志们！朋友们！

参加研讨会的，既有饱学多识的老专家老教授，也有多才善思的年轻博士、硕士；既有高校科研院所的心理学专业理论工作者，也有多种行业实际部门的应用心理专家和第一线的心理学实际工作者。大家不远千里以文会友，聚集一堂，目的都在于切磋交流，互相学习，把论坛搞好，积极开展心理技术工作，更好地为社会服务。中国现代心理学奠基人之一的潘菽学部委员（现称院士），早就倡导建设有中国特色心理学。我们研究中国心理学的发展历史、基本理论和技术应用，正是为了建立和发展有中国特色心理学。大家从事心理技术应用工作是与这个大目标密切联系的。让我们共同努力，坚定地面向社会生活，积极开展心理技术应用工作，为社会服务，为群众谋福祉，也为发展中国心理学事业奉献自己的一份力量。

衷心祝贺研讨会能取得圆满成功!

衷心祝贺全体与会同志健康愉快!

回顾过去坚定信心，展望未来加倍努力

——第十届全国心理技术应用高峰论坛开幕词

（2009年8月28日　北京）

诸位嘉宾、诸位专家、同志们：

第十届全国心理技术应用高峰论坛，在著名学府北京师范大学开幕了。热烈欢迎来自全国各地高校、科研院所、企事业单位的同志们和研究生们，为了一个共同的目标——将心理学的理论与技术应用于实际生活，为社会服务为群众服务——大家走到一起来了。热烈欢迎各位领导嘉宾和特邀专家，百忙中挤出时间莅临会议，给予大力支持与指导。在这里我们要衷心感谢会议的东道主北京师范大学心理学院和诺姆四达人力资源测评咨询服务有限公司，是他们为会议提供了人力、物力和服务。还要感谢中国科学院心理研究所、北京大学心理学系、清华大学心理学系、中国人大心理学系、南开大学社会心理学系、南京师大教科院等协办单位。

鉴于这次有较多的新同仁新朋友参加会议，有必要就我国现代心理技术学的过去与未来作一个很简要的回顾与展望。中国现代心理学主要奠基者之一的著名心理学家潘菽教授，早在20世纪20年代就强调心理学的广泛应用价值，40年代更探讨了心理技术应用问题。他指出："凡一切关于人类的事情，都是心理学所可应用的范围，也都有待于心理学的帮助。故将来心理学的应用的研究必占极崇高的地位。"（《心理学之实用上的价值》，1929年）还深刻地指出："心理技术的应用，必须包括生产过程中的全体人员的衷心合作和直接执行工作者的热烈的工作动机。假如心理技术是为了一部分人的利益，这种合作和动机就根本不可能。”（《心理技术在实业上的应用的条件》，1944年）深以为憾的是，20世纪80年代我提出要重建心理技术学的新体系时尚未读到这两篇著作，现在《潘菽全集》的出版补上了一课。潘老的这些思想将更有力地促进我国心理学在现代化实践领域发挥重要作用。

所谓现代心理技术学，是应用现代心理学原理、方法及心理测验、测量、统计等技术手段，研究社会生活实际部门中个体和群体心理问题的综合的应用理论学科。像钱学森、杨振宁等著名科学家所强调的技术科学层次一样，它是中间层面，一方面是心理学基础科学的应用，另一方面又是许多具体应用问题的理论基础，即中层理论。我们所建构的现代心理技术学的内容体系主要包括四个方面：就个体说，有人员心理素质测评技术，并包括人力资源开发与管理技术。就群体说，有社会心理测查技术，包括群体心理、社会心理倾向性和民意调查技术。就个体与群体心理是否正常说，有心理健康、心理咨询与治疗技术。就经济是社会活动的中心说，有经济心理技术，包括金融、保险、广告、营销与企业形象策划等技术。此外，从人的其他社会活动来说，还可以有军事心理技术、司法心理技术、工程心理技术、运动心理技术、艺术心理技术等。

在各级党和行政的领导下，由于全国心理学界同仁和实际应用部门的共同努力，我国心理技术学及其应用的发展是从无到有，从小到大的。江西师大、南京师大先后招收培养心理技术应用硕士生和博士生，探索学科建设。有多个省市的高校和实际应用部门建立了心理技术应用研究所或研究中心或实际工作部门。在中国心理学会及有关省市心理学会的支持下，2000年南京师范大学发起召开了首届全国心理技术应用学术研讨会，此后每年都举行会议。2001年第二届在上海，并成立了全国心理技术应用研究会（后来改为论坛），2002年第三届在湖南，2003年第四届在江西，2004年第五届在四川，2005年第六届在广州，2006年第七届在河南，2007年第八届在云南，2008年第九届在辽宁，2009年第十届在北京。并且研讨会后正式出版了《心理技术应用研究》论文集多辑或《心理学探新》增刊。尤为可贵的是，积极参与论坛活动的上海四达测评咨询中心（现称诺姆四达）、南方人才市场人才测评中心，和南京师大、苏州大学、上海师大等的专家教授，开发研制了一系列心理技术软件，帮助许多企事业单位进行了许多实际工作。去年汶川大地震，一些论坛成员也曾奔赴第一线积极参加心理救助工作。总之，回顾过去，大家的努力方向是正确的，工作是有成绩的，应当更加坚定继续搞好心理技术应用工作的信心。

同志们！现在的第十届全国心理技术应用高峰论坛，由全国心理技术应用研究会（论坛）和北京师范大学心理学院联合主办，Norm Star（诺姆四达）人力资源测评咨询服务有限公司承办。协办单位有中国科学院心理研究所、北京大学心理学系、清华大学心理学系、中国人大心理学系、南开大学社会心理学系、南京师大教科院，有许多著名专家教授和实践派精英，将作专题报告和开展广泛深入的学术交流。正如这次论坛邀请函中所说：在丰富的社会生活中，无论政府部门、企业、事业、社会组织，还是普通个人，都能从中受益良多。如同时间管理和成本管理一样，心理学的广泛应用正在为剖析和变革一切社会活动提供一种新的思考维度。面对肆虐全球的金融危机，心理技术应用以其丰富内涵和很大张力，或将由相关各方克服危机提供一种重要选择。所以这次会议的主题定为：经济危机里的严冬，心理学应用的春天。研讨会将就企业应用领域、咨询与治疗应用领域、经济心理领域及其他心理应用领域的心理学问题进行探讨。热切希望与会全体同志，以文会友，切磋琢磨，各抒己见，共同提高。会议期间，论坛理事会还将就自身建设与提高的问题进行讨论与安排。让我们在团结和谐的氛围中，集中精力开好会议。

时间在前进，社会在发展。心理技术应用事业应当与时俱进，更好地为我国社会主义四个现代化建设事业服务，为广大人民群众谋福祉。展望未来，心理技术应用工作要进一步面向社会、面向生活，更广泛地为实际应用部门服务；要在学科建设方面有所前进，加速培养新生力量和不断提高学术水平；要进一步搞好论坛的自身建设，不断提高每届会议的质量和搞好经常性工作。展望未来，任重道远，应当倍加努力。最后以1979年我提交给中国心理学会天津会议的论文《略论心理学的应用与普及》中的一句话结尾："应用与普及是心理学发展的生命力。"

祝全体同志心情愉快，身体健康！

祝会议圆满成功！

其他论文与诗

现代大教育观论*

现代社会政治经济的迅速发展，科学技术的突飞猛进，带来了一系列观念、观点的变化与更新，这是事物发展的辩证法。正如马克思、恩格斯所指出的："思想、观念、意识的产生最初是直接与人们的物质活动、与人们的物质交往，与现实生活的语言交织在一起的。观念、思维、人们的精神交往在这里还是人们物质关系的直接产物。"[1] 现代大教育观是历史进入到20世纪以后形成的一种新的教育观，尽管过去人们不一定使用这个名称或概念，但作为一种新的教育思想观点，政治家、哲学家、经济学家、社会学家、文化学家、心理学家、教育学家、管理学家、传播学家、自然科学家、未来学家等等都从各自不同的角度论述过。笔者经过数年的研究，综合上述各家的看法，将它概括为现代大教育观提出来，并且认为它将有助于我们改变某些传统的教育观念，对于当前的教育改革和我国社会主义教育事业的发展具有理论意义和现实意义。下面就现代大教育观的概念内涵、发展形成、内容鸟瞰、未来展望，作一概要的阐述。

一、概念：大教育、宏观教育、现代大教育观

从中外教育史考察，过去的教育概念，主要是指成人一辈对婴幼儿、

*载《江西师范大学学报》（哲学社会科学版）1990年第3期。

少年、青年的生活生产经验传递，科学技术文化知识传授和道德情操熏陶这种社会现象。随着生产力的发展，社会分工的日益精细，才从一般的家庭教育、社会教育发展到由专门机构从事教育活动的学校教育。尽管2000年前成文的《学记》是中国教育史上最早系统地论述教育理论的专著，也是世界上很早而又全面的教育文献，但是教育真正成为一门独立的科学，是17世纪后从哲学等其他学科中分化出来的。我们把教育对象局限于儿童青少年的教育，称之为狭义的教育，或小教育；把17世纪夸美纽斯奠定基础的教育理论，称为近代教育理论或传统教育理论。

社会生产的发展，科学技术的进步，人的完美发展的需要，使得教育的概念也扩展了。过去局限于儿童青少年的小教育观念，已不符合社会发展出现的广泛得多的教育事实，于是出现了大教育的观念。以学校教育为主体的传统教育，已发展成为包括各种形式、各个层次在内的现代大教育。它既包括家庭教育、学前教育，也包括初、中、高等的普通学校教育和职业技术教育，还包括函授、电大等多种形式的职后成人教育和老年教育。总之，大教育是一种活到老学到老的“终身教育”，是全社会的共同事业。正如有的文章指出的：“现代大教育，不仅与古代教育，而且与近代教育都有很大不同：① 教育已成为全社会的共同事业，开始由过去垂直的纵向结构发展成为与社会经济各部门、各方面有着十分紧密联系的纵横交错的主体结构；② 现代教育是包括人的各个时期、各个方面的终身教育。因此现代教育不论从宏观上看还是从微观上看，都已发展成为一个庞大而复杂的网络系统。”[2]

现在又出现一种宏观教育和微观教育的提法，有的甚至加上一个中观教育。一般把教育与其外部之间的关系的研究称为宏观教育，而把教育内部各种关系的研究称为微观教育。还有下面一种观点，认为“凡是研究教育与经济、社会发展之间关系的，属于宏观教育科学的范畴；凡是研究教育与人的全面发展之间关系的，属于微观教育科学的范畴；界于研究上述两者边缘交叉相关问题的，属于中观教育科学的范畴”[3]。并且认为构成传统教育理论的主要内容是微观教育学，如教育与人的发展理论，教学理论、德育理论、体育理论、美育理论、学校管理理论等。而教育社会学、教育经济学、教育环境学、教育未来学、教育管理学、教育系统工程学等交叉学科，则属于教育活动的宏观领域。这与我们的现代大教育观也不尽相同，现代大教育观既从各方面宏观地研究教育，也包括微观教育在内。

所谓现代大教育观，是20世纪出现的一种新颖的教育理论，它将教育看成社会巨系统中的一个大系统，突破了传统的就教育论教育的小教育观。它采取全方位的观点、系统论的观点，从哲学、政治学、经济学、社会学、文化学、心理学、传统教育学、管理学、传播学、未来学等多角度，综合地考察教育的本质和规律，而不是孤立地静态研究。尽管它必须有这些分支学科作为基础，然后才能逐步发展成为一个整体。它研究教育与政治、经济、社会发展等的关系，当然是一种宏观教育理论；它也涉及传统教育学中着重研究的教育内部的关系与规律，所以它又包涵了微观教育理论。现代大教育观研究的对象，不局限于儿童、青少年，也延伸到成人、老年，主张从出生（甚至包括妊娠）到死亡的“终身教育”。它不限于各级各类学校教育，还包括家庭教育、社会教育、在职教育、老年教育等多层次、多侧面的教育观点。很显然，它是把现代大教育概念包含在内的。所谓现代大教育观，将回答教育的功能是挑选还是发展等根本性问题，研究真正建立在心理学原理上的教育方式方法，采用现代传播媒介的教育手段，并且既从现实又从未来的要求考察和安排整个教育工作。可以预言，现代大教育观必将突破传统的教育学，逐步发展成为现代大教育学。

二、形成：现实、历史与方法论

任何一种思想观点的出现都不是突然的，它总有一个发展的过程，有其产生的客观原因。现代大教育观思想的形成也是如此。

传统的局限于学校教育的教育理论面临着困境，无法解决现实教育工作中的许多实际问题。实际教育工作者读过现在的教育学以后，感到对教育工作出现的许多重大实际问题并未作出理论阐述，许多应当涉及的问题尚未综合起来考察，最多只是探讨了学校内部的一些问题。师范院校的学生学习教育学课程则感到比较枯燥乏味和远离生活，因而学习积极性不够高。这也从一个侧面反映出现有教育学理论有待于发展完善。当代教育活动的社会实践，迫切要求从理论上回答下述一系列问题：如何全方位地、综合地、系统地考察和认识教育这一复杂的社会现象，而避免片面地理解教育的本质和功能；教育的目的究竟是挑选还是发展，还是两者兼而有之；与此相关，如何对待和解决所谓追求升学率的问题；如何实现教育既要培养新生一代，又要促进社会经济增长，发展科学技术，提高社会道德水平等多种社会功能；如何从历史的、现实的、未来的视角来确立教育、教学的内容、方法与途径；如何统筹考虑教育的各种形式和把教育贯穿于人生的始终；如何确立教育发展战略、规则、实施与管理……所有这一切，传统的教育学理论是无法作出满意回答的。必须突破那种主要局限于学校教育的理论框框，采取更为广阔的视野进行探讨与研究。换一句话说，就是必须用一种新的教育理论——现代大教育观来回答。

现代大教育观的产生不仅是实践所提出的要求，也是教育科学发展的必然结果。现代科学包括教育科学在内，它们的发展趋势是从综合到分化又到新的综合。教育理论从哲学等学科分离出来并独立以后，又与哲学等许多学科有新的交叉综合。现代大教育观是现代的教育思想，但其思想渊源却可上溯到古代。西方的亚里士多德和中国的孔子都把教育同政治、哲学、伦理等联系起来看。孔子不是就教育论教育，《论语》中记载:“子适卫，冉有仆。子曰:‘庶矣哉！’冉有曰:‘既庶矣，又何加焉？’曰：‘富之。’曰：‘既富矣，又何加焉？’曰：‘教之’。”[4]这就是著名的“庶→富→教”理论。孔子将人口、财富和教育作为立国的三大要素，将发展经济与发展教育联系起来，认为既要满足人民丰衣足食的物质需要，又要满足人民的文化教育的精神需要。可惜我们的教育史对这一思想论述得不够多或不充分。从世界范围来说，教育作为一门独立学科一般认为是在17世纪初。捷克教育家夸美纽斯的《大教学论》着重阐述教学理论问题，同时论述了人的本性和价值、教育的性质和作用、教育的目的和任务等问题，为近代教育学的建立奠定了基础。后来德国教育家赫尔巴特的《普通教育学》着重从心理学的观点阐述教育学，特别是教学论方面的问题，提出教育者应掌握的首要科学是心理学，同时需要掌握教育学。苏联教育家凯洛夫的《教育学》，则系统地总结了苏联20世纪二三十年代的教育经验，同时批判地吸取了教育史上进步教育家的思想。以上教育学著作，在教育史上都发挥过它们的重大作用，并且使教育科学逐渐形成了一套体系，出现了教育哲学、教育社会学、教育心理学、教育经济学、教育管理学等许多分支学科。学科的发展不能只是愈分愈细，同时还必须有一个新的综合。这就出现了综合概括它们的现代大教育观。

现代大教育观的产生与现代科学方法论的影响也是分不开的。19世纪中叶，马克思主义关于物质世界整体联系的思想，对辩证系统观作了高度的哲学概括。恩格斯说："辩证法以近乎系统的形式描绘出一幅自然界联系的清晰图画。"[5]马克思认为社会"就是一切同时存在而又互相依存的社会机体"[6]。20世纪40至50年代，又出现了控制论、信息论和系统论，人们往往简称"三论"。钱学森教授认为"三论"实际上是一论，即系统论。目前一般学者将系统方法当作一般科学方法论，并被认为可以直接补充哲学方法论，更与具体科学方法论密切联系。所以苏联学者萨多夫斯基说："系统方法是现代科学认识中的一个方法论流派，既不同于具体科学又不同于哲学。"[7]钱学森教授将系统方法用来研究教育工作时，提出了"教育系统工程"的概念，认为教育工作的组织、计划和管理是一项可以应用现代组织管理技术——系统工程的工作。江泽民同志指出："钱老曾经阐述的系统工程理论，我认为很重要……系统工程在处理一个复杂的系统时，所用的方法，对我们是有启发的。使我们学到一种处理任何工作，思考任何问题的时候，把方方面面都想到，处理得更周密更完整，这不很好吗？这也是钱老将辩证唯物主义的理论在学术上的应用。"[8]我们提出现代大教育观是受到系统工程理论启示的。把教育看成社会巨系统中的一个大系统来研究，并用系统论的观点，对教育系统内部各系统、各种层次、各种结构和各种功能进行全方位的探讨。

总之，现代大教育观的提出，既是现实的大教育事实的客观要求，又有唯物辩证法和一般科学方法论作理论基础，是教育科学发展到20世纪的必然。

三、鸟瞰：全方位、功能与手段

我们前面已经指出，现代大教育观是采取以全方位的观点、系统论的观点，从多学科、多角度综合研究教育的本质和规律。下面就其荦荦大端作一鸟瞰。

任何一门科学都离不开哲学，而哲学又是所有各门科学的最高结晶。哲学家是怎样看待教育这一复杂社会现象的呢？历来众说纷纭，以至近代形成了一门教育哲学的学问。有的认为它是从哲学的观点论教育，又从教育的观点论哲学；有的认为它是教育科学的概括综合。但二者共同点是探讨教育中的最根本的理论问题，其中最主要的是教育的本质和人的发展问题。教育不是一个生物学的过程，它起源于人类的社会生产劳动。学校教育则是社会发展到一定历史阶段的产物。教育作为上层建筑，它对政治、经济的反作用，主要是通过培养人来实现的。科学技术是一种生产力，教育使科学技术与人结合起来，从而把可能的生产力转化为直接的生产力。人的发展包括身体和心理两个方面的发展。影响人的发展的基本因素是遗传、环境和教育，教育在人的发展中起着主导的作用。

教育作为一种社会事业，其组织和实施必由政治家来决策。任何一种社会形态的教育都是为统治阶级利益服务的。我国的教育事业则应坚持为社会主义建设服务的方向，培养每个社会成员都成为有理想、有道德、有纪律、有文化的人。当今世界上，政治家成功的教育思想和实践主要体现在：将教育置于国家发展的首要战略地位，认为经济竞争、科技竞争等等归根结底是人才竞争、教育竞争，从而视教育为立国之本、兴邦之基；强调教育立法，把国家的教育方针、政策以法律形式固定下来，作为现代国家管理教育的基础和基本依据；根据各国政治、经济、文化科学、军事发展等各方面情况，制定适合本国国情的教育发展战略和教育体制；提高教师的社会地位和经济地位，吸引优秀人才充实教师队伍，以保证教育质量的提高。

教育事业的发展与经济制度、经济发展是密切相关的。经济学家的教育观点，对教育的理论与实践有着重要的影响，以至形成了一门教育经济学，运用经济学的原理和方法研究教育投资及其经济效益。经济学家们认为:教育与经济是相互促进的，一定的经济是教育事业发展的基础，教育对经济的发展起着重要的促进作用，而且生产技术水平愈高其作用也愈明显；教育具有经济性能，教育劳动能够节约社会劳动，发展教育不只是一种消费，同时也是一种投资——是一种比物力投资更重要的智力投资；教育的投资及其经济效益是应当而且可以精确计算出来的，应当科学地确定教育投资占国民经济的比例，并使教育投资得到合理的分配和有效的使用，从而适应国民经济发展的需要，进而促进经济发展。

教育这一复杂的社会现象，自然也引起社会学家的重视，他们从社会学的角度研究各种教育现象、教育问题与社会的关系，并且形成了一门教育社会学。功能主义者认为，教育就是将年轻一代社会化，通过社会化过程把人从个体人转化为社会人，让年轻一代逐步掌握所处社会的行为规范；个体的社会化主要是通过与家庭、集体、学校的交互作用实现的；教育不仅能实现人的社会化，而且可以调节社会关系使之和谐统一。社会冲突论者认为，学校作为社会的重要组成部分，处于社会冲突的焦点,它在社会冲突中却能起调节作用。教育既是社会变迁的一种动因，又是社会变迁的一个潜在条件。解释主义者则着重对教育现象的社会分析，解释教育机构中的社会组织，着眼于课堂、学校、学生群等微观社会的研究。

教育的对象是人，无论是文化知识、科学技术的传授，还是情感道德的熏陶，都要符合人的身心发展规律才会有成效。因此，教育者研究人的心理规律，特别是教育心理规律十分重要。心理学已成为教育学的理论基础之一，而且教育理论有日益心理学化的趋势。许多著名心理学家同时也是杰出的教育家，例如瑞士的皮亚杰、苏联的赞可夫、美国的布鲁纳、中国的陈鹤琴等。心理学的各个流派都为教育、教学工作提供了各自的理论。行为主义的刺激——反应理论，运用强化进行学习和塑造人的良好行为，并且提出了程序教学法。精神分析强调早期经验对个性发展的影响，新精神分析提出了人的心理社会性的发展阶段，认为人格发展是终生的。皮亚杰学派提出发生认识论，将儿童思维发展划分为四个阶段，为儿童教育提供了儿童心理学基础。人本主义心理学强调行为和学习中人的因素，认为情感、情绪、价值观和人际关系在学习和人格发展中起重要作用。认知心理学从认知结构出发，强调学习知识结构，主张在教学中采用发现法。苏联心理学家提出“一般发展”理论，主张在教学中发展，在发展中教学。

教育的根本任务在于培养人才，特别是要培养具有创造性的人才。在这方面，科学家本身的求实、教学、科研实践与培养年轻科学家的工作，对教育的理论与实践都有特殊的意义。许多杰出的科学家同时也是教育家，具有独特的教育思想，这些思想理所当然地应纳入现代大教育观的体系中去。科学家们严谨的治学态度、科学的治学方法、独特的思维方式、艰苦的成才道路，以及在此基础上形成的教育观念，最有说服力地启示我们应当怎样办教育。

任何一种教育理论要付诸实施，必须通过教育活动的组织与管理，因此教育实践家（包括教育领导者与教师）的教育思想显得非常重要。通过他们的教育实践，一方面可以检验现有的教育理论，另一方面又产生新的教育思想，特别是经过教育实验产生的教育理论尤为可贵。他们的教育思想较之教育理论家，更具政策性、实践性和可行性。他们中有的人既是教育实践家又是教育理论家，如苏联的马卡连柯和中国的陶行知。当然这里的划分只是相对的，都可统称教育家。就教育管理而言，还形成了教育管理学，专门研究教育工作的管理、组织领导和行为规律。

教育是现实的，与过去的历史联系，还要面向未来。教育的未来观是现代教育观的发展和完善。现代社会的政治、经济、军事、科学技术等都在急速变化，要求人们对未来世界进行探索和预测。近二三十年来出现了未来学及其分支教育未来学，后者专门研究教育的发展趋势，预测未来教育的规模、结构、管理、内容、方法和技术等等。事实上，教育为现实服务也都是超前教育，否则就不能适应社会发展形势的需要。教育既是为当前需要培养人才，也是为未来社会培养人才。教育必须面向未来，应将未来观念引进教育，灌输未来思想，培养未来意识，养成思考未来的习惯。现代大教育观应当包括这种教育战略思想。

上面从哲学、政治、经济、社会、心理、科学实践、教育实践、未来等多角度、多侧面粗略地考察了一下教育，当然，要研究的角度与侧面还有很多。但是只有将它们综合起来形成一种整体性的教育观念，才能称之为现代大教育观。下面从现代大教育观出发，谈谈当前世界教育所遇到的两个重大问题。

其一，教育的功能是挑选还是发展。美国教育家布卢姆在《教育评价》一书的开头就直截了当地提出了这个问题。他认为："许多世纪以来，世界各地的教育强调了一种选拔功能，教师与人员的精力都用于确定在教育计划的每个重要阶段应淘汰的学生。公共教育体系的顶峰被认为是进入或完成大学教程。"[9]接着又指出："与这种为了选拔目的而使用学校的观点十分不同的见解是：教育的基本功能是使个人获得发展。根据这种见解，学校的中心任务是：发展使学生在一个复杂社会中有效地生活的那些特性。"[10]但是布卢姆在这两种观点面前没有明确地作出回答。我们认为：教育既有挑选功能，又具有发展功能；随着教育的不断发展，特别是受高等教育人数的极大增长，教育的功能将主要是发展。在中国长期的封建社会里，科举取仕的教育是典型的挑选功能。当前教育工作中普通遇到的追求升学率问题，都与教育的功能理论有关。从现代大教育观看，教育要培养和挑选人才，但不是挑选少数人才，更应着眼于使所有受教育者都得到发展，提高全社会全民族的素质，最终达到马克思、恩格斯提出的实现人的全面发展。

其二，教学内容、教学手段的现代化。所谓教育现代化，包括从教育体制、教育结构、学制、专业、课程、教材、教法、教学手段到教育管理的改革。其中，教学内容的改革是根本，教学手段是关键。世界各国都在进行教学内容的改革，以反映科学技术迅猛发展的成就，使年轻一代获得适应科学技术革命发展需要的科学知识。例如不少国家在中、小学设置电子计算机课程。职后继续教育也主要是学习新兴的科学技术，以解决知识老化问题。现代教育不仅要求内容要现代化，而且教学手段也应现代化。20世纪中期出现的教育传播学，应用传播理论与技术，研究和探索人类的教育活动，阐发现代教育的思想观念。它涉及教育的结构与模式、教育设计与组织形式、教育资源的开发与利用、教育的方式与方法等。电化教育是现代教育的重要手段，它利用幻灯、投影器、电影、无线电广播、电视、录音、录像、程序教学和电子计算机等设备进行教学活动。其作用既能提高教学效率，又能提高教育质量，还可以扩大教育规模，节省师资、校舍和设备，加速教育的发展。

四、未来：现代大教育学

现代大教育观是综合20世纪各种教育思想的产物，还处于形成发展过程中，但必将突破传统的教育学，逐步发展成为现代大教育学。现代大教育学在整个教育科学中将处于什么地位，现代大教育学的体系怎么样，都是有待进一步深入研究的问题。现提出一些最初步的设想：

著名科学家钱学森曾将现代科学技术划分为八大部门，每个部门又都分为基础科学、技术科学和工程技术三个层次。[11]根据这种划分方法，现代大教育学和传统教育学一样，都属教育科学的基础科学。与现代大教育学相关的主要分支学科包括：教育哲学、教育社会学、教育心理学、教育经济学、教育管理学、教育传播学、教育未来学等。教育的技术科学层次主要包括教育统计学、教育测量学、教育工艺学等。教育的工程技术则包括各科教学法和思想品德教育法等。

任何一门科学又都可以分为理论解释和技术操作两大部分。就现代大教育学及其他教育科学分支而言，大抵也都包括理论解释和实际操作的内容。过去的教育学主要偏重于理论解释，今后的发展应增强其操作性。“教育系统工程”与“智力工程”等的出现就反映了这种趋势。教育统计学、教育测量学、教育传播学，各种教学法，以及教育经济学、教育未来学中的计算与预测等都可归之于教育的技术操作部分。教育科学作为一门科学，没有坚实的理论基础，对各种教育现象作出科学的理论解释是不成的；同样没有将这些理论直接应用于教育实践的工程技术层次，就很难保证在实际教育工作中的成效。这也是广大教育实际工作者对教育科学的一种期望。这里我们要特别提到20世纪60年代初期与中期，先后在美国和日本诞生的“教育工艺学”[12]（在欧美称为“教育技术学”或“教育工程学”）。这门学科就是对教育过程中可操作的因素，加以分析、选择、组合和控制，以取得最优教育、教学成果。它的研究范围很广，运用自然科学技术成果，进行视听教育研究以提高教学效率；利用心理学、教育学成果，探讨学习程序设计；利用工程学知识，设计有效的教育场所、设备和教具等。

最后必须指出，教育观念的变革与教育研究方式、手段也是密切相关的。完全运用传统的教育研究方式，是难以取得教育科学的重大突破的。现代科学技术的发展，已为我们提供了许多现代教育技术手段，也应当把它应用到教育科学研究中去。“人们运用各种现代教育技术手段，不仅作为媒介扩大和改进了自己的感官的功能，大大丰富了感性认识的内容，而且还可以代替诸如信息存贮、图像识别、数值计算、逻辑推理等人脑的部分思维。因此，它们的应用也必然引起教育科学研究中观察、实验、计算、逻辑推理判断手段和方法革命性的变革。”[13]

庄子说：“始生之物，其形必丑。”现代大教育观正是一种始生之物，尚不很成熟。庄子同时又指出：“其作始也简，其将毕也巨。”我们相信现代大教育观必将形成，愿有志者共同努力。

参考文献

[1] 德意志意识形态. 马克思恩格斯选集（第一卷）. 北京：人民出版社，1972：30.

[2] 游心超. 现代大教育与研究方式更新. 教育研究与实验，1989（2）.

[3] 王虎胜. 宏观教育理论刍议.

[4] 论语·子路.

[5][6] 马克思恩格斯选集（第四卷）. 北京：人民出版社，1972：242.

[7] 萨多夫斯基. 一般系统原理（俄文版）.42–43.

[8] 江泽民. 学习老一辈科学家的爱国精神.1989年8月7日在中南海会见著名科学家钱学森时的讲话. 转引自江西科协，1989（增刊之七）：2.

[9][10] B·S·布卢姆. 教育评价. 上海：华东师范大学出版社，1987:1–2.

[11] 钱学森主编. 关于思维科学. 上海：上海人民出版社，1987:15–20.

[12][日] 坂元昂编. 钟启泉译. 教育工艺学简述. 北京：人民教育出版社，1979.

[13] 李秉德主编. 教育科学研究方法. 北京：人民教育出版社，1987:280.

现代教育的三大基本观念*

20世纪在人类历史的现代化进程中具有重要意义，科学技术的突飞猛进带来了社会生产力的高度发展。当人们回顾20世纪之时，必须承认本世纪的社会政治、经济、文化所产生的巨大变化，人们的生活方式以及一系列观念、观点都在发生变化，都在不断更新，这也是任何事物发展的规律。我们时常讲更新观念，那么观念究竟是什么呢？“观念”一词来自希腊文idea，它是客观事物在大脑中的能动的反映形式。马克思、恩格斯就讲过：“观念的东西不外是移入人的头脑并在人的头脑中改造过的物质的东西而已。”[1] 人在实践活动和认识活动的基础上创造出对象的观念，然后再根据这个观念指导人们的行动，以达到改造和改变客体的目的。观念既来源于实践活动，又对人们的实践活动起着重要的指导作用，因而，我们目前面临的教育改革的核心就必须进行教育观念的变革。那么观念的变革从何入手呢？这里笔者提出三个现代教育的基本观念，它们分别是教育观念变革的视野、目标及其手段。

一、视野：现代大教育观念

从中外教育史考察，过去的教育概念，主要是指成人一辈对婴幼儿、少年、青年的生活生产经验传递，科学技术文化知识传授和道德情操熏

* 载《南京师范大学学报》（社会科学版）1999年第3期。

陶这种社会现象。随着生产力的发展，社会分工的日益精细，一般的家庭教育、社会教育发展为由专门机构从事教育活动的学校教育。17世纪教育才真正从哲学中分离出来成为一门独立学科，但其教育对象仅局限于儿童、青少年的教育，故称之为狭义的教育，或小教育观念。随着生产力的发展，科技的进步，人的完善发展的需要，教育的概念也随之扩展了。过去局限于儿童、青少年的小教育观念，已不符合社会发展带来的广泛得多的教育事实，于是出现了大教育观念。因此笔者在《现代大教育观》一书中，提出了“现代大教育观”这一概念，它“是20世纪出现的一种新颖的教育理论，它将教育看成社会巨系统中的一个大系统来研究，突破了传统的就教育而论教育的小教育观，它采取全方位的观点，系统论的观点，从哲学、政治学、经济学、社会学、文化学、心理学、传统教育学、管理学、传播学、未来学等各个角度，综合地考察研究教育的本质和规律，而不是孤立地将教育哲学、教育经济学、教育社会学、教育心理学、教育传播学、教育未来学等等分支学科一门一门地作静态研究”[2]。在此我们必须弄清它与大教育、宏观教育的联系与区别。大教育体系包括三个层级，即初等教育、中等教育和高等教育；四种类型，即基础教育、普通教育、职业技术教育、成人教育；还有四类形式，即学校教育、社会教育、家庭教育、个人自我教育。但大教育并不等同于现代大教育观，现代大教育观不只是范围上扩大的大教育观念，尽管它也包括这种教育范围的扩大与延伸，而且还有更广、更深的含义。还有一种宏观教育与微观教育的提法，教育理论中的宏观教育是指教育与其外部政治、经济等之间的关系的研究；教育社会学、教育经济学、教育环境学、教育未来学、教育管理学、教育工程系统学等交叉学科，也属于教育活动的宏观领域。这均与我们现代大教育观不尽相同，现代大教育观既包括从各个大的方面宏观地研究教育，也包括微观教育理论在内。所谓微观教育即是教育内部各种关系的研究。

从上述介绍中，我们逐渐地明晰了现代大教育观的内涵和外延。首先，现代大教育观是一种全方位考察的系统教育观，它将教育看作社会大系统中的一个亚系统，多学科全方位综合地考察教育的本质和规律；第二，它是宏观与微观相结合的教育观；第三，它是包括了学校教育、家庭教育、社会教育的广泛教育观；第四，它是一种从生到死的终身教育观，甚至还包括了胎教（如前一段时期曾风靡一时的0岁教育），包括临终教育（目前临终关怀已成为各个国家学者颇为关注的领域）；最后，它是一种突破滞后，力图超前的未来教育观。当然现代大教育观还是一种尚待成熟的新兴的教育理论，可以预言，随着社会的发展，它将日趋完善，这对于发展我国社会主义教育事业具有重要的理论意义和现实意义。

这里特别指出，将未来学引进教育的未来教育观是美国学者托夫勒提出的。当今社会和未来社会是激烈变革的社会，这会使得在稳定惯性系统中习惯了的人们感到不适应，感到一种异常巨大的冲击，为了适应和对付这种未来的冲击，他提出要设计最好的、面向未来的教育系统，从根本上改善和发展人类自身，使之能够适应和对付未来冲击。[3] 教育的主要目标将是提高受教育者适应未来、应付未来的能力，人们仅了解过去和现在已经不够了，必须学会预测、预见和构想未来事物变化的方向和速度。因此未来教育包括以下这些内容：① 对受教育者进行有关未来社会的基本理论教育，提供未来的社会的形象和信息；② 向受教育者灌输未来思想，帮助他们培养未来意识、树立未来观念和养成预想未来的习惯；③ 对受教育者进行有关未来研究、预测方法的教育。总之，教育作为一种社会现象，其发展是按照客观规律进行的，不管未来学家如何描绘未来，客观规律将不以任何人的意志为转移。但是，人类未来应被现代人预测，教育就更不例外，阿尔温·托夫勒的未来观念给人的启迪值得我们思考。

二、目标：全面素质教育观念

提高人的素质，不仅是教育的基本任务，也是经济发展、社会进步和民族振兴的重要条件。正如党的十三大报告中提出的："从根本上说，科技的发展，经济的振兴，乃至整个社会的进步，都取决于劳动者素质教育的提高和大量合格人才的培养。”即将迎来的21世纪，是一个国际竞争激烈的时代，这种竞争不只是综合国力的竞争，更深层地看则是人才素质的竞争，是一个国家整体素质的竞争。我们的教育工作只有纳入到努力提高人的素质的轨道，才有可能提高全民族的素质，才能达到我国社会主义现代化事业胜利成功的目标。同时，综观当今世界教育的现代化，教育的人本化也是一个主导观念，即突出强调学生的个性全面发展的重要性，这里就包括全面提高学生素质。因此从社会要求和人的自身发展来看，必须由“应试教育”向“素质教育”转变。我们还可从现代大教育观看，教育要培养和挑选人才，但不是挑选少数人才，更应着眼于使所有受教育者都得到发展，提高全社会全民族的素质，最终要达到马克思、恩格斯提出的，实现人的全面发展。

我们可从以下三对关系来阐明素质的内容与实质。[4]其一是素质教育与全面发展教育的关系。我们认为素质教育是全面发展教育的具体化，它们的精神实质是一致的。素质教育就是要求学生的德、智、体、美、劳诸方面素质的全面发展。以德育为例，可以分为政治品质教育、道德品质教育和心理品质教育三个层次，因而在德育工作中应具体抓好政治素质、品德素质和心理素质的教育培养。应试教育则只片面地进行智育，而忽视德、美、体、劳诸育。其二是素质教育与“英才教育”的关系。我们认为前者是面向全体学生，要求全面素质的发展提高，而后者是面向少数人的选拔教育。两者的差别是前者强调发展，而后者强调挑选。教育的功能是挑选还是发展，美国教育家布卢姆在《教育评价》一书的开头就直截了当地提出了这个问题，但是他没有非常明确地选择。“我们认为：教育既有挑选功能，又具有发展功能；随着教育的不断发展，特别当受高等教育的人数极大增长，教育的功能将主要是发展。”[5]而且只有全体都发展了，方可能挑选出少数高质量的英才，并发挥包括少数在内的整体效应。其三是基础教育与专门教育的关系。我们认为这两种教育的任务虽然有区别，但是提高学生的全面素质的目的是一致的，只不过基础教育是以提高劳动者的素质作为根本任务，而专门教育在培养专门人才的同时也要重视提高人的素质。从以上三对关系的阐述中，我们可以得知，素质教育摒弃了应试教育、英才教育的弊端，克服了教育功能的单一性，或只重促进经济发展和社会进步的功能，或只重为人本身发展的功能。因此，素质教育同时全面地实现了上述两种功能。

素质教育的意义已经明确，那么人的素质的涵义是什么？从语言学看，“素”可以作构成事物的成分讲，如元素；“质”可以作性质、本质讲，如《礼记·乐记》中的：“中正无邪，礼之质也。”那么人的素质就是指构成人的基本特性的东西。然而素质是心理学的专门术语，指人先天具有的解剖生理特点，主要是神经系统、脑的特性以及感官和运动器官的特性，它是人的心理发展的自然前提和基础。素质中更为重要的是心理生理特点，是一切心理特征形成和发展所不可缺少的自然前提。而现在流行的素质的概念，已经大大地超越了以上范围。所谓素质，既包括人先天的生理特性，也包括后天的心理特征和社会特征，是指人的生理、心理、社会特性品质的总和。人的素质的内涵是非常丰富的，至少可以分为身体素质、品德素质、心理素质、文化素质、技能素质、政治素质、业务素质等几大方面。人是各种素质的统一体，各种素质之间相互联系，相互促进。在学习和工作中是难以孤立地发展某一种素质的。我们应站在提高全民族素质的高度上，努力提高各种素质，以适应现代化建设和现代生活的客观需要。

提高学生的素质必先提高教师的素质。邓小平同志曾经指出：“一个学校能不能为社会主义建设培养合格的人才，培养德智体全面发展，有社会主义觉悟的有文化的劳动者，关键在教师。”[6]在教学活动中，教育方针能否贯彻，培养目标能否实现，教师起着重要作用。教师应该有这种自觉的意识，要提高学生的素质，施行素质教育，自身就必须不仅从文化、技能、业务素质上去提高，更要注意自身的道德品质、人格心理素质的健全发展，而后者又往往被忽视，这恐怕也是受教育者的素质难以全面发展的原因之一。

三、手段：现代教育技术观念

当前，世界教育所面临的一个重大问题是关于教学内容、教学手段的现代化。所谓教育现代化，包括教育体制、教育结构、学制、专业、课程、教材、教法、教学手段、教育管理等方面的改革。其中，教学内容的改革是根本，教学手段的改革是关键。世界各国都在进行教学内容的改革，以反映科学技术迅猛发展的新成就，这就要求教学手段的现代化。20世纪中期出现了教育传播学，应用传播理论与技术研究探索人类的教育活动，阐发现代教育的思想观念。它涉及教育的结构与模式、教育设计与组织形式、教育资源的开发与利用、教育的方式与方法等。总之，现代教育技术手段是一项革命性的内容。

我们知道，任何一门科学都可以分为理论解释和技术操作两大部分。就现代大教育学及其他教育科学分支而言，大抵都包括理论解释和实际操作的内容。过去的教育学主要偏重于理论解释，今后的发展应增强其可操作性。“教育系统工程”与“智力工程”就反映了这种趋势。教育统计学、教育测量学、教育传播学、各种教学法以及教育经济学、教育未来学中的计算与预测等都可归之于教育的技术操作部分。教育科学作为一门科学，必须有坚实的理论基础，对各种教育现象作出科学的理论解释；同时还必须有将这些理论直接应用于教育实践的工程技术层次，以保证在实际教育工作中的成效。这也是广大教育实际工作者对教育科学的一种期望。这里我们要特别提到20世纪60年代初期与中期，先后在美国和日本诞生的“教育工艺学”，在欧美称为“教育技术学”或“教育工程学”（Educational Technology）。它是在20世纪20年代的视听教学，50年代斯金纳的程序教学的基础上发展起来的。60年代后由威尔伯（1907—1987年）命名的教育传播学，以及80年代的计算机应用、信息论、当前的多媒体网络教学均属教育技术学范畴。

80年代初，美国的约翰・奈斯比特的《大趋势》一书中就认为工业社会正向信息社会转化。美国有3%的劳动力搞农业，13%的人搞制造业，而信息产业人员已超过60%。这个趋势对教育提出了一些要求：① 教育重点应转向智力开发；② 掌握自然语言和计算机语言；③ 学会查询、筛选、使用信息，辨别真伪，不至于被不良信息污染。新加坡前两年制定了学校发展IT（资讯科技）计划，以2002年为目标年期，中小学课程的30%的时间用于IT，每两个学生有一台电脑，教师买笔记本电脑，给予40%的津贴。香港行政长官施政报告要求：在五年内，课程中的25%使用新科技辅助教学，由政府培训3万多名科技辅助教学的教师。对电脑拥有量也作了规定，规定每一所小学由15部增至40部，中学则由原来的20部增至82部。从以上一些发达国家和地区的知识网络、信息网络教育情况来看，他们均十分重视信息网络教育的发展，这是值得我们借鉴的。

网络教学是教育技术学当中的热点问题。[7] 网络教学已逐渐在我们的教育中发展起来，近两年来北京就已有近万名中学生参加了网校的学习，其他省市也有不同程度的发展。进网校的热情不仅为了提高学习成绩，而且也是面对新世纪教育改革和学习革命的全方位探索的反映。有的专家认为网络教育改变了传统的教学模式和教学方法，也改变了师生关系。过去的教学多为灌输式，学生被动地听讲，而网络教育使学生从灌输式学习到参与式学习，教学从以教师为中心到以学生为中心。网络教育也便于因材施教，学生可以根据自己的情况在网上自主学习，挑选好的老师学习，享受名师指点。过去联合国教科文组织提出"学会生存"。现在国际21世纪教育委员会提出："21世纪的教育有四大支柱，即学会求知、学会做事、学会做人、学会共处。学习不仅仅是课堂的学习，而且包括一个大学习观。而计算机和网络技术的应用，对培养这种大学习观将起重要作用。"[8] 有专家将网络教育分为三种形式，一是课堂教育辅助工具，如课堂教学的内容、习题、答疑等；二是远距离教育类，它完全离开了课堂，有完整的系列的课程，对成人突破时间限制接受高等教育、职业教育很有利；三是发挥网络技术特长的功能扩充型。目前，课堂辅助教学类最多，社会需求也较大。但网络教育也具有两面性，如网络教育中，感情的交流如何体现，素质教育如何得到全面发展，还有如何抵制网上不良信息对青少年的负面影响。目前，一些地方电脑“黄毒”已溜进校园，这应引起教育界乃至整个社会的关注。学校应加强内部管理，教育学生自觉抵制不良文化诱惑，社会则应加强外部环境的创设与管理。此外，还应注意“为玩电脑游戏”而喧宾夺主。据调查，学生买电脑50%以上是“为玩电脑游戏”，或买来后逐渐变成这样。最后，还有一个涉及网络教育自身性质的问题也被有识之士提出，中国社科院的一位学者谈到，如今的网络教学与以往课堂教学相比并没有什么根本变化，许多教育软件只是对课本的重复。造成这种现象的根本原因是没有突破旧的教育观念，没有深入研究网络教育应如何使学生具有对学习的探索精神并让其充分个性化。基于以上的种种问题，网络教育还亟待人们进一步完善发展。

江苏省对教育手段现代化很重视，而且在中小学的发展很快。目前南京市的中小学在基本实现教学设备现代化上对高校的现状是一个挑战。据《江苏经济报》1998年5月第15期上登载的资料，南京城乡中小学生人均拥有仪器设备350元，人均拥有图书14册，名列全国省会前茅。多年来，他们共投入了资金达十几个亿，这个数字让我们的许多高校也自叹不如。据资料显示，今年5月上旬，全市拥有实验室3 600多个，仪器（器材）室2 600多个，中小学校藏书室900多个，教师、学生阅览室1 100多个。各类先进仪器设备价值达2.2亿元，并拥有图书956万册，此外，还有275所学校装备了收录机，111所学校装备了语言室，其中有4 150个教室装备了先进的录音机、投影仪和屏幕。并且物理、化学、生物的演示实验课开出率达到了85%，自然学科的开出率达到75%。应该说，这些数据显示出本地教育设备现代化发展现状是令人振奋的。尽管现代教育的变革与发展的道路并不平坦，但其前景是无限灿烂辉煌的。

总之，要实现教育改革，首先要实行教育观念的变革。我们必须开阔视野，树立现代大教育观念；明确目标，树立全面素质教育观念；运用科技手段，树立现代教育技术观念。教育观念变革了，才会有真正意义的教育技术突破，两者的结合才有可能真正实现教育现代化。

参考文献

[1] 马克思、恩格斯选集（第2卷）. 北京：人民出版社，1972：217.

[2][5] 杨鑫辉主编. 现代大教育观. 南昌：江西教育出版社，1990：3.

[3] 阿尔温·托夫勒著. 未来的冲击. 贵阳：贵州人民出版社，1985：41.

[4] 杨鑫辉. 心理素质教育是素质教育的重要方面. 江西教育科研，1997(2).

[6] 引自邓小平教育理论学习纲要.

[7][8] 苗青. 网络教育为什么. 光明日报，1998-10-27.

试论开发智力资源*

智力也叫智慧。传统的看法认为它是人的认识能力的总称，包括观察力、注意力、记忆力、想象力、思考力等。开发智力资源的含义则比智力的概念广得多，它包括人力资源的充分利用、科学和教育的发展、人才的培养和使用、智力投资等多方面的问题。目前，各国对它的研究还不很充分，我国的研究也刚刚开始。可以说这是中外瞩目的一个重要课题。

本文将对开发智力资源的意义、途径和怎样开展研究三个方面作些初步的探讨。

一、开发智力资源的重要意义

开发智力资源问题广泛地受到重视，是现代社会生产发展和科学技术进步的必然结果。它对于发展社会生产力，顺利进行四个现代化建设和实现人的全面发展都具有重要意义。

首先，开发智力资源是生产力高度发展的必然趋势。马克思曾经明确指出："生产力里面也包括科学在内。"[1] 很显然，劳动者的科学技术知识水平愈高，他们掌握的生产工具的科学技术水平愈高，那么社会生产力的发展也就愈快；而科学技术知识的获得则是与人的智力发展密切

*载《江西社会科学》1982年第5期。

不可分割的。

随着科学技术的迅速发展，人们愈来愈认识到：要进一步发展生产，搞好国民经济建设，不仅要重视物质资源的开发，更要重视“智力资源”的开发；开发“智力资源”将促进更好地开发“物质资源”，提高社会生产力水平。正如国外有的研究所指出：“现代社会生产是‘智力的物化’，是科学技术智慧表现的物质形式。要熟练地驾驭现代生产力，不仅要掌握科学的基础知识，而且还要具有良好的智力。”[2]

其次，从我国的经济建设来说，开发智力资源是四个现代化建设的客观要求，对于顺利实现四化有重要意义。

我们总结历史的经验，要正确处理经济建设和教育建设的关系，重视“人力资源”的开发，把发展教育事业摆在国民经济建设的重要地位。长期以来，由于把教育事业视为单纯的消费事业，在教育方面投资太少，不成比例，致使经济建设和教育建设严重脱节。人才缺乏，文化落后，已成为四个现代化建设的重大困难。

我国经济建设的实践证明：不懂科学技术，只是蛮干，就会在生产中出现严重后果，“渤海二号”事件就是一个沉痛的教训。大力开发智力资源，依靠科学技术，则能大大促进生产的发展。我国杂交水稻和“鲁棉二号”取得了很大成功。它们的研究，都只花了很少的资金，但一经在生产中大面积应用，一年就增产几十亿斤稻谷、几百万担棉花，获得巨大的经济效益。正如《人民日报》社论指出的：“我们不仅从中看到了我国科学技术在这个领域所达到的水平，而且看到了我们依靠科学技术促进经济发展的巨大潜力。”[3]总之，经济建设正反两方面的经验教训告诉我们，应当高度重视智力资源开发的工作，以便更好地为四化建设和当前国民经济进一步调整服务。

二、开发智力资源的主要途径

现代社会的生产所要求的已不是一般劳动力，而是具有现代科学技术知识和技能的人。开发智力资源的途径是多种多样的，我认为归纳起来主要有下列几种：

1. 学校教育是开发智力资源最基本的途径

现代化建设的关键是科学技术，而科技人员等各种人才的培养又靠教育，所以教育是基础。即使在社会主义社会的条件下，没有适当的教育，也难以造就出大批人才。据不完全统计，现在我国，16岁以下少年儿童约有3亿。再过10年或20年，他们便是祖国社会主义现代化建设的生力军。至于现在高等学校正在培养的各种人才，则更是要解四个现代化建设中的燃眉之急的。

在通过学校教育开发智力资源方面，有三个问题值得特别注意：第一，应当把发展受教育者的创造性智力，作为人才开发的最高目标。恩格斯曾强调：一个民族想要站在科学的最高峰，就一刻也不能没有理论的思维，为此必须发展和锻炼这种能力。毛泽东同志曾要求师生："要把精力集中在培养分析问题和解决问题的能力上。"[4]因此，我们的教学绝不能只是灌输知识，更要培养能力，发展创造性的智力。课程设置、教材编写、教学方法、考试方法等等都要注意这个问题。第二，要重视家庭和幼儿园对儿童的早期教育，使之与学校教育很好地衔接起来。人才成长有早晚，但我们总希望一个人能及早成才。尤其现代科学知识发展的特点是量大、更新快，它使人才老化的年龄提早了。据研究，科学人才发展的最佳年龄一般在30岁左右，因此早期教育显得日益重要。第三，应当把教育投资看成生产性投资，根据国力适当增加教育经费，以便更好地适应国民经济发展的要求。[5]

2. 成人教育是开发智力资源的另一个重要途径

我们党历来重视成人教育。早在革命年代，就有各种政治、经济、军事、技术的学校和训练班，在工农兵群众中开展识字、学文化运动。在四化建设中，干部、工人、农民的文化科学技术教育就更受到重视。据1979年统计，广播电视大学的学生28万人，高等学校举办的函授、夜大学学生人数已经超过文化大革命前的最高年份，农民参加扫盲和业余学习的有2 200万人。成绩是相当大的。

但总的来说，我国劳动者的文化技术水平与生产发展的需要还不相适应。在工业战线上，据部分地区调查，职工中具有大专文化程度的只有3%~5%，初中以下文化程度的占70%~80%，约有半数工人连初级工应有的文化基础也不具备，其中尚有5%的文盲。至于技术人员在职工中的比重则一般只占4%左右，轻工系统还不到1%。农民文化技术水平低的情况就更加严重。农村青壮年约有30%是文盲，有40%是小学文化程度。在几亿人从事的农业中，农业技术人员只有十几万。我们工农业生产的现代化管理水平也很低，学过专业知识的管理干部还不多。[6]

因此，在开发智力资源的事业中，要高度重视成人教育。党的十一届五中全会提出，要不失时机地确定适合国民经济发展需要的教育计划和教育体制。这是总结国内外经验作出的一个重大决策。我们要把成人教育纳入整个教育事业计划，作为重要组成部分。尤其在当前的国民经济进一步调整中，认真抓好企业职工的文化政治学习和技术培训工作，是培养人才的一项战略措施。

3. 自学是开发智力资源的又一条不可忽视的途径

去年中央书记处两次讨论教育问题时都指出：要多样化办学，广开学路，凡达到同等学业水平的人（包括自学在内）都可以经过考试取得毕业证书。中央书记处的这个决定，对于鼓励和推动自学，通过多种途径开发智力资源，多出人才，加速四化至关重要。在我国九亿多人口中，20岁以下的青少年和儿童的数量占将近一半，而目前高中毕业生的大学入学率只有4%。如果从小学入学人数推算，大学的入学率就只有1%。这就是说在100个学龄儿童中，最后只能有一个人进入大学，其余的人都得通过自学的途径来学习专长。在这样一支庞大的自学队伍中间有着不可估量的人才数量。他们是补充高等教育不足的一个重要人才来源，自学是开发智力资源的一条不可忽视的途径。

古今中外，有学历而成才者固然不乏其人，而自学成功者也大有人在，像蔡祖泉由一普通工人自学而成为电光源专家，现在担任复旦大学副校长。据统计，近4年来，我国受表彰的人员中，自学成才的占70%以上。

例如，24岁创立速算法的史丰收，当时只有小学的学历；中学毕业后一直当工人的李蔚萱自学数学当了副教授；文学艺术界在最近几年有较大影响作品的99名作家中，未上大学的占52.6%。以上情况说明，自从有了大学以后，很大一批人才，其中包括一些世界第一流的人才，并不是来自大学，而是由于自学。自学也是一条有希望的成才之路。

为了更好地促进青年人自学成才，我认为有下面几个问题要解决好：第一，加强思想教育，引导青年明确自学的目的，走又红又专的刻苦自学道路。第二，要加强自学丛书的编辑出版工作。既要有基础知识方面的自学读物，也应编写适合自学的各种专业的专门化读物。书籍价格上也要考虑青年、尤其是农村青年的经济负担。第三，要组织好辅导力量。有的地方已采取设立辅导、咨询网点的措施，各级学校，尤其高等学校应在函授教育、业余教育方面多出一些力量。有关刊物可以设立青年自学辅导专栏。第四，要坚决执行对自学人才的考试制度。去年，我国国务院颁发了《高等教育自学考试试行办法》，成立了全国高等教育自学考试委员会，具体负责这项工作。先在北京、天津、上海三市试行。我们一定要坚决实施这一办法，对于高等教育自学考试合格的人，承认其学历，在使用与待遇方面，在授予职称方面应享有同高等学校毕业生同样的权利。

开发智力资源，除了上述主要途径外，还有许多其他途径，例如，加强国际文化科学技术交流，派留学生出国学习，派专家出国访问、考察和合作研究，发挥华侨中专家学者的作用，邀请外国专家学者来我国讲学等。值得特别提出的是，科协所属各种学会和研究会，在开发智力资源方面可做的工作也是很多的。例如，组织科技人员的培训，开展科技咨询服务活动，组织退休科技人员参加各种科技活动，帮助青年们自学成才，等等。

三、开展智力资源开发问题的研究

为了充分发挥智力资源在四化建设中的重要作用，必须积极开展智力资源问题的研究。这是一个需要认真而全面地探讨的问题。我认为至少有两个方面值得特别注意：

一是应在党和国家的统一领导下，多方协作，开展多学科的综合研究。智力资源的开发问题，不是某一个部门、某一个学科所能单独进行的。它涉及社会的许多部门和许多学科。社会生产（包括物质的和精神的）离不开人，离不开人的智力活动，因而都与开发智力资源问题有关。它不仅牵涉文化教育、科学技术、人事管理部门，而且牵涉到国民经济计划部门，以至生产劳动部门。就研究智力资源问题涉及的学科来说也是非常广泛的。可以说凡是有关的智力潜力的挖掘、人才的教育培养、人才的科学管理、文化教育科学经费的投资等问题的学科，都与开发智力资源有联系。

二是必须从我国的国情出发开展工作，党的十一届六中全会的决议中指出：社会主义经济建设必须从我国国情出发，量力而行，积极奋斗，有步骤分阶段地实现现代化的目标。在开发智力资源问题上，也完全应当走这一条正确的道路。对于起步不久的智力资源开发及其研究工作，既不能急于求成，也不能消极等待。应当在党和国家的统一领导下加强计划性，有步骤分阶段地开展工作。有关智力资源开发的各种具体问题的解决，也应有我国自己的办法。例如，加强人才交流无疑有助于开发智力资源，但是我们必须考虑我国社会主义经济要求计划管理，我国的人才交流也必须是有领导有计划的；不能像资本主义国家那样，人才完全自由流动。至于究竟应当怎样组织好人才交流，既统而不死，又活而不乱，还有待在实施过程中摸索经验。又如，在智力资源进口问题上，我们并不拒绝利用别国的力量，但要把基点放在国内，努力开发整个中华民族的智力潜力。

当然，我们在强调自力更生，珍惜自己的切身经验的同时，也应努力研究和分析别国的经验教训，正确借鉴外国的经验。现在世界各个发达国家都十分重视开发智力资源问题。他们把智力投资和人才开发看成是提高生产力的关键，在开发智力资源方面采取的许多措施都有助于开阔我们的思路，可以从中吸取教益。

参考文献

[1] 马克思.政治经济学批判大纲（草稿第三分册）.北京：人民出版社，1963:350.

[2] [美] 林恩 · H · 福克斯，米歇尔 · G · 派里特.对天才青年的指导.外国教育动态，1980(1).

[3] 人民日报社.杂交水稻和“鲁棉一号”的成功说明了什么？.人民日报，1981-5-6.

[4] 引自毛主席1964年7月5日的一次谈话纪要.

[5] 参阅厉以宁.论智力投资的宏观经济效果.中国社会科学，1981(4).

[6] 臧伯平.成人教育在社会主义现代化建设中的作用.红旗，1980(16).

发展大学生的智能问题浅识*

积极发展学生的智能，是当今中外教育界都在研究、探讨的重大课题之一。这个问题解决得好，将成为教学改革的一个突破点；解决得不好，可能使教学改革停滞不前，甚至要吃大亏的。因为“教育既有培养创造精神的力量，也有压抑创造精神的力量”。

在教学过程中，必须着重发展学生的智能问题，并不是现在才提出来的。中外教育史上，许多具有远见卓识的教育家都认为，成功的教学不仅重视知识的传授，更在于强调学生智能的发展。我国古代伟大教育家孔子极力主张学思结合，首创“不愤不启，不悱不发”的启发式教学。北宋的张载则认为“学贵心悟”。这都包含着重视发展智能的思想。18世纪西方国家的教学理论中，出现过“形式教育”与“实质教育”之争。前者重视发展智能，后者只重传授知识。现在越来越多的人倾向取消两者的分离，主张把两者融合起来。随着科学技术的日新月异，出现了所谓“知识爆炸”的情况，这就愈加要求大力发展学生的智能，培养学生自己去获得新知识的本领，从而不断地更新自己头脑中的知识体系。

培养和发展学生，尤其是大学生的智能，是社会主义现代化建设的迫切需要，高等学校的任务是培养各种高级专门人才。大学生的智能发展水平，不仅影响他们当前学习的好坏，而且关系到他们今后能否在实

---

*载《争鸣》1982年第4期。

际工作中充分发挥创造作用。现代化建设要求学校培养出来的专门人才，不但要具有现代科学技术知识，同时要有较高的智能，善于思考，不断创新，以适应科学技术迅猛发展的需要。从心理学的研究情况来看：大学生的智能发展，开始进入一个人智能发展的高峰阶段，它将对一个人的事业发展前途产生重要影响。但是，从我们当前高等学校的实际情况来看，大学生的智能并未都得到充分的发展。不少学生在校的独立学习能力与毕业后的独立工作能力都比较差。在教学工作中，不少教师尚未把发展学生的智能问题摆在应有的重要地位上。这种种情况，更加说明强调发展大学生智能的重要性和迫切性。

在探讨发展智能的问题时，必然要牵涉到能力、智力和智能等概念，而学术界对这些概念的理解至今仍然存在着争论。有的文章用“能力”，有的文章用“智力”，有的文章用“智能”，也有的是二者或三者并用的。

心理学上将能力分成一般能力和特殊能力两种。所谓一般能力是指人的各种认识能力，也称智力。它包括五个基本因素：① 注意力，要求具有范围大、稳定久、分配广和转移快等品质；② 观察力，全面而又精密的观察，在人们的学习和劳动中有着巨大的作用；③ 记忆力，即记忆的速度、保持的长短、重现的准确性、联想的特点等；④ 思考力（思维能力），指抽象概括能力、运用概念进行判断推理的能力；⑤ 想象力，尤其是创造性想象的能力，对创造活动具有重要作用。上述五个方面是人们在一切活动中所必备的一些基本能力，所以叫做一般能力，或称智力（也叫智能）。所谓特殊能力是指在人的某种专业活动中表现出来并保证这种专业活动获得高效率的能力，例如数学、文学、音乐等方面的能力。一般能力和特殊能力是彼此有机地联系着的，可以说特殊能力是一般能力的特殊化和具体表现，一般能力为特殊能力的发展创造了内部条件；反之，特殊能力的发展也积极影响着一般能力的发展。

至于智能的概念，除了作为智力的同义词外，现今在不少文章和文件的用语中，已将它扩展为一般能力（智力）与特殊能力的总称。我主张把智能概念的含义规定为智力和能力的总称。其理由至少有三点：一是智力和能力联系密切，在教学实际工作中培养学生的智力和能力，更是不可分割的。用“智能”来总括“智力”与“能力”，既有利于实际教育工作，又不影响这些概念的科学性。二是这些概念本来就有争论，而教育部门的一些文件和一般教师都将智能作广义的理解。根据“约定俗成”的原则，我们可以这样规定智能的含义。这样对广大教师使用这一概念更方便。三是翻译中可能出现的概念混乱是有办法解决的，以中译英为例，可以这样区别，“智力”译intelligence，“智能”译intellectual ability，至于外语译成中文，只要弄清原文的含义是狭义的还是广义的，就能正确译出了。

那么，智能结构又是怎样的呢？这方面的学说很多。20世纪初，英国心理学家斯皮尔曼用因素分析的方法，曾提出智能的二因素结构，即认为智能是由一般因素（g）和特殊因素（s）构成的。与此相反，美国心理学家塞斯登提出了群因素结构，认为大多数能力可以分解为计算、词的流畅性、言语意义、记忆、推理、空间知觉和知觉速度等七种原始因素。晚近的新理论是美国心理学家吉尔福特的智能三维结构，他认为智能因素是由操作、材料内容和产品三个变项构成，根据排列组合的方法，智能可能包括120种因素。

参照上述理论和从教育工作实际出发，我认为大学生的一般智能结构应由六种基本能力组成，即观察能力、思维能力、表达能力、文献检索能力、实验操作能力、组织管理能力。有的研究者认为，大学生的智能中应包括自学能力和研究能力。我以为这是两个综合性的能力，具有上述六个基本能力，也就具有独立自学和从事研究工作的能力。

观察能力：包括对自然和社会的客观事物以及文献资料的洞察力。发现新问题，是进行创造性活动迈出的第一步。中外许多杰出的自然科学家和社会科学家都强调观察能力的重要性。在伟大生理学家巴甫洛夫的实验室里，就是以“观察，再观察”作为座右铭的。

思维能力：包括抽象概括能力、判断推理能力、想象能力和创造能力。近来有人把思维能力分为辐合型思维和辐射型思维。我们平时的演绎推理属于辐合型思维，辐射型思维则具有更多的创造性，甚至要求找出两个或两个以上可能的答案，也称之为创造性思维。思维能力在智能发展中处于核心的地位，必须着重加强对学生思维能力的培养。

表达能力：包括语言表达能力、文字表达能力、曲线图表的表达能力以及数理计算的表达能力。它们对于交流思想、总结与交流科研成果和从事任何一种工作都是不可缺少的。

文献检索能力：包括查找各种文献资料的能力和熟练地使用各种工具书的能力。社会科学的文献资料和现代科技情报都浩若烟海，必须具有尽快地获取所需要资料的能力。在科技情报手段不够现代化的情况下，这对于提高自学和科研的效率尤为重要。

实验操作能力：包括基本的实验能力和设计能力。这是自然科学各专业学生必备的基本能力，对于从事实验科学、技术工作至关重要。目前由于实验设备不足，学生的此种能力往往更差，应当引起重视。

组织管理能力：包括计划能力，决断能力以及指导管理能力。不具备这些能力，则不能胜任现代的科研工作和现代化生产组织工作。科学技术愈发展，对这方面能力的要求也愈高。

除了上述一般的智能结构，还应考虑不同专业的学生的特殊智能结构。据苏联心理学家的研究，从事数学专业的人应具备下列三种能力：① 对数学材料迅速的概括能力；② 运算过程中思维活动迅速地“简化”的能力；③ 正运算过渡到反运算的能力。从事音乐专业的人的智能也由三个方面构成：① 曲调感，区别旋律的曲调特点的能力；② 音乐表象，即能随意地反映音高关系和音弦关系的听觉能力；③ 节奏感，即感受音乐的节奏的能力。总之，各个专业的学生的智能结构各有其特殊的方面，有待继续深入探讨。在教学工作中，我们必须在发展大学生的一般智能的基础上，同时发展各专业的特殊智能。

那么，我们应该怎样做好大学生的智能开发和培养工作呢？

首先，要有一个正确的指导思想，即要正确地认识和处理好重视“三基”（基础理论、基本知识、基本技能）与发展智能的辩证关系，传授知识时着重培养学生的智能。应当认识到这是当前教学改革的中心问题，发展和培养学生的智能是教学工作的基本任务之一。不能认为只要搞好了“三基”教学，学生的智能发展就瓜熟蒂落，自然而然地完成了。这是智能发展的“自发论”。我们要做“自觉论”者，有意识地积极发掘学生的“智力资源”，努力培养和发展他们的智能。那种把抓好“三基”看成硬任务，把发展智能看成软任务的观点，也是不对头的。成功的教学工作，不仅要教给学生以知识技能，更要交给他们打开知识宝库的金钥匙——发展智能，使他们具有“点金术”的本领。

其次，要了解和研究大学生的智能情况。这绝不只是教育理论工作者要研究的课题，而是每个教师要认真去做的一件重要工作。过去有一条很好的备课经验，就是既要备教材又要备学生。教师只有摸清学生的各种情况（学习态度、知识水平、智能状况等）才能因材施教，取得较好的教学效果。了解学生智能情况的途径是很多的。例如，认真分析学生的作业和考卷，就可以了解到每个学生智能发展的水平和智能特点的一些情况。听取班主任和学生干部介绍情况，直接与学生个别交谈，在有关竞赛活动中观察等都是可行的办法。要研究的问题也是很多的，诸如各种专业所需的最佳智能结构问题、相关学科学习能力的迁移（即相互影响）问题、各年级学生智能特点问题、优秀生的智能特点问题等。

再次，要有计划有步骤地改革教学制度，积极地改进教学方法，以促进学生智能的发展。现行的某些教学制度还不够完善，有的统得过死，不利于学生智能的充分发展，因而需要改革。例如，专业不宜分得过细，文理要互相渗透；适当减少必修课和增加选修课；对某些学生通过自学已掌握某门课程，通过严格考试，让其免修；改革考试制度，不能只考知识，还要考查学生的智能发展水平；试行学分制等。但是有关教学制度的改革，不能草率从事，应当积极而又慎重地进行。

长期以来，在高等学校里有一种倾向，认为大学不必讲究教学方法，只要教师有学识就行了。这种看法是不对的。其实，许多优秀的大学教师，不仅以其丰富的学识和高尚品德受到学生的尊重，而且由于拥有能促进学生智能发展的良好教学方法而受到欢迎。在教学方法问题上，最重要的是实行启发式。要用多种方法去调动学生的学习积极性，激发他们的求知欲。任何一门功课都应当使学生想学、乐学，而不是怕学、厌学。不能只是由于要考试才迫使学生去学，而应当使他们对学习的内容产生直接兴趣。大学教学应是启发式教学。高等学校普遍采用的讲演法，只要能深刻揭示有关基本概念的本质，发掘教材各部分的内在联系，讲解的逻辑性、系统性强，对学术界有争论的问题，能阐明自己的观点供学生独立思考，那么就是富有启发性的。对于作业和试题的答卷，要特别鼓励富有创造性的回答，引导学生摆脱死记硬背的再现型的思维模式，建立灵活运用的创造型的思维模式。

同时，还必须加强实践教学活动，让学生及早参加初步科学研究。实践教学包括实验、实习、社会调查、科研活动、毕业论文和设计等。这些活动可以全面地锻炼学生的观察能力、思维能力、表达能力、文献检索能力、实验操作能力和组织管理能力，是培养和发展大学生智能不可缺少的重要环节。这里需要特别强调的是，要鼓励大学高年级学生参加科学研究活动。此外，还应重视开辟“第二课堂”，加强课外活动的组织和指导。课外活动是课堂教学的延伸和扩展，对发展学生的智能有重要作用。大学生课外活动的内容是十分广泛的，就学习方面的课外活动来说，有专业学习小组、科学兴趣小组、专题讨论会、演讲会、专业展览会、演唱会等。

最后，必须强调指出，研究大学生的智能结构与发展的问题，目的是为了充分发挥每个学生的聪明才智，使他们具备最佳的智能结构，成为社会主义现代化建设的优秀专门人才。因此，应该把发展大学生的智能，同培养德智体全面发展的人才这个目标联系起来。在开发大学生智能的同时，要加强政治思想工作，提高他们的德育和体育水平。只有这样，才能最充分地调动和发展大学生智能的积极性。

素质教育与心理素质教育简论*

提高人的素质，不仅是教育的基本任务，也是经济发展、社会进步和民族振兴的重要条件。正如党的十三大报告中指出的："从根本上说，科技的发展，经济的振兴，乃至整个社会的进步，都取决于劳动者素质的提高和大量合格人才的培养。"即将迎来的21世纪，是一个国际竞争更加激烈的社会，这种竞争不只是综合国力的竞争，更深层地看则是人才素质的竞争，是一个国家的国民整体素质的竞争。我国的教育工作只有纳入到努力提高人的素质的轨道，才有可能提高全民族的素质，才能达到我国社会主义现代化事业胜利成功的目标。正是基于此，国家教育委员会与各级教育行政部门和学校，才着力抓紧由应试教育转向素质教育，以实现传统教育向现代教育的转变，来适应社会发展的客观需要。

综观当今世界教育的现代化，教育的人本化也是一个主导观念，即突出强调学生的个性全面发展的重要性。这里面就包括全面提高学生素质，特别是学生的心理素质。而当前的学校教育仍在"应试教育"的轨道上运行，仍然主要跟着升学考试这根指挥棒转。当然这个问题的存在有其长久的社会历史原因，问题的解决也得有一个过程。我们的教育既要重视促进经济发展和社会进步的功能，也要重视为人本身的发展服务的另一方面功能。"应试教育"培养少数英才，只能够部分地实现前一种

*本文系作者在自己主编的《青少年心理素质教育丛书》中所写的绪论，载《江西教育科研》1997年第2期，标题为编者所加。

功能,对后一种功能是忽视的。素质教育则能够全面地实现上述两种功能。国家教委副主任柳斌同志从理论和实践上对素质教育问题作了一系列论述,对"英才教育"与"应试教育"的弊病进行了深刻的分析。他一再强调:"基础教育的根本任务是提高劳动者的素质。"[1]还指出:"英才教育与应试教育实际上没有大的区别。从考状元那时开始,一直到应试教育体系形成、完善,我国在这方面的经验太丰富了,而缺乏的是搞素质教育的经验……我们的教育不能只着眼于培养少数人,我们的教育主要是提高国民素质。"[2]我们应当在学校教育、家庭教育和社会教育的实践中贯彻这个指导思想。

然而也有论者对素质教育问题提出疑问甚至异议,这是不足为怪的,可以通过讨论研究取得共识。这里至少有三对关系必须弄清楚,其一是素质教育与全面发展教育的关系。我们认为素质教育是全面发展教育的具体化,它们的精神实质是一致的。素质教育就是要求学生的德、智、体、美、劳诸方面素质的全面发展。以德育为例,可以分为政治品质教育、道德品质教育和心理品质教育三个层次,因而在德育工作中应具体抓好政治素质、品德素质和心理素质的教育培养。至于"应试教育"则只片面地进行智育,而忽视德、美、体、劳诸育。其二是素质教育与"英才教育"的关系。我们认为前者是面向全体学生,要求全面素质的发展提高,而后者是面向少数人的选拔教育。两者的差别是前者强调发展而后者强调挑选。教育的功能是挑选还是发展,美国教育家布卢姆在《教育评论》一书的开头就直截了当地提出了这个问题,但是他没有非常明确的选择。"我们认为:教育既具有挑选功能,又具有发展功能;随着教育的不断发展,特别当受高等教育的人数极大增长,教育的功能将主要是发展。"[3]而且只有全体都发展了,方可能挑选出少数高质量的英才,并发挥包括少数在内的整体效应。其三是基础教育与专门教育的关系。我们认为这两种教育的任务虽然有区别,但是提高学生的全面素质的精神是一致的,只不过基础教育是以提高劳动者的素质作为根本任务,而专门教育在培养专门人才的同时也要重视提高人的素质。根据加强社会主义精神文明建设的要求，对照高等和中等专业学校学生的实际表现情况，不正说明专门教育也必须重视要抓好素质教育吗？当然这里首先要求基础教育更要抓好素质教育。上海师范大学燕国材教授就素质教育发表了十多篇文章，收集在他的《教育十论》[4]一书中，对于提高对素质教育问题的认识是大有裨益的。

笔者也一贯重视素质教育，特别是心理素质教育的问题。江西人民广播电台于1992年11月22日起，曾连续广播我就心理素质教育问题答电台记者的谈话，当时我强调指出，提高人的素质包括提高人的心理素质，对个人和社会，从教育、工作、生活等多方面考察都是很重要的，并着重回答了什么是素质，什么是心理素质，怎样提高人的心理素质三个问题。

从语言学看，“素”可以作为构成事物的成分讲，如元素；“质”可以作性质、本质讲，如《礼记·乐记》：“中正无邪，礼之质也。”那么，人的素质就是指构成人的基本特性的东西。然而素质是心理学的专门术语，指人先天具有的解剖生理特点，主要是神经系统、脑的特性，以及感官和运动器官的特性，它是人的心理发展的自然前提和基础。苏俄一些心理学家认为，素质中更重要的是心理生理特点，是一切心理特征形成和发展所不可缺少的自然前提。现在流行的素质概念，已经大大超越了以上范围。所谓素质，既包括人先天的生理特性，也包括人后天的心理特性和社会特性，是指人的生理、心理、社会特性品质的总和。人的素质的内涵是非常丰富的，至少可以分为身体素质、政治素质、品德素质、心理素质、文化素质、技能素质、业务素质等几大方面。人是各种素质的统一体，而人的心理侧面就是个性或人格，其中智力为知的素质，气质为情的素质，性格为意的素质。所谓心理素质，就是指人的心理因素的特性品质，包括知、情、意和人格诸方面的心理特性品质。当然对不同职业的人所要求的心理素质也有些差异，例如，宾馆服务员应具备的主要心理素质是：观察敏锐，语言得体，兴趣广泛，微笑热情，性格开朗，沉着自制，习惯良好等。

应当怎样来提高人的心理素质呢？我以为至少有四条：首先，必须在人的实践活动中发展、提高心理素质。众所周知，心理是客观现实在人脑中的能动反映，是在人的实践活动中发展形成的。因此，人们必须在社会生产的、经济的、科学的、文化的各种实践活动中提高自己的心理素质。对于青少年学生来说，就必须在各种学习活动和社会实践活动中提高自己的心理素质。其次，要发挥自觉积极性，有意识有目的地提高心理素质。如上所述，心理是人脑的一种能动的反映，所以必须发挥个体的自觉积极性，主动积极参加活动，有目的地培养和提高自己的各种心理素质。就青少年来说，教师、家长和学生本人都应对培养提高心理素质有明确的要求，把它作为提高青少年全面素质的重要组成部分来抓，认为心理素质会随着年龄增长而自发发展的观点是不正确的。再次，提高心理素质更具体地说就是要培养良好的心理品质。各种心理过程和个性特征都有一定的品质，我们一定要培养和发展它们良好的品质。譬如说，注意的广度、稳定性、良好的分配和转移是良好注意的品质；思维的广度、深度、独立性、敏捷性和逻辑性是良好思维的品质；意志的自觉性、坚毅性、果断性和自制力是坚强意志的品质。最后，要将提高心理素质与提高身体、政治、品德、文化、技能、业务等素质结合起来。上述各种素质之间是相互联系的，也是相互促进的，在学习和工作中是难以孤立地发展某一种素质的。我们应当站在提高全民族素质的高度上，努力提高包括心理素质在内的各种素质，以适应现代化建设和现代生活的客观需要。

现在，各级各类学校已开始重视素质教育，在提高学生全面素质方面，也包括提高学生的心理素质方面，出现了一些先进典型，取得了一定经验。南京金陵中学是一所有百年历史的名老中学，从1990年起，就制定了关于全面提高学生素质的整体规划。他们不满足于学校的高升学率，着力在提高学生的全面素质上下功夫。今年下半年制订了以学分制为激励机制的高中全面素质教育改革方案，在由应试教育向素质教育转轨的过程中，抓住了校内的制约与激励机制这个关键。提出汉字书写、普通话、英语和计算机四项等级考试，体现了普通教育中强调培养基本能力的精神，很有实际价值，是个突破性的方案。尤其值得提出的是，金陵中学数年前便配备了专职心理学教师，设置了心理健康课程，并自编了教材。他们探索了一套培养学生心理品质的方法：① 情景体验法，创设一种情景或氛围，让学生们从中有所感受或体验；② 角色扮演法，结合教学，让学生准备小品表演与即兴表演，学会扮演角色的行为技巧；③ 讨论分析法，根据教学内容，组织小组讨论，提高分析能力；④ 实践锻炼法，结合教学，组织各种实践活动，如通过“敲响名人之门”和“注意品质训练”等活动，优化学生优良心理品质；⑤ 自评自述法，让学生对自己的某种心理水平和品质进行叙述和评论，如“自我形象谈”，等等。浙江大学于1987年2月在国内首次开设大学生心理卫生课程，经过多年探索，形成了以大学生心理卫生教学为基础，教学、科研、咨询三位一体的心理教育格局，在国内高校中产生了很大的影响。他们认为心理卫生课是一门实践性很强的修身养性的课程，应着力加强心理行为训练，提高心理素质。他们探索出来的主要方法有自我认识训练、行动能力训练和咨询辅导活动。我曾应邀访问过这两所学校，或鉴定、或论证和作讲座，有些亲身的感受，愿意推荐介绍给广大读者。

这里与大家见面的《青少年心理素质教育丛书》，旨在由“应试教育”转向素质教育过程中，提供一套有助于培养和提高心理素质的读物。因此，在编写中力求将心理学理论与教育实际结合，从心理学着眼，落实到教育实践上，贯彻理论联系实际的原则。作为一套面向广大青少年学生、家长和教师的丛书，一方面力求材料新、观点新、体系新，另一方面要能雅俗共赏。本丛书共五卷，约80万字，涵盖了心理素质教育的几个主要方面。它们是：（1）命运之神——人格优化；（2）智慧之门——创造力开发；（3）青春的色彩——情绪自我调控技术；（4）强者的支点——意志教育与培养；（5）成功之术——能力培训。我们将丛书作如上结构体系的安排是由于：人格是人比较稳定的各种心理特征的综合，反映人的精神、心理的总面貌。我们的心理素质教育，就是要培养优良的人格素质，把知、情、意心理过程统一协调起来，建立一种完整和健全的心理结构。心理素质的提高要落实到人格教育和知、情、意心理教育活动之中。

本丛书是在主编主持下，全体编写成员共同努力的结晶。作为我的领导和老朋友的柳斌同志，为本丛书提供了序文，具体地体现了他对素质教育高度重视和关心，也为丛书增添了光彩，对编写者们更是一种鼓舞，谨在此表示最衷心的感谢。丛书的酝酿和编写历时两年，进行了七八次研讨与统稿会议得以完成。责任编辑李学群同志跟郭斯萍、胡秋良、苗元江、王胜桥、杨群参与了策划；郭斯萍、苗元江担任主编助理，做了许多具体工作；正在南京师范大学攻读心理学博士学位的赵凯、郭永玉、汪凤炎同志协助主编统稿。在此谨向以上同志和全体执笔同志的合作与帮助表示谢忱。

参考文献

[1] 柳斌.关于基础教育的思考.上海：上海教育出版社，1992：149.
[2] 柳斌.实施素质教育中的几个问题.教师博览，1996(6).
[3] 杨鑫辉.现代大教育观.南昌：江西教育出版社，1990：11.
[4] 燕国材.教育十论.北京：中国建材工业出版社，1996：260-327.

未来高等教育发展的原则*

教育是社会大系统中的一个亚系统，是全社会的共同事业。20世纪50年代以来，我国一直实行计划经济体制。相应在教育模式上，过分强调计划性、统一性而排斥多样性，这种单一的教育模式如今与社会主义市场经济体制不符合了。从现代大教育观看，我们认为，未来高教发展模式的建立应该遵循以下几个具体原则。

一、以培养人为主导的原则

理论界一致认为，教育的性质和目的规定了学校应以培养人为主导，作为集教学、科研、社会服务等多种职能于一体的高校，培养人应是它最主要、最根本的职能。

“努力提高全民族的素质，多出人才，出好人才”，这是改革和发展教育的目标。我国的教育目标明确规定培养德、智、体、美、劳全面发展的人才，但是实际追求的目标却往往与规定目标相悖。年年和学生见面的计划都是仅从教学角度考虑的，这就给人们一种强烈的印象：智育的计划是实的，其他的计划是虚的。这样致使德、智、体、美、劳全面发展的教育目标得不到真正有效的贯彻。

*本文系与罗红雨合作而成，曾在全国性教育学术会议上报告。载入《中国高等教育办学模式研究》一书，教育科学出版社1993年版。

另一方面，在经济浪潮的冲击下，有些学校把握不住总体方向，对以培养人为主导的教育目标有所动摇。于是，在某些高校里，一时“经商”泛滥成灾，教书育人被摆在次要位置，昔日为学生提供学术讨论的墙报被铺天盖地的商品广告所代替，有的行政人员在办公场所卖衣服；有的副教授在校园里摆烧饼摊；有的图书馆人员也“生财有道”，对来看书的学生收起了“买路钱”；有的教室里通报商业信息的BB机刺耳乱响……无怪有人哀叹学校已不成学校了，对教育目标的贯彻自然是子虚乌有了。因此，在当前市场经济的冲击下，摆正教育的功能，坚持以培养人为主导的原则，提高教育质量，这是多出人才，出好人才的关键。

遵循以培养人为主导的原则，教育结构的调整、学校的合理布局等一切教育改革措施都要考虑有利于学校办学水平和学生素质的提高；办学条件的改善，建立适应性更强的师资职位，都要为促进学生德、智、体、美、劳全面发展服务，使教育从过去单纯传授知识转变到全面提高学生素质上来；重视进行价值观、竞争观、人的行为规范的思想教育，从小培养学生高尚的情操，树立爱国主义、集体主义观点，提高运用所学知识分析问题的能力，使学生不仅成为对祖国有用的人才，也能适应21世纪世界竞争的需要。

二、教、科、经三结合体制的原则

很长一段时间里，我国高等学校一直是以教学与科研为中心，而忽略了为社会经济服务与经济效益，科研成果大多数是做在论文上，束之象牙塔。如今，随着市场经济的发展，高校两结合的体制是显得过于僵化和单一了。

现代生产以科技为前提，而发展科学技术需要人才，人才要靠学校尤其是高校的培养，这是一个相互制约的循环结构。从超前意识看，教育通过对社会“输出”人才来换取社会对教育的更大“输入”。教育是经济发展的前提，经济发展是教育获得活力的物质基础。学校为社会服务，不仅可以促使教学科研的兴旺，加速人才的培养，还能够使大学生自身在经济上获益，教学、科研与物质生活得以改善。因此，教、科、经三结合的体制是我国乃至当今世界各国高教发展模式的建立应遵循的原则。

实际上，近几年来，高教正处于向教、科、经三结合体制的转变之中，教学、科研正逐步面向经济建设，为经济发展服务，大学教师以致大批在校的大学生也把眼光投向经济建设。据对17所高校的不完全统计，两年来学校承接并完成了5000多科技服务项目，如华东工学院学生取得的科技成果，有18%通过省、部级鉴定或获奖励，北京科技大学学生的科技发明3.8%获得专利。可以表明，在教师和大学生中蕴藏着丰厚的科技开发能力，而教、科、经三结合的体制正为这种潜在的能力转化为生产力，直接为经济建设服务提供了渠道，反过来，经济服务活动必定会促使高校的教学、科研不断发展。

按照教、科、经三结合体制的原则，对高校的管理体制提出了改革要求，从而建立与之相适应的高校管理体制和运行机制。我们认为，对高校任何方面的改革，都必须遵循以培养人为主导的原则，以不影响教育根本任务的完成为前提，以提高教育质量为目的。有些同志提出“一校两制”的高教管理体制，即“学校的教学、科研工作和产业实行不同的运行机制”。我们认为，这种提法值得商榷，如果把教学、科研与产业运行机制分开，是否会造成不利于教育根本任务完成的后果？这又是否与“一厂两制”即在工厂办学校的性质有混淆之疑？学校所办的一切不能离开培养人的目标，当然不可与企业、实体相提并论。

三、多模式发展原则

社会、经济发展的多样化必然导致教育发展的多样化。我们在“现代大教育观”中曾提出应从多学科、多角度综合地考察，研究教育的本质和规律。高等教育也应实现从单一化模式向多模式的转变，以适应不断发展的社会经济，这是高教发展必须遵循的原则。多模式的发展主要包括以下几个方面。

1. 办学形式的多模式

我国目前的高校教育基本上是由政府包揽办学的格局，以致出现管理过死、经费不足等问题。《纲要》明确提出要改革办学体制："高等教育要逐步形成以中央、省（自治区、直辖市）两级政府办学为主，社会各界参与办学的新格局"；对于含高教在内的职业技术教育和成人教育"主要依靠行业、企业、事业单位办学和社会各方联合办学"。在具体做法上，政府应鼓励多种形式的高等教育，如电大、夜大、函大、业大、职大等，采取大力扶持，正确引导的方针，在评奖、评比等管理工作与其他学校一视同仁。

2. 招生、就业制度的多模式

在招生制度上，改变全部按国家统一计划招生的体制，实行国家任务计划和调节性计划相结合，逐步扩大招收委托培养和自费生的比重。在成人高教的招生上，以招收在职、从业人员为主，结合成人特点，逐步改革招生考试办法。

在就业制度上，改革高等学校毕业生"统包统分"和"包当干部"的就业制度，实行少数毕业生由国家安排就业，多数由学生"自主择业"的就业制度，这种招生、就业制度从单一模式向多模式的转变，不仅符合社会发展的需要，也对高校的自身发展有着积极的促进作用。

3. 结构、布局的多模式

结构、布局的多模式，就是根据地区经济文化发展的层次优势，确定该地区的高教结构、布局，特别是像我们这样一个地域辽阔、人口众多的国家，决不能从南到北、从东到西一刀切，要逐步形成在教育水平、专业结构、组织形式等方面的目标各异的、灵活多样的教育结构。

四、基础与应用相结合的原则

高校教育目标的实施，主要体现在教学与科研的内容上，它们都包括基础与应用两方面，如何摆正两者的关系，对于建立高教发展模式至关重要。

过去，我们模仿苏联的学科设置，偏重基础学科而忽视应用学科，致使许多大学毕业生在工作中用非所学。在经济迅速发展的今天，就必须改革高校专业、学科的设置，调整基础与应用的关系，按社会和市场的需求加快发展应用型、技术型专业，在某些综合性大学里，改变以文、理为主的结构，向文、理、工、经、管、法结合的综合方向发展。

以中国人民大学的学科改革为例，中国人民大学从20世纪50年代起开始建立讲授计划经济的各学科，改革开放以来，随着大力发展商品经济，通过借鉴西方市场经济国家的经济和管理各学科的理论，在内容上已经有了很大变化，删减了一些严重脱离实际的基础学科，适当增加了应用学科。

另一方面，在学科设置的改革上，一定要克服急功近利的思想；要着眼于未来，在大力向应用型方面转化的时候，千万不能放松基础学科。基础研究是一个长线的积累过程，有些甚至要靠几代人的努力，基础学科的研究每前进一步，都会使人类对自然和社会的认识深化。它虽不能立竿见影，但对整个国家的长远利益却是很重要的。所以，有关部门在作学科、专业、科研规划时，要统筹考虑基础与应用，使两者各显其能。

五、高校自主办学的原则

高等教育的许多方面都亟待改革，如果不进一步扩大高校的办学自主权，确立高校的法人地位，一切改革措施都难以贯彻，自然谈不上新的教育发展模式的建立。

《纲要》中明确提出，“使高等学校真正成为面向社会自主办学的法人实体。在招生、专业调整、机构设置、干部任免、经费使用、职称评定、工资分配和国际合作交流等方面，分别不同情况进一步扩大高等学校的办学自主权”。此外，在中央与地方、国家教委与中央各业务部门之间的关系上，提出深入的改革规划，以逐步建立政府宏观管理，学校面向社会自主办学的体制。

按照《纲要》精神，政府指导、组织、协调、信息服务、检查督导的职能对学校的直接行政管理转变为宏观管理，逐步建立高教评估、督导制度，形成一个具有导向、激励、推进和鉴定等效能的机制，实现管理的规范化、民主化和科学化，逐步形成主动适应的运行机制和自我发展、自我调节的机制。总之，高校在被赋予办学自主权后，更能充分发挥其各项职能，是建立新型的高教发展模式必须依据的原则。

遵循高校自主办学的原则，在具体做法上，各省各校都在探索，做到政、事分开，尊重学校的法人地位。

六、教育的未来与国际化原则

邓小平同志关于教育三个面向的指导思想，将教育的现代化与面向世界、面向未来相联系，这就是我们理解的教育的未来与国际化原则。教育，特别是未来的教育具有全人类、国际化的性质，任何人都不能将教育封闭在一个狭隘的国别、地区的范围内。由于现代经济发展的国际化趋势，教育国际化的思想日渐受到重视，并开始了愈来愈多的交流合作。高等教育由于其具有科研和技术开发，并培养直接参加国家建设的高级人才等职能，因而更加贴近社会和经济生活，从而在国际交流合作舞台上理应捷足先登。但是，我国高等教育的国际化还是相当有限，这种状况是与我国当前的政治、经济形势相违背的。

通过教育国际化，有利于我们认识自己的不足，从而促进高教的发展。各国的高等教育在培养目标、课程设置、教材内容、教学方式等方面既有特点也有不足，譬如，中国较重理论教学，美国较重学生的实践能力，各自都有优势和不足，只有改变各成体系的封闭模式，加强国际间的交流合作，才有引进和吸收他国先进教育理论、教育技术及其成功的教育经验。《纲要》中也提出要进一步扩大教育对外开放，加强国际教育交流与合作，并继续扩大派遣留学生。这些都为中国的高等教育纳入国际教育交流圈中提供了条件与渠道。

我国教育正努力向国际化发展，有些学校已取得了可喜的进展。在我国最南方的海南省成立了一个中国国际儿童智力开发中心（计划发展含高等教育），他们构想在美、德、俄等国家和香港地区设立分支机构，与当地教育机构开展对等交流，相互交换老师、管理人员和学生，使学生感受、接触不同文化背景下的教育，培养学生不仅能担负起我国社会主义现代化建设的任务，而且能迎接国际竞争的挑战。

总之，教育国际化是构想新型的高等教育发展模式不可忽略的一个原则，在课程设置、教育方法、教学技术等方面的制定上都应得到贯彻。

中国心理学发展史上的丰碑之作*

——读《中国心理科学》

由王甦、林仲贤、荆其诚主编的《中国心理科学》，已由吉林教育出版社出版了。它的出版，圆了我国心理学界几代人的梦，这部以总结我国建国40年来心理学研究成果为内容的、洋洋170余万字的巨著，可谓是中国心理学发展史上的丰碑之作。

编辑出版《中国心理科学》是中国心理学界的一件大事，也是一项牵涉到方方面面的大工程，因此备受众多心理学工作者的关注。新中国成立以来，特别是度过"文革"恢复心理学教学和科研以后，虽然我国心理学界基本上每隔十年左右均有一些关于心理学某一分支学科的回顾与总结性文章问世，但是，相比较于前苏联的《苏联心理科学》和美国的《心理学年鉴》来说，我们总感到些许遗憾。几十年来，我国心理科学获得了巨大的发展，在这世纪之交之时，如何总结建国40多年来我国心理科学各个领域发展情况及取得的成果，为后人留下一部具有划时代意义的有重要影响的著作，则成为每一个心理学工作者必须认真对待和严肃思考的问题。也许正是由于这种神圣的使命感，我国著名心理学家王甦、林仲贤和荆其诚牵头率国内近五十位有关领域的专家共同完成了这一事业，其精神可敬可贺。

---

*与赵凯合作，载《心理学报》1998年第3期。

《中国心理科学》是一部内容丰富、涉及的分支学科齐全、收录文献广泛的有重要价值的大型心理学专著兼文献工具书，不仅广泛地反映了我国心理科学40年来的发展情况与成果，而且有深度地对其进行了分析和综合。具体说来，该书有以下几个特点。

其一，这是一部权威性很强的著作。为了推进本书的编纂工作，中国心理学会成立了《中国心理科学》编辑委员会，并按心理学分支下设九个学科组，从主编、编委到学科组组长和各篇文章的撰稿人，均为各有关领域专家。全书各文的编写大纲经各学科组分别讨论通过，文章初稿经学科组讨论后由撰稿人修改，同时在整个编写过程中向心理学界各有关领域专家广泛征求意见，最后由编辑委员会定稿。

其二，这是一部系统性、概括性很强的著作。为了系统、全面、概括地反映40年来我国心理学事业的发展，本书从我国心理学的实际情况出发，按一些心理学分支学科设置专题来进行撰稿，所涉及的心理学学科有普通心理学和实验心理学、理论心理学和心理学史、生物心理学、发展心理学、教育心理学、社会心理学、医学心理学、工作心理学以及体育运动心理学等共九个分支学科。并通过34篇文章，使我国心理学发展的全貌得到比较确切的反映和比较完整的记述。

其三，这是一部实用性很强的著作。说《中国心理科学》是一部大型文献工具书确是名副其实。为了使读者更好地了解我国心理学的发展，本书作者在编写过程中，采用了比较合理的结构和体例，诸如尽可能具体而广泛地阐述各领域的研究成果，配以必要的图表并在文后列出较完整的参考文献。这样不仅保证了书中各种资料或文献的真实可靠，而且便于读者理解和查阅，因而本书兼具手册的性质。同时，按专题进行撰写，以及参考文献按作者和年份排列供读者备索，也使本书资料工具书的性质得以充分体现。

其四，这是一部兼具广度和深度的著作。从该书目录上看，本书涉及九个心理学分支领域，每个领域都是若干主题所构成，共计33个，而所涉及的国内学者的研究则多达两千余个，几乎涵盖了40年来所有重要的研究。另一方面，在介绍这些研究时，又并非是简单的材料堆积，而是作了较全面的分析和概括，并给予了客观而公正的评价。

此外，作者对我国心理科学的热爱和熟悉，使得他们能够很好地驾驭材料、把握角度，从而不仅在全书的整体内容和形式考虑上能够既保证全书的完整性，又不失每个主题的相对的独立性，而且在对材料进行分析和概括时，分析的视角独特而又准确，概括的程度全面而又深入。

其实，在我们这些从事心理学史研究的人看来，《中国心理科学》还是一部很好的心理学史方面的著作，是一部反映1949年以来中国心理学发展史的著作。首先，从专题学上来说，它包括了有关分支学科的心理学研究，也包括了有关专题、有关学者的心理学研究。其次，从系统学上来说，它包括了按时间顺序并对各个时期或阶段有关课题的系统研究，也包括了按专题、分支学科作总体考察的系统研究。最后，从文献学来看，该书每个专题后所附的参考文献的整理与归类，都具备了典型的文献学意义，等等。因此，在目前很少有关于中国当代心理学史方面研究成果的前提下，这本书至少可以在一段时间内发挥其他著作所难以发挥的作用。特别是对于那些想了解当代中国心理科学的国外同行来说，对于那些研究中国科学发展的仁人志士来说，以及对于那些研究或学习中国心理学史的学者或学生来说，这本书不失为一本首选之作，颇有诸多值得学习、借鉴、记取或深思的地方。例如，书中首篇文章《中华人民共和国成立40年来的心理学发展》则可以让读者在很短的时间里，对中国的心理科学事业有一个粗线条的、梗概式的了解，也可由此发现中国心理科学事业所走过的道路。

总之，在中国心理科学发展到现今这样一个较高的水平之时，《中国心理科学》的出版不啻是对我们每一位心理学工作者的最好的鼓舞，诚如《中国心理科学》前言中所指出的："从学术上总结我国心理学这40年的研究成果，肯定成绩、发现不足，可以使我们明确我国心理学进一步发展的方向，促进我国心理学迅速发展。"愿此书与此目的同存；愿《中国心理科学》将所有研究、学习或关心、喜爱心理学的人带入美好的21世纪，愿中国心理科学在21世纪获得更大、更迅速的发展。

论高校就业指导*

就世界范围说，职业指导作为一种专门知识和社会工作，起于20世纪初的美国。1908年，美国的帕森斯（Frank Parsons）率先创立波士顿职业局，1909年，他又出版《选择职业》（Choosing Avocation）一书，帮助和指导人们选择适合自己的职业。认为一个人的职业必须与其本人的兴趣、能力和个性相符合，即要遵循“人—职匹配原则”。近一个世纪来的职业指导，其理念和方法都有很大的发展，至今仍是世界各国学校广义的心理咨询工作的重点。

人们的一切活动,当然也包括比“职业指导”更加宽泛的“就业指导”工作在内，都必须适应和促进社会进步与经济发展。经济是一切活动的物质基础,我国现代化建设就是要求以经济建设为中心的。我们教育部门、高等学校职业指导的领导和工作人员，虽然不必专门研究经济学等有关学科，但是，必须关注和了解社会经济的发展形势，懂得高等学校的专业教育怎样去应对，满足社会经济的发展与需要。只有这样，我们的就业指导才能适应形势，因势利导，取得成效。因此，关于就业指导工作的研究，涉及心理学、教育学、经济学、社会学等多学科的综合探讨。

从近几年来的情势看，高校毕业学生的就业压力凸显，形势比较严

* 载《南通大学学报》（教科版）2007年第1期。本文初稿曾应邀在广东省高校就业指导研讨会上报告（在南京举办）。

峻，迫切需要多方努力，筹谋对策，采取措施。根据公布的有关统计数字，兹列出近几年高校毕业生数与待业人数统计表如下：

年份	毕业人数	待业人数	待业比率
2001年	115万	34万	29.5%
2002年	145万	37万	25.5%
2003年	218万	52万	24.5%
2004年	280万	69万	24.6%
2005年	338万	79万	23.4%
2006年	413万		

表中指明，前五年的待业比率占高校毕业人数的24%左右，这是非常值得重视的问题。也许由于统计标准、口径不同（例如，进什么性质的单位，是否包括个人创业，是否当年统计等情况），国家人事部公布的2005年高校毕业生的就业率是87.7%，即待业率仍有12.3%，也是需要积极抓紧解决的。另据2005年8月报道，全国有高校本专科学生1 400万人，其中困难学生270万人。而2000年至2005年7月，国家给予的贷款是50亿元。若这些困难学生中有人是待业的，其困难更是可想而知。2006年政府出台高校毕业生在9月1日前尚未就业者，可先领取最低生活保障金，这是一个积极的举措。但是，从长期性来看，关键还要从拓宽渠道来根本解决就业问题。

在当前高校毕业就业形势比较严峻的情况下，我们应当怎样正确认识和积极指导就业呢？笔者的基本思考是：正确认识形势，全面分析问题；按需调整专业，加强实用技术；更新就业观念，拓宽就业渠道；找准职业定位，讲究求职方法。

一、正确认识形势，全面分析问题

不畏浮云遮望眼，只缘身在最高层。

——王安石《登飞来峰》

这两句诗的原意是：我不怕浮云遮住望日的眼光，因为我本来站得很高，站得高就望得远。此处引用在于说明，对当前社会经济发展与就业形势的认识，要站得高看得远，才能得出正确的看法。

人类社会已经经历了农业社会和工业社会，目前已进入信息社会，从而使当今社会处于一个新经济的时代。所谓新经济，是指以信息技术为主的一场新的技术革命和产业革命，它将改造传统产业，以信息化带动工业化，带动农业和服务业现代化，并推动经济全球化。新经济开始于美国，前几年，美国以高科技为基础的产业创造的财富占国内总产值的75%以上。现在欧盟组织、经合组织等都认可新经济，中国、印度等发展中国家也加入信息化行列。正如江泽民同志在第16届世界计算机大会讲话里所说："在推进信息化的过程中注重运用信息技术改造传统产业，以信息化带动工业化，发挥后发优势，努力实现技术的跨越式发展。"我国正是在这个经济大背景下加入WTO的。

我国已经确立了以科学发展观和构建和谐社会作为统揽全局最重要的战略思想。我们从事政治的、经济的、文化的各项现代化建设，都必须按照自然的、社会的客观发展规律办事。党的十六届六中全会公报指出："社会和谐是中国特色社会主义的本质属性，是国家富强，民族振兴，人民幸福的重要保证。""必须坚持以经济建设为中心，把构建社会主义和谐社会摆在更加突出的地位。"我国现代化建设的事实表明：国民经济连续快速增长，社会事业全面发展。以今年第一季度的情况为例，根据国家统计局负责人发布的数据列表如下：

GDP增长	9.7%
城市人均可支配收入增长	12.1%
农村人均增长现金	13.2%
外贸出口增长	34.1%
外贸进口增长	42.3%
消费价格上涨	2.8%

当然经济发展中也存在着一些问题，如收入距离拉大，城乡发展不平衡，环境受到破坏，就业压力增大，同时也存在“唯GDP”发展思想。应当采用联合国提出的人文发展指数（HDI），包括健康寿命、知识水平和生活水平的综合指标。深圳市提出的包括经济效益、社会效益、生态效益等的综合指标体系也是可取的。

新经济又称“知识经济”、“信息经济”、“数字经济”、“网络经济”，其发展的关键是需要大量的相关人才。美国劳工部预计，美国需要100万掌握软件技术的人才，每年至少需要9.5万名电脑专家。欧洲每年缺少123—156万信息技术人才。日本估计近十年缺少200万科技人才。北京中关村及周边地区聚集有50万科技人才和研究人员，超过了美国硅谷。但就我国是一个13亿人口的大国，随着新经济的发展需要的科技人才比其他国家会大得多。然而当前我国经济增长却出现了高校毕业生就业难的问题，原因何在呢？

根据2006年8月28日，国家统计局有关负责人答新华社记者问提供的数据，可以列出一个“经济增长对就业拉动下降”的统计表。

时间	GDP年均增长	就业年增人数	就业弹性系数	就业增加人数
“九五”	8.6%	804万人	0.13	94万人
“十五”	9.5%	748万人	0.11	80万人
2005			0.08	63万人

（注：就业弹性系数，指经济每增长一个百分点，可带动就业增长的百分点数。）

造成就业人数减少主要有以下五方面的因素：① 城乡二元结构影响了就业规模的扩大，农民工进城已超过了1亿人。② 经济结构升级和资本构成提高，减弱了对劳动力的接纳量。③ 第一产业就业人员逐年减少。④ 企业改制、关闭破产使就业岗位减少。国有单位，1995年有职工1 1261万人，2005年只有6 488万人，减少4 773万人。集体单位，1991年有职工3 628万人，2005年只有810万人，减少2 818万人。⑤ 人才素质与市场需求的结构性矛盾影响了就业规模的扩大。当前高校毕业生就业难就是在这种大的形势下出现的。应当相信，随着社会经济的继续发展，经济结构和教育专业结构的调整和完善，人才素质的提高，大学生就业难的问题是能够逐步缓解和妥善解决的。我们也应当反思学校专业设置与就业指导诸方面的问题。

二、按需调整专业，加强实用技术

汝果欲学诗，功夫在诗外。

——陆游《示子遹》

陆游这行诗的意思是：不能就诗论诗，要写好诗必须先有诗外的对生活的深刻体察。它启示我们，就业指导的功夫，还得先有学校专业设置要适应社会需要和教育质量的提高。从当前高校毕业生就业难的现象和数字两方面进行反思，不难发现高校现有的专业设置，仍有不适应社会经济迅速发展的情形，甚至有的是脱节的现象；也不难发现我们的教育质量也有待进一步提高。

现象反思：今年的人才市场上，出现了“有些人找不到工作，有些岗位又没人去做”和“大学生抢单位，职校生单位抢”的现象，以2006年8月南京职校招聘情况为例，2006届毕业生98%的人已经找好就业单位，尚未找到的还有补录，招聘现场800个岗位争抢450个毕业学生，而且月薪也直逼本科毕业生。据调查，职校生的就业率和各类毕业生的平均月薪情况如下表：

职校生就业率	
2004年	93%
2005年	94.7%
2006年	98%

各类毕业生平均月薪	
本科生	1 200元/月左右
专科生	700~1 000元/月
职校生	1000元/月左右

就高校的情况而言，人才市场需要的高科技人才和实用型人才还是缺乏的，并且用人单位对这方面人才的基本素质又是高标准的，这样此类人才就显得更加紧缺了。

数据反思：中国劳动和社会保障部今年第二季度提供的三组人才需求数据，更告诉我们，高校必须根据社会经济发展需要调整专业结构，加强培养高科技人才和实用型人才，才能较好地解决高校毕业生的就业问题。这三组数据分别是：不同产业需求人数比率；不同性质单位需求人数比率；高、中级技术人才需求倍率。列表如下：

不同产业需求人数比率		
一产业	二产业	三产业
2.6%	31.5%	65.9%

不同性质单位需求人数比率		
企业	机关、事业	其他
95.7%	0.9%	3.5%

高、中级技术人才需求倍率		
高级工程师	高级技师	高级技能人员
2.08	1.96	1.71

未列入表中的，如营业人员、公路运输、机械设备操作、行政事务人员等的职位需求量都相对较小。以上情况说明，高等学校文、理、工各种专业设置的比例，专业理论方向和应用方向的比例等专业结构问题，是有待深入调查研究的。从学术发展看，要有长远的战略安排，不能当前社会上缺什么就搞什么，不能忽视基础理论研究。从市场紧缺需求看，又必须广泛重视技术人才、应用型人才的培养。一定要找到很好的结合点，妥善地进行专业结构的调整和专业学习内容的安排。所以它不是学校职业指导机构及指导人员所单独能解决的，必须引起高校决策层的重视并

纳入议事日程。

用人单位不仅要求求职者有较强的专业才能，同时要求有良好的思想品德素质。有报道概括说："企业不喜欢三类毕业生"：就业不久就跳槽，企业花人力、物力、财力招聘、培养，有的不到一年便辞职，企业损失大；会做事不会做人，智商高，情商低，缺乏合作精神；只索取不奉献，工作挑三拣四，只追求高待遇福利。这从一个侧面说明，应要求高校平时加强对学生的思想教育工作，提高学生做人的基本素质。

以上所述（调整专业结构和提高基本素质）对高校就业指导而言，都是"功夫在诗外"的工作，也是必先积极解决的问题。

三、更新就业观念，拓宽就业渠道

问渠那得清如许，为有源头活水来。

——朱熹《观书有感》

宋诗的特点是在形象中寄寓深刻的哲理趣味。朱熹的这首小诗，借池塘水是因为有活水注入，比喻思想要不断接受新事物，保持活跃与清醒。我们要有新的观念去面对当前就业形势中的新情况，应对当前出现的新问题。过去有些人以为只要职业指导人员，加强对毕业生就业求职方法、技巧的指导，就可以取得毕业生就业工作的较大成绩，这是一个误区。其实首先要解决的是就业观念问题，其次才是求职就业的方法、技巧等方面的问题。正如马克思、恩格斯在《德意志意识形态》中所指出的："思想、观念、意识的产生最新是直接与人们的物质活动，与人们的物质交往，与现实生活的语言交织在一起的。观念，思维，人们的精神交往在这里还是人们物质关系的直接产物。"

应当更新哪些就业观念呢？

1. 丢掉主观"精英"就业意识。许多大学生、研究生的就业期望值偏高，跟客观实际脱节。片面地认为自己是"精英"，不应当到自己不愿到的地区和单位去工作。为了拓宽就业渠道，首先要改变片面的地域观念，一味追求大城市和发达地区。青年人应当志在四方，面向基层和不发达地区，以参与振兴这些地区为己任。其次，面向集体性质、民营性质的中小型单位。第三，要改变狭隘的专业对口观念，转变为相近的，交叉的广义的专业对口观念，尤其是遇到所学专业当时社会需求量较少的情况更应如此。总之，我们要认真贯彻2005年6月29日，中办、国办印发的《关于引导和鼓励高校毕业生面向基层就业的意见》，拓宽就业渠道，放下架子低姿态进入社会，在平凡的岗位上寻求发展。我们不能鄙视任何工种，但是对于大学毕业生去卖肉、当保姆、擦皮鞋等之类的事情要有全面正确的看法，这些不是高校培养的目标，不要炒作。

2. 树立发展的动态就业观。要引导高校毕业生改变“一次就业定终生”的传统观念，认识就业是一个发展的动态过程，职业是可以改变的。鲁迅学医成了文学家，齐白石做过木匠后来成了画家。就业和失业可能在有些人身上会交错出现，职业也可能发生变化，因此可以“先就业，后择业；先生存，后发展”。俗话说“树挪死，人挪活”就是这个意思。有了这种认识，就不会不顾你当年所面对的就业形势，而片面固守你原定的职业目标。你可以根据情势修正目标，或者通过发展分阶段去达到目标。但是不能就业后便这山望着那山高，频繁跳槽。那样既不受单位欢迎，也不利自身发展。

3. 变被动就业为主动创业。这就是“找饭碗不如造饭碗”。国家教育部、劳动社会保障部、人事部等部委及许多地方政府，相继出台有关政策，鼓励和帮助大学生自主创业，灵活就业，实现自我价值。大学生创业既有成功的典型（这是主流方面），也有失败的典型。例如，华中科技大学新闻系大三学生李玲玲，1999年7月因高杆喷雾器和防撬锁两项专利，成立了天行健科技开发公司，2000年又创办了中国大学生创业网。上海大学生傅章强，1998年初是上海海运学院二年级的研究生，靠着3台电脑创业，2000年3月成为第一家入驻浦东软件园的公司。然而广东大学生卢伟麟、南京大学生陈锋伟，在创业中均因非法行为而身陷囹圄。这告诉我们：对于大学生创业既要鼓励又要进行正确的引导，使之朝着健康的道路发展。

四、找准职业定位，讲究求职方法

工欲善其事，必先利其器。

——《论语·卫灵公》

论语中的这句话告诉我们：要很好地完成某项任务，必须选取恰当的途径和方法。要顺利地就业，也必先找准职业定位和讲究适当的求职方式方法。

1. 运用好一个成功求职的公式

成功的求职取决于主客观的诸多因素，既跟求职者的本身条件和求职期望值高低有关，也受社会需求职位的多少制约，还受职业定位是否准确的影响。笔者根据多年考察就业成功与否受制于哪些主要因素，提出如下定性公式：

$$\text{就业成功率S=}\frac{\text{个人素质D}\times\text{社会需求R}}{\text{期望值E}}\times\text{职业定位系数L}(\%)$$

成功率S是Suceess Power的缩写，素质D是Diathetic的缩写（包括专业能力素质，思想品德素质，身体素质，心理素质等），需求R是Requirement的缩写（包括整体需求和专项需求），期望值E是Expectation的缩写（包括地域、岗位、福利等），定位系数L是Location的缩写。

该公式表明，就业成功率受四个主要因素制约：求职者个人素质水平高，社会用人需求量大，就业成功率就高；求职者对地域、岗位、福利等期望值高，则就业成功率就低；职业定位越准确，接近系数1，则前面三个因素的有效性大，就业成功率也就高。总的说来，社会需求是客观因素，是受社会经济发展、用人单位岗位需要和政府政策调节等决定的。其他三个因素是求职者自身决定的，并且对高校学生和学校教育工作有反思作用，也就是前面说到的“功夫在诗外”。该公式对于高校学生在校时应全面提高自身素质、学校应根据社会需要设置专业和加强思想教育等都有启示意义。求职者不应有过高要求的职业期望值。高校职业指导中心应帮助高校毕业生客观地评价自身的素质能力，提供社会人才需求的信息，引导他们找准职业定位。

2. 做好几件具体事情

求职书的撰写与制作是求职的主要一环。将自己的简历、成绩、特长用简明扼要的语言有针对性地展示给用人单位，使之见文如见其人。现在有一种倾向，越来越追求求职书的精美，语言夸张，给人有华而不实之感。所以有一位大企业的老总说，他更喜欢求职者自己书写的求职信，因为它可以直接地给予更多的信息，如他的字写得怎样，写作态度如何，甚至他的性格特点，等等。当然这并不是反对用电脑制作求职信，而只是要求实在，写出个性。

选择求职渠道。求职渠道很多，主要有人才市场、招聘会、学校推荐、师友推荐、自荐等。人才市场是各类各层次人才求职的最广泛的经常性求职渠道。招聘会有专门在高校设置的专场，这是高校毕业生最具针对性的求职渠道。有的学校或有的专业与社会用人单位有对口培养关系，学校推荐也是一个重要求职渠道。由于某些专业人才的稀少等情况，有关师友的推荐也是必要的。至于自荐当然可以显示个人的能力和自信，但是不应排斥其他渠道。

面试是用人单位广为采用的一种方法，掌握面试技巧对求职者自然也是必须重视的。端庄的仪表和流畅得体的语言被用人单位和求职者都看重是对的，它能让用人单位更直接地了解求职者的有关情况，这不只是身材相貌，更包括其语言能力、思维特点、应变能力等。有的经济困难学生为没有高档的服装而作难是没有必要的，服饰只要整洁得体即可，主要在于人应有好的气质。

搞好实习。这里不是指学校一般组织的到实践部门的实习、见习活动，而是近几年来，许多企业尤其是大中型企业为了选择人才，通过实习活动考察想进该企业的高校毕业生的一种方式。这比通过审查履历、自荐书和面试又进了一步。求职者也可以通过实习更实际地展示自己的工作能力和思想品德。因此学校应鼓励和提供条件，让高校毕业生用实用之手去推开用人单位的大门。

中国传统教育的理念探讨*

任何一个国家的教育，不但受到现代教育理念的影响，也受到本国传统教育理念的影响。当今中国教育也是如此。一方面，现代教育理念对中国的现代教育产生了巨大影响。另一方面，中国又是一个历史悠久的国家， 传统教育理念也必然会对中国的现代教育产生一定的影响。那么，挖掘整理中国传统教育中存在的重要理念，用以指导中国现代教育更好地向前发展，就是教育理论工作者所面临的一个重要研究课题。本文试图在这方面作一些探讨，以期起到抛砖引玉的作用。通过初步研究，我们认为中国传统教育存在下述五个重要教育理念。

一、“建国君民，教学为先”的重教育从家教抓起理念

中国传统教育中存在的第一个理念，就是“建国君民，教学为先”[1]的重教育从家教抓起理念。在中国古代社会里，皇室贵族是非常重视家教的。这正如《大戴礼记·保傅》中所说:“自为赤子时,教固已行矣。……比选天下端士、孝悌闲博，有道术者以辅翼之。使之与太子居处出入。故太子乃目见正事，闻正言，行正道，左视右视，前后皆正人，夫习与正人居之，不能不正也……孔子曰：‘少成若天性，习惯之为常’，此殷、周之所以长有道也。”[2]可见，在《大戴礼记》看来，“殷、周之所以有

* 载《江西教育科研》1998年第3期，与汪凤炎合作而成。

道也”，其缘由之一就是当时王室的家教好。贾谊在《贾谊新书·保傅》中也有类似的论述。《大戴礼记》和《贾谊新书》的这一思想被其后历代学者用以作为论述皇室贵族重视家教的依据。

在中国古代社会，不但皇室贵族重视家教，一般的士大夫家庭也非常重视家教问题。比如，南北朝时的颜之推就非常重视家教，并著《颜氏家训》一书论述其家教思想。该书主要内容有以下几点：第一，主张胎教。他说："古者圣王有胎教之法，怀子三月，出居别宫，目不邪视，耳不妄听，音声滋味，以礼节之。"[3]第二，主张教育子女应从幼年开始。他说："子生咳，师保固明仁智礼义导习之矣。凡庶纵不能尔，当及婴稚，识人颜色，知人喜怒便加教诲，使为则为，使止则止，以及数岁，可省笞罚。父母威严而有慈，则子女畏慎而生孝矣。"[4]因为"人生小幼，精神专利，长成以后，思虑锐减，固须早教，勿失机也"[5]。第三，重视环境在教育中的作用。他说："人在少年，神精未定，所与类狎，熏渍陶染，言笑举动，无心于学，潜移暗化，自然似之……是以与善人居，如入芝兰之室，久而自芳也；与恶人居，如入鲍鱼之肆，久而自臭也。"[6]第四，主张人生在世，必须勤学以求上进。他说："自古明王圣帝，犹须勤学，况凡庶乎？"[7]其后历代都有学者写家训，其中著名的有《温公家范》（宋·司马光）和《朱子家训》（清·朱柏庐）等。

甚至，在中国古代社会中，一般的平民百姓家庭也非常重视子女的家教问题，如民间广为流传的"子不学，断机杼"[8]等事例，说明当时民间也是很重视家教的。

在中国古代社会，每个家庭之所以都非常重视子女的家教问题，其中原因之一是人们意识到，良好的家庭教育可使子女受益终身。关于这点，明末清初的著名学者王夫之就深有感触。他曾在《家世节录》中说："先君教两兄及夫之以方严闻于族党，顾当所启迪，恒以温颜奖掖，或置其枰令对弈焉，唯不许令习博簺击球游侠劣伎。闲坐则举先正语录辨开晓，及本朝沿革史传所遗略者，与前辈风轨，下及制艺……夫之少不自检，多口过，每至发露，先君不急加诘谪，唯正色不与语，问亦不答，故夫之兄弟亦不易自请詈焉；如此旬余，必待真耻内动，流涕求改而后谴之可得施，已乃释然。至于终世，未尝再举前过以相戒。”[9]

另外，关于家教的时间，《礼记·内则》说：“子能食食，教以右手。能言，男唯女俞。六年教之数与方名，七年男女不同席，不共食。八年，出入门户及即席饮食，必后长者，始教之让。九年，数之数日。十年，出就外傅，居宿于外，学书计……”[10]可见，在中国传统教育中，从“子能食食”时起，至“十年（十岁），出就外傅”之前，子女的教育主要是在家庭中进行的。

二、“学者学所以为人”的重视教育中的人文精神理念

中国传统文化有“人为贵”的传统，而作为中国传统文化主体的儒家文化的核心又是一个“仁”字，因而导致中国传统教育中有重视人文精神的理念。这主要体现在以下三个方面：

1. 重视个性教育

早在先秦时期，孔子就一贯重视了解学生的个性，以做到“因材施教”。如他说：“求也退，故进之；由也兼人，故退也。”[11]在这里，前一个“退”、“兼人”分别是描绘其弟子冉求、子路的个性特点的。根据这二人个性的特点，孔子采用了不同的教育方法，对冉求采用“进之”的教育方法，对子路则采用“退之”的教育方法。由于孔子重视个性教育，故而平日他注意考察学生的个性特点，所用的方法主要有两种：一是“听其言而观其行”[12]的观察法；另一是谈话法。通过这两种主要方法，使得孔子对学生的个性有较深的了解。如孔子曾说：“柴也愚，参也鲁，师也辟（便辟），由也彦（粗俗）。”[13]受孔子影响，其后历代教育家多主张个性教育。如宋代张载说：“学者当须立（尽）人之性。仁者人也，当辨其人之所谓人，学者学所以为人。”[14]

2. 提倡乐学

在先秦时期，孔子不但重视“因材施教”的个性教育，而且也提倡乐学。他说：“知之者不如好之者，好之者不如乐之者。”[15]并且将这一

原则贯彻在其教学实践中，主张用诗乐与琴棋书画等进行教学，以陶冶学生的情操。这从孔子的基本教学科目“诗、书、礼、乐”中就可知晓。在孔子看来，“诗”的作用之一就是激发学生情感；“乐”的作用之一在于陶冶学生情操。

受孔子乐学思想的影响，《吕氏春秋》也主张要使学生乐学。《吕氏春秋·诬徒》说：“人之情不能乐其所不安，不能得其所不乐。为之而乐矣，奚待贤者，虽不肖者犹若劝之；为之而苦之，奚待不肖者，虽贤者独不能久。反诸人情，则得所以劝学矣。”[16]

秦汉之后，很多教育者都提倡“乐学”。现举几例为证。张载说：“‘乐则生矣’，学至于乐则自不能已，故进也。”[17]二程说：“学至于乐则成矣。笃信好学，未知自得之为乐。好之者，如游他人园圃；乐之者，则已物尔。”[18]吴澄也主张乐学。他说：“读书当知书之所以为书，知之必好，好之必乐，既乐，则书在我。”[19]王守仁则从教育心理学的角度发展了乐学的思想，认为乐学是符合儿童身心发展特点的。王守仁说：“大抵童子之情，乐嬉游而惮拘检，如草木之始萌芽，舒畅之则条达，摧绕之则衰痿。今教童子，必使其趋向鼓舞，中心喜悦，则其进自不能已。譬之时雨春风，沾被卉木，莫不萌动发越，自然日长月化。若冰霜剥落，则生意萧索，日就枯槁矣。”[20]

3. 主张“视徒如己”

在中国传统教育中，教育者多提倡要关心学生、爱护学生，并将之作为教育的出发点。如孔子说：“爱之，能勿劳乎？忠焉，能勿诲乎？”[21]《吕氏春秋》要求老师要设身处地为学生着想。《吕氏春秋·诬徒》说：“善教者则不然，视徒如己，反己以教，则得教之情也。所加于人，必可行于己，若此则师徒同体。”[22]从其“所加于人，必可行于己”语看，《吕氏春秋》的“视徒如己，反己以教”的思想是对孔子“己所不欲，勿施于人”[23]思想的发展。

现代有些西方教育家也认识到，教育中只有科学主义也不行，逐渐意识到教育中的人文精神之重要性。中国传统教育中则早有重人文精神的理念，我们应加以保持。

三、“行有余力，则以学文”的重视德育理念

在中国传统教育中存在的第三个理念，就是重视德育。早在先秦时期，儒家创始人孔子就提出“行有余力，则以学文”的主张。孔子说：“弟子入则孝，出则悌，谨而信，泛爱众而亲仁，行有余力，则以学文。”[24]这里，“行”指履行“孝”、“悌”、“仁”之类道德准则的“德行”。可见，孔子将德育放在整个教育的优先位置上。

先秦另一显学墨学的创始人墨子也把道德修养放在教育工作的首位，并注重言传身教在德育中的作用。令其门徒皆可使赴火蹈刃，死不旋踵。

孟子继承了孔子的德育优先思想，也主张“谨庠序之教，申之以孝悌之义。”[25]意即学校教育要把德育放在首位。

《大学》继承孔孟思想，也将德育放在首位。它说：“大学之道，在明明德，在亲民，在止于至善。”[26]认为只有培养出合乎一定道德准则的人才，才算是完成了“大学之道”。

其后，历代教育家多主张将德育放在整个教育的首位。如宋代二程说：“学者须先识仁。仁者，浑然与物同体，义礼智信皆仁也。”[27]朱熹主张儿童的道德教育意识的培养应与儿童的日常生活结合起来，即“从小教之以洒扫、进退之节，爱亲敬长、隆师亲友之道。”[28]如果抛开朱子当时所讲的封建道德内容来看，这种思想是有见地的。明代王守仁则主张，从时间上讲，德育要从幼年抓起，以便打牢基础；从方法上讲，要灵活多样，以便符合儿童身心发展之特点。王守仁说：“种树者必培其根，种德者必养其心。”[29]他又说：“今教童子，惟当以孝悌忠信礼义廉耻为专务，其栽培涵养之方，则宜诱之诗歌，以发其志意；导之习礼，以肃其威仪；讽之读书，以开其知觉。”[30]

而且，中国传统德育并不完全是一种说教，而是讲究要抓住认识上的笃信、感情上的陶冶和意志上的锻炼等三个环节。虽然各个教育者对这三个环节的侧重点有所不同，但都把加强“知”、“情”、“意”的修养与锻炼看作德育过程的主要任务，在方法上也有一些可借鉴之处。

众所周知，西方文化自古就有重知识的传统，再加上近代著名学者培根提出的“知识就是力量”的名言在西方社会广为传诵，遥相呼应，近现代西方教育有重智育的传统，这当然有其一定的合理之处；但是，过于重视智育，也给西方教育带来了一些负面影响，如有放松德育的趋势。我们应引以为戒，继续在我们的教育中保持重视德育的传统。

四、“熟读精思”，“由博返约”的学习方法理念

在学习方法上，中国传统教育中也有一些好的理念，这可以归结为“熟读精思”，“由博返约”。

1.“熟读精思”

“熟读精思”，这是强调学习要坚持记忆与思维相互结合的原则。在中国传统教育中，这是一条很重要的学习原则，它经常被一些教育者提及。如孔子就主张学习要做到“学”、“思”结合。他说：“学而不思则罔；思而不学则殆”[31]。在韩愈看来，“勤”与“思”同等重要。韩愈说：“业精于勤，荒于嬉；行成于思，毁于随。”[32]何谓“勤”？韩愈认为，“勤”的含义主要有二：一是口勤：“口不绝吟六艺之文”[33]；二是手勤：“手不停披于百家之编”。[34]可见，韩愈也是赞成熟读精思的。朱熹则明确提出了“熟读精思”的学习原则。他说：“大抵读书，先须熟读，使其言皆若出于吾之口；继以精思，使其意皆若出之于吾之心，然后可以有得耳。”[35]

与西方的学习理论中联结学派偏重记忆，而认知学派偏重思维相比，“熟读精思”原则显得更加全面合理。

2.“由博返约”

“由博返约”，这是强调在学习中要求广博与专精相结合的原则。它发端于孔子的“博学于文，约之以礼”[36]。孔子主张从博学中去认识“一贯之道”。孔子对子贡说：“‘赐也汝以予为多学而识之者乎？’对曰：‘然。非与？’曰：‘非也，予一以贯之’。”[37]在这里，孔子已提出了学习中博与约的矛盾，要以博学为基础，根据一定的原则去加以归纳，约简为精要的认识和知识，认为这是治学方法的正当途径。

孟子则明确提出了“由博返约”的思想。孟子说：“博学而详说之，将以反说约也。”[38]

其后历代教育者多主张学习要做到“由博返约”，如荀子一方面主张“君子博学”[39]；另一方面，更多地强调学习要贵精，认为学习要务求专一、精深，切忌东抓西抓，浅尝辄止，并用“鼠碯五技而穷”[40]的例子来讽刺那些粗心浮气，满足于一知半解、学无专精的人，关于“博”与“约”的问题，韩愈说：“记事者必提其要，纂言者必钩其玄；贪多务得，细大不捐……”[41]意即一个人在学习中，既要广博猎取，兼收并蓄；又要主次分明，有所专精。换句话讲，也就是要博约结合。张载说：“读书少则无由考校得义精。”[42]可见张载也是主张博约结合的。朱熹在治学上也主张“令人泛观博览而后归之约”[43]。朱子又说：“夫学非读书之谓。然不读书，则无以知为学之方。故读之者贵专而不贵博。盖惟专为能知其意而得其用；徒博则反苦于杂乱浅略而无所得。”[44]王廷相说：“君子之学，博于外而尤贵精于内。”[45]即“约”须建立在“博”的基础上。王夫之关于“博”与“约”的看法则更加精辟。王夫之说：“约有博之约，而博者约之博，故将以反说夫约，于是乎博学而详说之，凡其为博而详者，皆为约致其功也。若不以说约故博学而详说之，则其博其详，假道谬途，而深劳反复，果何为哉？”[46]意即，“约”是建立在“博”的基础上的“约”，而“博”则是在“约”指导下的“博”。是为了要提炼出精华来，才广泛地博学，为博学而博学，那是没有意义的。

总之，提倡“熟读”和“博学”，有利于使学生获得扎实的基础知识；提倡“精思”和“返约”，则有利于培养学生的独立思考能力。

五、“疾学在于尊师，师尊则言信矣，道论矣”的尊师理念

学必尊师、学必从师是中国传统教育的又一个重要理念。孔子一贯重视尊师与从师。他说：“三人行，则必有我师焉。择其善者而从之，其不善者而改之。”[47]孔子是主张尊师的，但不是盲从，在师生关系上，认为应“当仁不让于师”[48]，持“吾爱吾师但吾更爱真理”的观点。

荀子很重视师友的作用，尤其尊崇老师，把“师”提到与天地君亲的平等地位。他说：“非我而当者，吾师也，是我而当者，吾友也；谄谀我者，吾贼也。故君子隆师而亲友，以致（极）恶其贼。”[49]“得贤师而事之，则所闻者，尧舜禹汤之道也；得良友而友之，则所见者，忠信敬让之行也；身日进于仁义而不自知也者，靡使然也。”[50]由于荀子看到了“师”的重要作用，故而他重视敬师问题，特别强调“师法”的重要性。荀子说：“故有师法者，人之大宝也；无师法者，人之大殃也。人无师法，则隆性矣；有师法，则隆积矣。”[51]他认为要“化性起伪”，积礼义为君子，就要注重师法。他强调学习必须依靠教师的指导，学生应尊重教师。荀子说：“言而不称师，谓之畔；教而不称师，谓之倍。倍畔之人，明君不内，朝士大夫遇诸不与言。”[52]正因为“师”的作用重大，故而荀子对教师也提出了严格要求。荀子说：“师术有四，而博习不与焉。尊严而惮，可以为师；耆艾而信，可以为师；通说不陵不犯，可以为师；知微而论，可以为师。故师术有四，而博习不与焉。”[53]

受孔子和荀子的影响，《学记》主张尊师。《学记》说：“凡学之道，严（尊敬）师为难。师严然后道尊，道尊然后民知敬学。是故君子不臣于其臣者二：当其为尸，则弗臣也；当其为师，则弗臣也。大学之礼，虽诏于天子无北面，所以尊师也。”[54]并且，《学记》高度评价了老师的作用和地位，对于家族而言，“师无当于五服，五服弗得不亲”[55]；对于国家而言，“能为师然后能为长，能为长然后能为君。故师者所以学（教）为君也”[56]。“三王四代唯其师。”[57]故而“择师不可不慎”[58]。从而也对老师提出了严格要求：第一，“记问之学，不足以为人师”[59]。意即不能融会贯通，仅凭一点死记硬背的知识的人，是没有资格当老师的。第二，“能博喻然后能为师”[60]。所谓“博喻”，就是要善于根据学生的心理特点，进行因材施教。第三，“既知教之所由兴，又知教之所由废，然后可以为师”[61]。意即教师要掌握教育规律、原则与方法，懂得教育成败的原因。

《吕氏春秋》也认识到了尊师的重要性。《吕览 · 劝学》说：“疾学在于尊师，师尊则言信矣，道论矣。”[62]意即若要学生勤奋学习，若要言信道明，就要倡导尊师。并有《尊师》专篇论尊师问题，指出：“君子之学也，说义必称师以论道，听从必尽力以光明。听从不尽力，命之曰背；说义不称师，命之曰叛。背叛之人，贤主弗内之于朝，君子不与交友。”[63]并列举了孔子等十圣人和齐桓公告等六贤人尊师的例子，以论证尊师的必要性和重要性。

受先秦尊师思想之影响，秦汉之后的教育者多主张学必尊师、学必从师。例如，西汉末期的扬雄说：“师哉！师哉！桐（童）子之命也。”[64]认为老师在一定程度上掌握着学生的命运，影响学生的未来。东汉王符也强调尊师、从师的重要性。认为“人不可以不就师矣”。唐代韩愈著《师说》一文，对从师的重要性、老师的作用和从师的态度等问题都作了论述。他说：“古之学者必有师。师者，所以传道授业解惑也。人非生而知之者，孰能无惑？惑而不从师，其为惑也终不解矣……道之所存，师之所存也。”[65]二程说：“学者必求其师。记问文章不足以为师，以所学者外也，故求师不可不慎。所谓师者保也？曰理也，义也。”[66]吴澄说：“学者尤有系于教者焉。”[67]又说：“必以择师为先。”[68]明末清初的黄宗羲也认为，学业的成功，人才的成长，都有赖于教师。他说：“古今学者有大小，未有无师而成者也。”[69]

需要指出两点：一是，在中国古代社会，统治者强调尊师理念有维护其统治的目的一面，因为“师”是“道”的传播者，只有尊师，才能达到应用“道”来化民的目的；民间强调尊师理念，则有利于形成尊重知识、尊重人才的风气。二是，中国传统教育重视师承关系，有其优缺点。其优点是产生了中国古代的学派，这与国外的学派产生有类似之处，并且促进了学术的发展；其缺点是各立门户，互相排挤，这又对学术的发展有一定的消极影响。

参考文献

[1][54][55][56][57][58][59][60][61] 礼记·学记.

[2] 大戴礼记・保傅.

[3][4] 颜氏家训・教子.

[5][7] 颜氏家训・勉学.

[6] 颜氏家训・慕贤.

[8] 三字经.

[9] 家世节录.姜斋文集补遗(卷十).

[10] 礼记・内则.

[11][13] 论语・先进.

[12] 论语・公冶长.

[14] 张载集・语录中.

[15][36] 论语・雍也.

[16][22] 吕氏春秋・诬徒.

[17] 张载集・经学理窟・学太原上.

[18] 河南程氏遗书(卷十一).

[19] 宋元学案,题读书后说.

[20][31] 训蒙大意示教读刘伯颂等.王文成公全书(卷二).

[21] 论语・宪问.

[23] 论语・颜渊.

[24] 论语・学而.

[25] 孟子・梁惠王上.

[26] 大学.

[27] 河南程氏遗书(卷二上).

[28] 题小学.朱子文集(卷七十六).

[29][30] 传习录.王文成公全书(卷一).

[31] 论语・为政.

[32][33][34][41] 进学解.韩昌黎全集(卷十二).

[35] 朱子大全・读书之要.

[37][49] 论语・卫灵公.

[38] 孟子·离娄上.
[39][40] 荀子·卫灵公.
[42] 张载集·经学理窟·义理.
[43] 朱子年谱.(卷二上).
[44] 学规类编.
[45] 慎言·潜心篇.
[46] 读四书大全说(卷六).
[47][48] 论语·述而.
[49] 荀子·修身.
[50] 荀子·性恶.
[51] 荀子·儒效.
[52] 荀子·大略.
[53] 荀子·致传.
[62] 吕氏春秋·劝学.
[63] 吕氏春秋·尊师.
[64] 清言·学行.
[65] 韩昌黎全集·师说.
[66] 河南程氏遗书(卷二十).
[67] 瑞州路正德书院记.草庐吴文正公全集(卷三).
[68] 草庐吴文正公全集(卷二十二).旧冈义塾记.
[69] 南雷文集(卷六).

朱熹在教育史上的地位*

朱熹（1130—1200）字元晦，号晦翁，婺源人（原属安徽，今江西）。他是南宋时期一位著名的教育家，对后世的教育有很大的影响。朱熹十八岁登进士第，六十九岁罢官还乡。五十年中，他在福建、江西、浙江、湖南等省担任地方官吏十四年（其中做过南宋宁宗皇帝的老师四十天），私人讲学先后约三十六年，占大部分时间。即使在任内，每到一处也积极开办书院和州县地方学校，提倡所谓“移风易俗”的教化。他编辑了一系列教学用书，其中《四书集注》作为科举考试的唯一蓝本和教科书，流行于社会达七八百年之久，其影响之大是可想而知的。朱熹在教学工作中有着“诲人不倦”的精神，正如他的学生黄勉斋所说：“讲论经典，高贯古今，率至半夜。虽疾病支离，至诸生问辨，则脱然沉疴之去体。一日不讲学，则惕然常以为忧。”[1]他生于南宋偏安、内忧外患交迫的时候，能满腔热情专心讲学，及门弟子遍于天下，可以说是一位热情的爱国教育家。朱熹的政见和当权宰相不合，因而遭到排斥，甚至被目为“伪学”。但他仍坚持不屈，照常讲学，毫不畏避。朱熹死时，他的学生远道赶来送葬的上千人，显示出一位成功的教育家的感召力。

朱熹又是宋代理学家中一个集大成的儒家学者。他的哲学观点，源于周敦颐的“太极图说”与程伊川的“理气二元论”。他认为太极即是

---

* 载《江西师院学报》（哲学社会科学版）1981年第3期。

理，是宇宙万物的根源，由太极而生阴阳二气，由阴阳二气的配合而生万物和人。在他看来，“理”是形而上学的，是精神的独立存在；“气”是形而下的，是万物的客观存在。他肯定理先于气而存在，理属于第一性，气属于第二性。所以说，朱熹的哲学思想体系是唯心主义的。宋以后，朱熹的唯心主义哲学成了封建统治者官方的御用哲学，为封建统治阶级的利益服务，并有着深远的反动影响。他从上述哲学观点出发，不正确地理解教育的作用是“学以变化气质”，认为“人品之不同，是气有昏明厚薄之异故也”[2]。转到教育目的问题上，他要求教育以“存天理，去人欲”为目的，培养出所谓的“完人”，实则为封建统治阶级所需要的“忠臣”、“孝子”。所有这些都是错误的、反动的，是应当批判的。

以上情况表明，对于朱熹的教育思想的评价是相当复杂的。朱熹在教育史上的地位与作用，人们历来抱有不同的态度，有着不同的评价。封建统治阶级把朱熹捧为“圣人”、“大贤”，宋理宗读了朱熹的书，大发感慨地说：“读之不释手，恨不与之同时。”追封朱熹为“太师”、“朱夫子”，并把他的牌位抬进了孔庙。五四运动时提出“打倒孔家店”以后，三十年代出版的有的中国教育史，在写到朱熹的教育思想和教育活动部分，存在着偏于摆史料、少给或不给评价的客观主义倾向。“四人帮”则全盘否定朱熹，对文化历史遗产采取虚无主义的态度，当时有一本小册子这样写道：“他一面做官，一面讲学，既使用‘刽子手的职能’，又使用‘牧师的职能’，在福建的延平、同安……等地大建书院，大放孔孟之道厥词，大肆兜售以‘存天理，灭人欲’为政治纲领的反动理学，充当日益衰落的封建制度的卫道士。”这种一笔抹杀朱熹的做法，是违反历史唯物主义的。我们认为：如果历史地看待历史人物，朱熹的唯心主义哲学固然必须批判，但他的教育思想，尤其在教育方法方面仍有很多可供借鉴的东西。如果从横的方面，对比世界教育史上的著名教育家在有关方面的贡献来研究，更会发现朱熹不仅在中国教育史上而且在世界教育史上，也应有他一定的历史地位和历史作用。我们对历史人物不能作简单的否定，应取分析的态度。我们不能因达尔文晚期信仰宗教，而否定他的科学巨著《物种起源》(他建立的进化论是当时自然科学的三大发现之一);也不能因为伽利略曾屈服于宗教裁判所,发表"悔罪"的自白书,而否定他在物理学上的贡献。在社会科学方面也应如此。马克思主义对黑格尔的评价就是一个光辉的榜样。

列宁曾经指出:"判断历史的功绩,不是根据历史活动家没有提供现代所要求的东西,而是根据他们比他们的前辈提供了新的东西。"[3]那么,朱熹在教育思想和教学方法方面比他的前辈提供了一些什么新的东西呢?

1. 非常强调学前教育,是世界教育史上较先重视儿童早期教育的教育家

朱熹从"理气二元论"出发,对于学前教育,首先看重遗传学说中的胎教问题。他强调母亲受胎以后一举一动、一言一行,都对胎儿有直接影响。要求孕妇注意"一寝一坐,一立一食,一视一听",以使胎儿能够"气禀正而天理全"。这种"胎教"法,从生理的角度看有一定的意义,但认为会影响婴儿的思想感情,显然是不科学的。他还十分重视乳母对于婴儿的保育,认为"乳母之教,所系尤切",主张"生子必择乳母"。[4]他曾引《礼记》中的话强调"乳母之教"的要求:"必求其宽裕慈惠,温良恭敬,慎而寡言,使为子师。子能食食,教以右手。能言,男唯女俞。六年,教之数与方名。"这里不仅提出了选择乳母的条件,而且规定了学前教育的一些内容,包括从教给幼儿怎样吃饭和说话,到教以数目、方名等知识。朱熹还把《童蒙须知》及《程董学则》作为父兄在家中教育子弟的守则。这些东西虽不免有些机械与烦琐,甚至有不合儿童心身发展的地方,但在七八百年前,有这样细密的规则,重视妇婴卫生,重视儿童的早期教育,在世界教育史上也是宝贵的。一般认为,十七世纪捷克著名的教育家夸美纽斯写的《母爱教育》是世界教育史上第一本学前教育指南。这本书认为应当从六岁以前的儿童的自然特征出发,教其一些有关他们周围的自然和社会生活的基本观念和生动印象。而朱熹关于学前教育的论述,比夸氏的《母爱教育》一书要早四百多年,比瑞士著

名教育家裴斯泰洛齐在十九世纪初写的《母亲读物》则要早六百年。

2. 大力开办书院和州县地方学校，并表现了反科举制度的精神

“书院”起于唐代，原为藏书校书之所，与后世图书馆相类似。后因官学废弛，作为教学之所的私人书院便应运而起。朱熹曾创办同安县学，重修白鹿洞书院为讲学之所，并大力提倡州县之学，提倡所谓“移风易俗”的教化。其中以白鹿洞书院（最为重要，影响也最深广。该书院在江西省庐山五老峰下，现有遗址，系唐人李渤所创，后号“庐山国学”）朱熹不仅自为山长，亲自给学生讲学，并常请当时知识界的名流如陆象山等来院讲演。他还亲自拟订《白鹿洞书院教规》，并在教规中批评当时的教育说：“古昔圣贤所以教人办学之意，莫非明义理，以修其身，然后推己及人，非徒欲其务记览为词章以钓声名取利禄而已。今之为学者，既反是矣。”在《静江府学记》中也认为科举制度是“忘本逐末，怀利去义，而无复先王之意”。他还在一首诗中勉励学生：“珍重个中无限乐，诸君莫苦羡腾骞。”[5] 所有这些都表明，朱熹在开办书院和州县地方学校中，表现了反科举制度的精神。自宋以来，书院制度的发展，自由讲学风气的提倡，学者研究风气的浓厚，都与他有相当的关系。后来书院的办法，也差不多都是以《白鹿洞书院教规》为准。

3. 统筹安排教养内容，编辑教学用书，符合现代教育的统一性原则的要求

朱熹主张儿童从八岁起入小学，受小学教育；从十五岁起在小学的基础上进入大学，受大人之学。他认为小学教育要从躬行实践入手。他说：“古者小学，教人以洒扫、应对、进退之节，爱亲、敬长、隆师、亲友之道，皆以为修身、齐家、治国、平天下之本。”[6] 如果说小学注重在事，则大学着重讲究道理。所以他又说：“小学之事，知之浅而行之小者也；大学之道，知之深而行之大者也。”[7] 总之，他以为小学教育，是大学教育的基础；大学教育，是小学教育的扩充与深究。虽然程度有深浅，而教材应是一贯。这与现代教育的统一性原则的要求也是相符合的。依据上述指导思想，朱熹编辑了许多有关教学的用书，如《小学书》、《近思

录》、《四书集注》及《经筵讲义》（大学书）等。这些书对后世的影响很大。它们的内容无疑是为封建统治者服务的，是应当批判的。由于历史条件的局限，当时的这些教科书没有包含自然科学的内容，而且《四书集注》作为十五岁以下的儿童用书也是不符合量力性原则的，与他自己规定的“知之浅”也不合。但是，这种统筹安排教养内容来编辑教学用书的做法，在世界教育史上是比较早的，例如俄国17世纪才开始大量印行比较普遍采用的识字课本。从教育史的角度考察，不能不说是一个进步。

4. 总结和提出了一些至今仍然有益的教学原则和教学方法

这方面是为一般人所肯定的，这里只举其要。朱熹主张穷理与笃行并重。他自己做学问，就是“穷理以致其知。反躬以践其实”[8]。所以他指导学生学习的方法，也是如此。他说：“为学之实，固在践履。苟徒知而不行，诚与不学无异。然欲行而未明于理，则其践履者，又未知其果何事也。”[9]他继承了中国教育史上的优良传统，主张知行结合，以“知”来指导“行”，用“行”来提高“知”。至于述及“知”与“行”的先后轻重问题时，所作的“知先行后”和“行重知轻”的结论，则并不正确。但在南宋不重“实学”的风气下，强调“笃行”却是可取的。尤其值得重视的是，朱熹强调循序渐进与熟读精思的原则。就循序渐进的原则，他认为各种不同的书要按一定的顺序去讲习，“通一书而后及一书”；同一部书，“其篇章文句首尾次第，亦各有序而不可乱也”；同一篇章文句中，必须“字求其训，句索其旨。未得乎前不敢求其后，未通乎此不敢志乎彼”。就熟读精思的原则说，他主张在反复练习中做到学思结合。他说：“大抵观书，先须熟读，使其言皆若出之于吾之口；继以精思，使其意皆若出之于吾之心，然后可以有得耳。”[10]这些见解不管在当时还是在今天都是有价值的。

5. 有稍具系统的心理学思想，提供了一份值得清理的中国古代心理学思想的历史遗产

中国古代虽无“心理学”这个概念，但和外国心理学一样，在一个很长的历史时期内是包含在哲学里面的（心理学作为一门独立的科学在

中国出现，是在清朝末年西方近代科学被介绍到中国来以后）。朱熹在他的哲学著述中，对于心理现象及其作用的说明，比在他以前的思想家、教育家都讲得详细。他不只是论述性之善恶，而且对心、性、情、才、欲及意志种种心理名词都一一作了解释，如说："心是管摄主宰者"、"性者心之理"、"情者心之动"、"才便是那情之会怎地者"，等等。他还论述了各种心理现象的关系，如说："性者心之理也，情者心之用也，心者性情之主也。"[11]"心者，一身之主宰；意者，心之所发；情者，心之所动；志者，心之所之，比于情意尤重。"[12]朱熹把心作为人类精神、心理活动的主脑，虽然是错误的，"这种心理的解释，虽不尽合于科学，但以心为中心，分述一切，而于其他许多意义中侧重一个性字，只要知性便可以尽心，片段之中却有一个系统，他的一切教育理论莫不以此为根据"[13]。从历史的角度看，朱熹给各种心理现象作出解释，说明其间的关系，并以心理学作为教育理论的根据，较之前人的研究更系统，使对心理学问题的研究前进了一步。前面提到的关于"乳母之教"和"循序而渐进"、"熟读而精思"等教学原则和教学方法，那更是教育心理学与儿童心理学的宝贵遗产。总之，朱熹的心理学思想还有待心理学界的进一步研究，是一块尚待开垦的处女地。

6. 是世界教育史上最早制订缜密的教育规章制度的教育家之一

朱熹主张采用严密的教育方法，让学生遵照一定的规范行动。为此，他在办学过程中曾拟定了《白鹿洞书院教规》、《童蒙须知》和《训学斋规》等缜密而严格的教育规章制度。他在《童蒙须知序》中说："夫童蒙之学，始于衣服冠履，次及言语步趋，次及洒扫涓洁，次及读书写字及有杂细事宜，皆所当知。"他在《须知》中逐目条例，编为守则，对蒙童的生活、学习、言行等各方面，无不详细说明，严格规定。但是，朱熹并不只是消极地对学生进行防范工作，相反地却强调积极的教导，所以他在《白鹿洞书院教规》中明确地指出："苟知其理之当然，而责其身以必然，则夫规矩禁防之具，岂待他人设之而后有所持循哉！"这些学规中包含的封建糟粕肯定是要批判的，但办教育要有一套规章制度而且要配之以积极的教导，这对于今天仍有重要的借鉴作用，对于批判“四人帮”污蔑和取消我们办学的各种规章制度也有一定的现实意义。从世界教育史考察，朱熹制订这样缜密的学规，也算是很早的。夸美纽斯1653年写的《组织良好的学校的准则》，被有的教育史著作称为“一个完善的学校的规则”。朱熹制订的学规，不仅它的详尽性完全可以与夸氏相媲美，而且在时间上要早四百多年。至于与苏联教育史称为“具有独创性的俄国教育文献”的《儿童的公民守则》相比，则要早五百多年。

综上所述，朱熹的教育思想和教育活动表明，他堪称我国历史上一位大教育家。他的教育思想的完备性和教育活动的广泛性，在不少方面超过了前人。从学前教育到学校教育，从教科书的编纂到教育规章制度的制订，从教育方法的总结到心理问题的研究等方面，都有他的论述和实践活动。这些方面，对于研究和发展我国的教育科学，探索教育工作的客观规律，至今仍有积极的借鉴作用。

就世界教育史的角度考察，朱熹在许多方面的思想和论著，比一些公认的外国著名教育家要早得多。他在世界教育史上也应有一定的历史地位。事实上，有些国家至今仍重视对朱熹的研究。例如，法国在1970年起开始出版的宋史研究丛书《历史和制度》中，就有关于朱熹的专题。

如果我们历史地看待朱熹在教育史上的地位与作用，就既不会作复古主义的捧场，也不会得出虚无主义的结论。对于历史人物应摆在一定的历史环境中，全面地具体地分析其思想和活动的各个方面，评其是非，论其功过，不简单地否定一切，也不笼统地肯定一切。从教育基本上是上层建筑，但又有些部分不属于上层建筑的观点来看，我们既要看到朱熹的教育思想与其哲学思想有联系的方面，又要注意把它们分别开来作具体的评价。运用历史唯物主义观点清理文化历史遗产，应是去其糟粕，取其精华。我们不能由于肯定了朱熹在教育方面的一定历史地位与作用，就忘了要批判他的唯心主义的哲学思想和封建伦理道德等反动的方面。就其教育思想和教育活动而言，也应该一分为二、批判地继承。朱熹为封建统治阶级服务的教育目的和教育内容，就是应当剔除的糟粕。正如毛泽东同志指出的："中国的长期封建社会中，创造了灿烂的古代文化。清理古代文化的发展过程，剔除其封建性的糟粕，吸取其民主性的精华，是发展民族新文化提高民族自信心的必要条件。"[14]

参考文献

[1][8]晦翁学案附录：黄勉斋所述行状.宋元学案（十二册）.

[2]朱子语类.转引自沈灌群.中国古代教育和教育思想.112.

[3]列宁全集（第二卷）.150.

[4]小学集注.

[5]朱熹.白鹿洞讲会次卜丈韵.转引自陈东原.中国教育史.上海：商务印书馆，1939：280.

[6]题小学.朱子文集.497.

[7]小学辑说.

[9]答曹元可.朱子文集.174.

[10]读书之要.朱子文集.439–440.

[11]性理精义.转引自顾树森编.中国古代教育家语录类编（下册）167.

[12]朱子语类辑略.

[13]陈东原.中国教育史（上册）.上海：商务印书馆，1939：300.

[14]新民主主义论.毛泽东选集（四卷本）.667–668.

素质教育·创新教育·潜能开发*

举办“创新教育笔谈”是很有意义的事，我也谈一点自己的意见。创新教育与素质教育、全面发展教育，这三者的关系怎样呢？

我的简单回答是：它们的精神实质完全是一致的。全面发展教育是方针和纲领，素质教育是全面发展教育的具体化和深化，创新教育则是素质教育的核心和关键。我国50年代至80年代前期，德、智、体全面发展教育是深入人心的，改变了旧中国的片面发展教育的弊端。随着四个现代化建设的发展，党的十三大报告中指出：“从根本上说，科技的发展，经济的振兴，乃至整个社会的进步，都取决于劳动者素质的提高和大量合格人才的培养。”于是素质教育便突出出来了。这里的素质已不是心理学上的术语，而是扩展为既包括人先天的生理特性，也包括后天的心理特征和社会特性，是指人的生理、心理、社会特性品质的总和。素质教育的内涵是非常丰富的，包括身体素质、政治素质、品德素质、心理素质、文化素质、业务素质、技能素质等方面。以德育为例，可以分为政治品质教育、道德品质教育和心理品质教育三个层次，也就是三个方面的素质教育，很显然，素质教育是全面发展教育的具体化和深化。人类社会是在不断创新中发展，创新是社会文明进步的动力。现在人类社会也进入知识经济时代，世界各国的竞争，进而言之是国人创新素质的竞争。

*载《教育理论与实践》2000年第3期。

因此，我们一定要在实施全面素质教育中，把创新教育放在核心和关键的地位，充分发挥创新精神和创新能力，更好地适应和促进社会的发展。这也就是我所主张的办学理念：充分地发展学生，更好地服务社会。

又有人问道:李岚清同志提出“开发儿童少年潜能研究”的重大课题，跟创新教育有什么关系？怎样开发潜能？

简要地说来，“注重培养学生创新精神和实践的能力的素质教育”必须是科学的进行教育，即通过开发人脑的潜能来发挥人的创造性。从某种意义上说，人脑的全面开发其意义甚至大于物质的开发和利用。因此，应当特别重视在教育过程中开发儿童少年的大脑潜能，发挥他们的创新精神和创新能力。必须借助脑科学、生命科学、心理科学、思维科学等多学科的研究成果，将潜能的开发贯穿于教与学的各个方面。甚至是贯穿于人的毕生教育之中。科学开发人脑的潜能是一个非常复杂的问题，我想至少下面五点是值得特别重视的。这就是：① 合理营养与运动锻炼，健脑益智。有资料表明，在100名院士的血液检查中，发现Greb（记忆蛋白）、Heta蛋白（脑神经元的酶蛋白）的含量比普通人高出2—5倍。Greb蛋白能贮存信息，含量越高记忆力越强。因此，应当注意合理营养与锻炼强身健脑，还必须戒烟酒和讲究用脑的生理心理卫生。② 多设问勤实践敢探新，动脑增智。脑细胞的功能遵循“用进废退”原则，越用越灵，越不用越老化，不断有新异刺激引起神经兴奋过程。最近，加拿大桑德拉·维特尔森对爱因斯坦大脑全面解剖后发展，其大脑与数学推理有关的部分比正常人大15%，这可以说明脑的功能与结构的辩证关系。我们在教学中要彻底改变灌输式的教学和被动接纳的学习，鼓励学生多探新，动脑增智。③ 抓住儿童少年关键期，早期开发。儿童在关键期接受教育最快、可塑性大、发展速度快，著名教育家陶行知指出：“6岁以前是人格陶冶重要的时期。”美国心理学家布户姆认为，假如一个人到17岁所达到的智力水平为100的话，4岁时已获得50%，8岁时已获得80%。因此，我们必须抓住关键期早期开发，但并不是愈早愈好，而且心理发展与教育是毕生的。④ 按照左右脑互补原则，全面开发。有一段时期，有些文章过分强调开发右脑是存在片面性的。脑科学和心理学研究表明，大脑两半球虽然存在不对称性，有优势脑问题，但两半球机能分工是按互补原则配置的，除有机能上的相对分工外，还互相补充，互相代偿。因此在教育工作中应当正确看待优势脑问题，全面开发人脑的潜能。⑤左右脑性别差异不大，男女齐飞。男女在身体结构、体质、生理以及大脑两半球的优势等方面的确有某些差异，但是其性别差异并不影响男女智力整体水平的高下，甚至是各有所长。古今中外都有许多才能卓越的女性，如居里夫人两次获诺贝尔奖，十次获科学奖金，各国授予她博士、院士等头衔达107个之多。女性的潜能同样巨大，我们要同样重视男女潜能的开发，做到男女齐飞，让每个人在广阔的天地里发挥聪明才智。

南京师大心理学科在飞速发展*

——我经历中的若干回顾

1978年党的十一届三中全会到2008年党的十七届三中全会，胜利地走过30个春秋。这30年是我国现代化建设各项事业迅猛发展的春天，取得了辉煌的成就，并且为全世界所瞩目。我国的心理科学事业，“文革”期间遭到极其严重的破坏摧残，中国科学院心理研究所被停办，学校的心理学课程被取消，心理学的研究人员和教师被迫改行。心理学被“四人帮”戴上“唯心主义”、“伪科学”两顶帽子，真是万马齐喑。改革开放的春风使心理学得到复苏，并且获得飞速发展，努力创建有中国特色的心理学理论体系，跟世界各国的心理学比翼齐飞。我，一个已经73岁的心理学工作者，亲历其境，怎能不感慨万分和无限欣喜呢！

南京师范大学心理学系的前身，是南京高等师范于1920年成立的心理学系，它是我国高校最早成立的第一个心理学系，已走过88年的漫长道路。它跟兄弟高校的心理学发展历史一样，改革开放的30年是最耀眼的时期，获得了飞速发展。取得成就的原因，除了党政的领导，还得记住心理学泰斗高觉敷教授的带领指导和心理学系、所全体同志的辛勤工作。在这30年里，我个人的心理学工作历程，也是跟南京师大心理学科

* 本文系2008年11月应南京师范大学教育科学学院邀所作纪念改革开放30年的文章。

的发展紧密联系着的。大体说来，前15年里我是这里的密切合作者和客座教授；后15年里我是这个学术集体的正式一员，并曾被赋予心理学学科带头人的职责。所以我对南京师大心理学科的发展倍感亲切和欣慰。

下面仅就我亲身参与以本校为中心的一些心理学教学科研工作和学术活动，作若干简要的回顾，以反映南师大心理学科在飞速发展，我们的学术集体在不断成长壮大。这是我们每个人的个体智慧汗水与群体智慧汗水的结晶，而个人只是倾注了全部心血做了我应当做的工作而已。

一、前15年里，作为密切合作者参与的著述活动

新中国成立前，清华大学校长梅贻琦曾说过：“大学者，大学者之所在也。”1980年，潘菽教授进一步补充说：“大学者，大学者之所趋，大学者之所出也。”这是要求高校应当以教学与科研为中心，用具有高学术水平的教师去培养出高质量的人才。南京师大的心理学科和教育学科正是以此精神去抓科学研究与著述活动的，并且以本校为中心，团结了全国有关专业的同行协同工作。高觉敷先生主持的心理学史博士点是20世纪80年代全国首批博士点，并且形成我国研究心理学史的中心。那时我在江西师范大学教育系任教，正是这种协作活动使我成了南京师大的密切合作者，在高老的直接指导下跟全国的有关同行一起共同创建了中国心理学史学科。

1980年在重庆召开的中国心理学会基本理论学术会议上，我倡议集结出版中国心理学史研究论文集，这就是后来由江西人民出版社出版的，由潘菽、高觉敷主编的《中国古代心理学思想研究》（1983年），并被教育部定为暂用教材。我也由此跟高老有了直接交往，跟南京师大的心理学同仁有了联系。高老是研究心理学史的权威，不仅早对西方心理学的历史有系统研究，出版了许多这方面的专著和译著，而且“文革”前在所编写的《心理学史讲义》里，列有《我国自春秋战国至清初哲学中的心理学说》的专章。因此，1982年4月教育部（82）高教一司字038号通知，由高觉敷主编、潘菽为顾问，组织编写我国第一部《中国心理学史》。高

老指名借调我于1983年上半年到南京师大工作，负责起草编写大纲。在潘高二老的领导下，编写组全体同仁奋发努力研究和编写，先后在烟台、南京、庐山、曲阜开会讨论，最后在南京南昌定稿，1986年由人民教育出版社出版。我和上海师大燕国材教授任副主编。该书是中国心理学史学科创建的最主要的标志。美国心理学会心理学史分会前主席Brozek教授评论该书："以研究从孔子到现在的原始材料为基础，全面认识心理学史的著作，……像这样的科研项目在世界文献中还没有先例。我们深盼这一巨著的英文版亦能问世。"该书荣获了首届国家图书奖提名奖。

在这15年里还有四件事情值得提出来回顾，即南京师大心理学发展中团结全国同行共同编著的情况。

1. 组织全国6位心理学史工作者合作编著《心理学简史》，由刘恩久教授带头，我也被邀参加编写。全书包括三编，即中国心理学史（由我执笔）、西方心理学史、苏联心理学史，1983年由甘肃人民出版社出版。这是我国第一部涵盖中、西、苏的心理学史教材，后被国家教委定为高等学校文科教材。

2. 组织华东七校编写协作教材《心理学》，1986年由河海大学出版社出版，由张焕庭（后为郭享杰）教授带头主编。参加的是华东七所师大，我代表江西师大参加编写。该书满足了当时心理学教材应当反映新成果的需要。

3. 组织编写《中国大百科全书·心理学史分册》，1985年由中国大百科全书出版社出版，高老担任主编，全国许多中西苏心理学史工作者参加编写，我也是撰稿者。这是中国第一次编写大百科全书，并且有39个中国心理学史条目列入其中，令大家高兴。

4. 组织编写《西方心理学新发展》一书，高老任主编，反映出对这方面研究的继续深入发展。我也应邀参加了在上海华东师大举行的编写讨论会。

总之，人们看到南京师大心理学科不仅有深厚的历史积淀，而且在科学发展的春天里得到了飞速发展，尤其心理学史方面走在全国的最前列，成为全国的中心和领头羊。

二、后15年里，作为学科带头人和集体一员从事的几项工作

由于高老多次提名和鲁洁教授的关心过问，南京师大先后三次要调我来此工作。80年代初和1988年均因江西省不放行而未成。1992—1993年高老患病期间，我曾从南昌专程到南京探望慰问。高老从心理学博士点与学校建设的需要出发，再一次希望我来南京，后得知他给学校领导写了书面报告，誉称我是“心理学史理论家”，令我很感动。高老1993年逝世让我十分悲痛，后来经过南京师大跟江西师大两校领导的协商，和省领导同意，1994年冬我的人事档案转来南京，并在学校工作志中将我列为心理学博士点导师。1995年春后即正式到南京师大工作，成了这个学术集体的一员，并且遇上了学校进入“211工程”评审工作。由于校院领导和同行们的信任，并被赋予心理学省重点学科带头人的职责。2004年退休后仍继续从事研究著述工作和组织或参加一些全国性学术活动。总之，从这15年中，作为学科带头人和集体一员从事的几项工作，及其后续发展，也可窥见南京师大教科院的心理学科在飞速发展。这些工作主要是：

1. 老的心理学博士点有了新发展。以心理学史为特色和重心的基础心理学博士点，是20世纪80年代初我国首批为数很少的几个博士点之一，由高老开创主持，主要培养西方心理学史博士生。高老1993年逝世后，克服了后继无人的困难，1995年以后，在全国率先招收中国心理学史和苏联心理学史的博士生，成为唯一能全面招收培养中、西、苏心理学史的博士点。与此同时，增加招收培养心理测量、认知心理学、心理技术学等专业方面的博士生。现在基础心理学已建立博士后流动站，发展与教育心理学也建成了博士点。博士生导师由原先的一二人发展到现在的七八人，其中心理学历史理论就有叶浩生、郭本禹、汪凤炎三位教授主招。我校心理学正为建立重点一级学科而努力。

2. 作为心理学省重点学科曾评为优秀重点学科。省里和学校都高度

重视学科建设，着力抓了重点学科建设工作。1994年我院心理学已建设成心理学省级重点学科，不仅有力地促进了我校心理学的科研与教学工作质量的进一步提高，促进了心理学系所在工作中的紧密合作，而且对全省心理学学科的发展起到了推动作用。重点学科建设工作是有成效的，曾经被学校评为优秀重点学科。仅在理论心理学与心理学史的博士生导师便有叶浩生、郭本禹、汪凤炎三位教授，其年龄结构合理分别是50余岁，40多岁和30多岁。心理测量、认知心理学的博士和导师有余嘉元、刘昌等教授。

3. 中国心理学会理论心理学与心理学史专业委员会挂靠我校开展工作。该专业委员会过去一直挂靠中国科学院心理研究所。由于南京师大理论心理学和心理学史的队伍日益壮大，且我担任专业委员会主任也在本校，通过努力争取，中国心理学会于1997年决定将该专业委员会由北京迁来南京。这样从专业学会的角度，使南京师大形成全国理论心理学与心理学史研究与教学中心，团结了全国的同行共同开展学术研究与交流活动。顺便说一下，我校在中国心理学会的全国理事原先只有1人，后来发展到4人。

4. 创办《心理学探新论丛》和合办《心理学探新》期刊。学术刊物是专业研究成果交流的园地或阵地，也是窥见一个学校专业水平的窗口。南京师大没有专门的心理学刊物，先前师生的心理学研究论文除在本校学报有关专栏发表外，便是寄送办在外地的心理学专业刊物。本人原先受中国心理学会委托，在江西担任过《心理学探新》主编，调南京后刊物仍在江西，于是在省心理学重点学科经费支持下，创办了《心理学探新论丛》（1998—2001年，每年由南京师大出版社出版1辑），发表本校师生和全国同行的有关研究论文。在此期间，宋永忠校长还同我一道去江西师大商谈决定了合办《心理学探新》刊物，该刊物是20世纪80年代初由潘菽先生创办并任第一任主编的全国性学术刊物。

5. 开拓现代心理技术学的学科建设。20世纪80年代中期，本人提出重建心理技术学，并在江西率先招收心理技术应用研究生和创建心理技术应用研究所。但作为学科建设主要还是在南京师大，在全国率先招收了两届心理技术应用博士生，出版了专著《现代心理技术学》。建立了全国心理技术应用研究会（后改为全国心理技术应用研究论坛），挂靠我院。从2000年开始每年举办一次全国性学术研讨会，出版《心理技术应用研究》专集和在有关学术杂志出版《心理技术应用研究增刊》。还组织出版了心理技术应用丛书，全国不少高校和实际应用部门都争相承办会议。现已举办九次研讨会。除了许多心理学专业工作者和研究生参加外，还吸引了军空选飞办，一些省市组织人事部门、人才市场、保险公司的工作人员，甚至美籍华人学者、中科院物理研究所研究员和香港学人等参加，在全国心理学的社会应用方面起到了推动作用，我院不少教师如余嘉元、刘昌等教授都积极参加了这些活动。

6. 全院心理学教师承担了许多全国性和省级科研规划重点项目，出版了一系列学术专著，发表了大量学术论文，并获得不少奖励。仅以个人为例，主持3项全国性五年规划重点课题，发表论文和其他文章近百篇，出版个人专著和主编著作近20本，主持修订高老主编的《中国心理学史》。在这些著作中，《心理学通史》（五卷本）获江苏省政府一等奖、山东省优秀出版奖，《中国心理学思想史》获江苏省政府二等奖和教育部三等奖，《中国心理学史论》获江苏省二等奖，《新编心理学史》获广东省优秀出版奖等。

7. 开展了广泛的国内外学术交流活动。我院心理学教师重视走出校园，走出课堂、实验室与图书馆，积极参加国内国际学术会议交流，或请国内外专家来校讲学交流，博采众长。不少教师到过美国、俄罗斯、加拿大等国和港台地区，或讲学，或进修，或攻读学位，或出席会议。有的教师还与国外教授合作编写著作，个别博士生在读期间也曾出国进修，采取了国内外结合培养的方式。

总之，在党的改革开放阳光照耀下，南京师大心理学学科的发展呈现一派欣欣向荣的景象。作为它的一员的老教授应在“丛中笑”。

《什么是真正的心理学——50位现当代心理学家思想选粹》*前言

2010年1月，福建教育出版社出版了檀传宝教授主编的《世界教育思想地图——50位现当代教育思想大师探访》一书。当月底，出版社沈群同志电话约我主编《什么是真正的心理学——50位现当代心理学家思想选粹》，作为姊妹篇，以满足该方面读者群的需要。我正主编撰著山东教育出版社组织的《文化·诠释·转换——中国传统心理学思想探新系列》（共计11本），尚未全部完稿，感到有些为难。他说：你主编过《心理学通史》和《新编心理学史》，是较易完成的云云。鉴于此选题能够满足为读者群众服务的需求，也由于出版社的热忱相邀，我欣然答应了。当年2月拟定编写工作计划和组织编写团队，并且于4月下旬在南京师范大学召开了编写会议，正式开展编写工作。

我们曾经指出："心理学过去被视为一门理论深奥只为少数人研究的科学，现在已经渗透到社会生活的方方面面，甚至是家喻户晓的学科。人只要活着就有心理活动，个体和群体在社会中的各种实践活动都要受心理活动支配。所以凡有人活动的领域都有需要研究的心理学问题。心理学既不是单纯的自然科学，又不是单纯的人文社会科学，而是一门同

---

*本书由福建教育出版社2012年出版。

时具有自然科学性质和人文社会科学性质的二重性学科。人是一个活生生的整体的社会人，不只要研究心理学的理论问题，更要研究心理学的应用问题。”（杨鑫辉：《面向社会生活，积极开展心理技术应用》，载甘肃文化出版社《心理技术应用研究》第三辑，第1—2页，2004年版）实际上，我国的心理学实验理论研究和社会实际应用，已经有了长足的发展，据《中国心理学年鉴2007—2008》收集列举，全国已有心理学研究和教学机构45个，心理学学术期刊9家。各省高校都有多个心理学系或心理学专业，有的更建立了心理学院，大中学校普遍建有心理教育中心。面向社会生活实际的心理学应用机构也出现在许多大中城市，各类人才选拔部门、医疗与保健院所、体育运动与竞赛场地、重大自然灾害地区、社会民情调查活动……也都有心理学工作者的身影。总之，社会生活需要心理学，广大群众需要了解什么是心理学，它的主要流派理论思想是什么。这也就是编写本书的动因。

在回答“什么是心理学”这个问题时，为什么只选50位现当代西方心理学家的思想来回应？国际学界都公认，现代心理科学的诞生是以德国冯特于1879年建立世界上第一个心理实验室为标志，它使心理学从哲学的母体中分化和独立出来。当然此后更出现了许多心理学流派的理论思想，从不同的视角揭示心理学的内涵，使心理学在世界各国尤其先在西方国家普遍发展起来，并且从学术研究走向社会应用，对人们的社会生活产生着广泛的影响。必须强调指出的是，本书没有介绍中国心理学家的思想，主要是为了集中介绍国外的心理学。其实，中国古代便有非常丰富的心理学思想，散见于文、史、哲、教育、医学、军事各家各派的论著里，中国是世界心理学思想最早的重要策源地之一，现代心理科学也有长足的发展，请读者阅读另外的论著。

本书介绍了五十位现当代西方心理学家的理论思想，基本上按照心理学流派编排，有些则按研究领域归类。这样按心理学流派的人物有，结构主义：冯特、铁钦纳。意动心理学：布伦塔诺、胡塞尔。行为主义：华生、斯金纳、班杜拉、康拉德·劳伦茨。机能主义：詹姆士、闵斯特伯格。

格式塔心理学:苛勒、勒温、詹姆斯·吉布森。精神分析:弗洛伊德、荣格、阿德勒、埃里克森、霍妮、弗兰克尔、克莱因、拉康。人本主义:马斯洛、罗杰斯、罗洛·梅，肯·维尔伯。认知心理学:贺伯特·西蒙、乔治·米勒、皮亚杰，乔姆斯基。生态心理学：罗格·巴克。积极心理学：塞里格曼。苏俄心理学：巴甫洛夫、维果茨基、鲁利亚、鲁宾斯坦、列昂节夫、安纳耶夫。按研究领域的人物有，人格与社会:奥尔波特、雷蒙德·卡特尔、汉斯·艾森克、乔治·凯利、麦独孤。道德与教育:桑代克、约翰·杜威、杰罗姆·布鲁纳、科尔伯格。智力:加德纳、斯腾伯格。认知与神经科学:斯佩里、加扎尼加。为了较全面地了解心理学家们的心理学理论思想及其学术地位，首先对每位心理学家简介生平，其次重点介绍其主要心理学著作与理论思想，最后作出简要的评价。并且要求撰稿者将保证内容的科学性放在首位，同时注意文字的可读性，尽力满足读者对综合类心理学读物的需要。

参加本书编写的作者有：南京师范大学刘穿石、汪凤炎，苏州大学彭彦琴、何华，华中师范大学郭永玉，兰州大学王光荣，中国政法大学王国芳，广州大学郭斯萍，暨南大学曾红，五邑大学罗清旭，河海大学陈培玲,南京晓庄学院王丽春。他们大多是我过去培养的一批心理学博士，现在各地高校担任教授或副教授，其他参加撰稿的是他们的博士生或硕士生。全书的完成是集体智慧的结果，我感谢大家各负其责和通力合作的工作精神。尤其要感谢苏州大学副教授彭彦琴博士，她以父女般的情感体恤老师年高体弱，自始至终倾其全力协助我主编该书的工作。

最后，还要感谢南京师大郭本禹教授为读者提供过有关选取现当代西方心理学家的最新资料，感谢福建教育出版社尽早出版的大力支持和责任编辑沈群同志的友好合作。

信念·乐观·意志*

——战胜人生困难的心理力量

某书编者给我一个题目，你战胜人生最困难时的心理力量是什么，要求我或请别的博士生导师来写。一则因为工作确实繁忙，二则觉得自己的感受不深，所以一直没有动笔。前不久，编者又连续两次电传催稿："长短都可，望勿推辞。"这样，就非得交个急就篇了。

每个人的人生当然都离不开所处社会的大舞台，但是，社会每一成员的人生毕竟是由他自己写就的。人生就像驾舟在昼夜不舍的河川，不可能总让你在风平浪静中行船。若遇狂风巨浪时，你是怎样驾驭自己的小舟的呢？我想你战胜风浪时的信念、乐观和意志，也就是你战胜人生困难的心理力量。

我已经是六旬之人，可叹自己是医药世家里的一个小儿麻痹患者，走过了比别人更艰辛的道路。以优秀的成绩度过了从小学到大学的历程，从教中师开始，成了大学教授，博士生导师，曾获国家级有突出贡献中青年专家和全国优秀教师等称号，报刊电视常冠之以心理学家的头衔。我所做的一切是我应当做的，获得许多荣誉则愧不敢当。也许有的青少年认为我们走的是坦途，没有遇到什么特别的困难挫折吧，不，路是人走出来的，坎坷是用脚踏平的或用手铲平的。在我的人生道路上，也遇

*载《大众心理学》2000年第1期。

到过困难挫折或危险。我不想作一个心理学工作者的理论分析，而只谈一点亲身的感受。战胜这些困难，挫折或危险时的心理力量是什么呢？我的简短回答是需要信念，乐观和意志。

我学习的专业是心理学和教育理论。“文化大革命”十年浩劫时期，文化教育和科学技术都遭到了严重的破坏，“四人帮”叫喊“不学ABC，照样干革命”，“知识越多越反动”，心理学被打成“唯心主义”、“伪科学”，各级学校停开心理学的课程，停招心理学专业的学生，连中国科学院心理所也被宣布撤销。心理学教师和研究人员，或者被迫改行，或者被下放劳动。此时，我在母校萍乡中学教语文，虽然认真教学并受到学生欢迎和学校好评，但内心失去所追求要从事的专业的心理挫折是沉重的，读大学时想成为一个心理学者的理想近乎成了一种梦幻。半道出家改教语文能够成功吗？即使能成功也要比别人付出双倍的努力，否则要做一个成功者的志向就难以实现。这是我人生道路上遇到的第一次最大的困惑与危机。

作为一个心理学工作者，我是怎样面对这次重大挫折的呢？怎样保持一种健康的心态去工作和生活的呢？我虽然有激烈的心理矛盾，但是我没有消极悲观，通过冷静的分析后认为：心理学是一门科学，应当有坚定不移的信念，不利的大环境个人无力改变，但不能消极而应当积极应变，努力搞好现在可以从事的工作。在困难面前要尽量乐观，克服各种具体困难时，则必须有坚强的意志。就这样，我刻苦钻研古代汉语和古典文学，研习语法、修辞和逻辑，所承担的语文教学工作受到好评。江西省委托萍乡市编写全省城市中学语文教材和教学参考资料，当时由北京师范大学回到家乡的国家教委副主任柳斌同志担任编写组长，我也被吸收参加并担任小组长。9年语文教学工作和3年语文教材的编写工作，提高了我的古汉语水平，这为我后来参加创建中国心理学史这门新学科提供了一个有利的工具性条件。“文革”中破“四旧”，我的一批心理学教育学书籍和《心理学报》、《心理学译报》等专业杂志也被造反抄家没收了。由于我坚信心理学是科学，科学的东西总会有用的，故以“批判需要”

的巧妙方法索回书刊而被保存下来了。这为我1978年归队到江西师范大学重操心理学旧业，有一批专业书刊可用提供了条件，在当时许多图书馆的书籍也大量散失的情况下是特别宝贵的。

除了专业发展的重大挫折，我还遇到过地震和疾病缠身的危机时刻。1985年夏，参加高觉敷老教授在上海华东师范大学召开的“西方心理学新发展”编写讨论会，一天午夜，渤海发生地震，严重影响上海地区，震感异常强烈，门窗玻璃和热水瓶等物都震得发出响声，人们被惊醒，来不及穿外衣就仓皇逃离住房，当时的反应都处于应激状态。我和江西师院来此出差的两位同志聚在一片空地上交谈并静候危情的变化。我心里想的倒是妻儿家人，至于自己，如果地震再起，且处震中则在劫难逃，怕也无用，应当尽力处危不乱，远离高楼站到平地处争取最大的生存可能性。就这样，我们尽量互相鼓励和安慰，并谈些别的事情来冲淡和放松紧张感。后来广播里告知震源在渤海，不会有危险。在前后三个小时的紧急状态中，镇静自若使自己保持了比较平静的心理，而未出现恐慌心理。

疾病缠身的痛苦更是人人都会遇到的。1986年夏天，由于诊断不当，让我服防治肺结核新药，肝功能被破坏，出现严重的黄疸，被送进传染病院住院一个月。这是我一生中住院时间最长的一次，病情来势又猛，不但影响当时负责的教学科研和系主任工作，而且担心影响我第二年春应邀去加拿大讲学，心里很乱，心理负担很重。有当时写的《病中吟二首》为证，其一，《感怀》：“六月荷花伴我生，泛舟学海觅宝莲。壮志未酬力先衰，欲与天公争寿年。”其二《杂吟》：“病榻冥思情，指日若度年。书斋讲坛景，几度梦归期。”从中不难看出，我当时既有壮志未酬的感慨，和指日若度年的痛苦心情，但也有“欲与天公争寿年”去战胜病魔的顽强精神，更有“梦归期”的憧憬。我在心理上没有垮下去，尽力保护着心理的健康。也正是这其中的积极心理支持着我度过病床上难熬的一个月和一段较长的康复期。

从心理卫生学的角度来看，人生最困难的时候，就是个体心理受挫折的时期。挫折情境与挫折感受是密切相关的，它是一个S—O—R的过程（刺激—个体状态—反应），即与个体状态密切相关，其核心是认知和挫折承受力。因此，我在人生道路上遇到困难时，总是用坚定的信念、乐观的精神和顽强的意志去战胜它，尽力使自己始终处于一种积极的、健康的心理状态。人应当永远保持自己积极乐观的心理支点。

德学双馨　后学楷模*

我国著名心理学家刘兆吉教授，是美育心理学创始人及中国心理学史创建发起人之一。1980年在重庆举行的中国心理学会基本理论学术会议上相识以后，在共同创建中国心理学史学科的21年中，我们交往密切，成了忘年之交。他对我关怀备至，曾先后为我的三部拙著撰写序言，他是我的良师和挚友。

2001年国庆节前夕，收到刘老9月24日的来函，说："知您很忙，但也要求您为我写篇序文，可长可短，时间在今年12月前。原因后年贱辰满90岁，校方和挚友们，要为我祝寿并出版纪念文集。我对祝寿一贯反对。我答应2008年看了奥运会活到一百岁，我主动请客，自然也请老兄。出纪念文集我同意了，借此宣传我的文艺、美育心理学思想。"11月初，我在广州参加中国心理学会第八届会员代表大会返回南京师范大学时，忽闻刘老仙逝的噩耗，令人不敢相信，核查却又无误。悲哉！痛哉！中国心理学失去了一位德学双馨的心理学家，我痛失了尊敬的良师和挚友。原先是要为刘老90大寿出版纪念文集作序，现在却成了他逝世后出版文集的序文。

兆吉先生是我国老一辈心理学家，他的著述丰硕，涉及面广泛，具有独创建树。本文集分为三个部分：既有美育心理与文艺心理研究，又

---

*载《刘兆吉美育心理文艺心理研究文选》，西南师范大学出版社2003年版。

有教师心理研究及其他文选。主要反映刘老近20年来心理学研究的成果。古稀之年以后有如此丰硕的成果，充分体现其治学勤奋不已，为学术奋斗终生的高尚精神，堪为后学之楷模。

刘兆吉教授首创性提出美育心理和美育心理学学科概念，并逐步发展成为一门独立的美育心理学学科。它是“研究美育过程中受教育者心理活动规律和心理品质形成的心理科学”，是教育心理学的一个分支学科，对于怎样培养学生的审美欣赏力、表现力、创造力和促进德、智、体全面发展的素质教育具有重要意义。他于1986年发表了《创建美育心理学刍议》，明确提出创建美育心理学学科问题。此后出版多部专著或主编著作，如《文艺心理与美育心理》（1987）、《美育心理学》（1990）、《美育心理研究》（1993）、《中学美育心理学12讲》（1994）等。这些著作都闪耀着刘老学术思想的创新和扶持后辈、培育学术群体的精神。在他逝世前一年发表的《七十年来文艺心理学与美育心理学创建与发展概况》（2000）一文对此作了总结性的论述，这是他最后一篇重要的学术论文。

根深才会叶茂。刘老提出的深邃的美育心理学思想，与他在教育心理学、文艺心理学与美学等方面的深厚功底密不可分。他受联合国教科文组织和联合国开发计划署聘任，经国家教委批准，担任《高等学校教育心理学》主编（1995年），还担任《中国大百科学书·心理学》卷“文艺心理学”分卷主编（1991年），《心理咨询百科全书》“美育心理学”分卷主编等。并在《心理学报》、《教育研究》等刊物上发表一系列论教师心理的文章。值得特别提及的是，2001年8月，北京商务印馆影印出版刘老1946年编著的《西南采风录》。我收到赠书后即爱不释手阅读。闻一多和朱自清等大师都曾为当时只是一位大三学生的刘老所写的这部著作写序，大加赞美道：“刘兆吉以一个人的力量来做采风工作，可以说是前无古人。”（朱自清语）“毅力实在令人敬佩。”（闻一多语）语言学大师赵元任称誉该书中的“歌谣区域的方音与国音之比较”一文，是研究中国西南方音的第一手材料。

刘兆吉教授是创建中国心理学史的发起人之一，参加了《中国古代心理学思想研究》、《中国心理学史》、《中国心理学史资料选编》等书的编著工作。其中，《〈乐记〉中的心理学思想研究》、《〈学记〉中的教育心理学思想研究》、《先秦时期心理学思想概述》等文，代表性地反映了其学术观点，并受到学术界高度重视。1980年，我倡议并具体组织编辑出版的《中国古代心理学思想研究》一书，是我国第一部心理学思想史论集，为后来编纂《中国心理学史》奠定了基础。我首先写信给兆吉先生取得赞成与支持后，才给潘菽、高觉敷两位先生写信并请他们担任主编，领导编写工作。刘老担任了编辑会的召集人，在这个开创性工作中的贡献是功不可没的。

呜呼！人去书存。今天，我们只能在刘兆吉先生的著述中吸取丰富的学术养料和高尚的道德精神。谨以我痛悼刘兆吉教授的唁电结束这篇序文：

良师挚友入仙境，高德学问留人间。

我的治学之道*（讲座提纲）

▲ 67年人生之旅（1935—2002年），48年学术生涯（1954—2002年）

● 志坚当高远不断进取，情真贵久深始终如一。（人生座右铭）

● 虚怀若谷博采众长，独立思考锐意开拓。

三个领域开拓 { 中国心理学史学科创建；现代心理技术学体系建构；现代大教育观理论构想 } 唯物辩证法指导，“一导三维多元”方法论。

● 一以贯之，自成体系。

子曰：“吾道一以贯之。”（《论语·里仁第四》）

我的“一以贯之，自成体系。” { 理论前后一贯。理论践行一贯。

● 治心理学之真谛：

治史之意不在古，论古之旨却在今，通古变今昭示明天。

学科交叉，应用普及是心理学发展的生命力。

● 研究生教育之法：“三式一化”，爱徒如子。

引导式、研究式、互补式，品格化（人格化）。

*南京师范大学，讲座提纲，2002年4月25日。

学问做到底是做人。

人生三大乐事:讲课授业一乐也，著书立说二乐也，培养青年三乐也。

●战胜困难的心理力量：信念、乐观、意志。

心理学专业危机；上海开会遇地震；重病住院。

▲ 结语赠言：

科学研究无坦途，勤奋创新功自成。

注：曾应邀到多所兄弟院校作此讲座。尤其2003年参加华中师范大学百年校庆，给教科院师生讲座，以此向母校汇报。

古今斋生活诗抄

① 游览庐山诗四首

登庐山

驱车登匡庐，纵目群山小。
攀高迈新步，更觉人未老。

花　径

自古花径留人泳，而今此处更称奇。
怪草异卉兼工巧，寄语白翁谱新词。

三宝树

苍劲宝树逾千年，刺破林海入云天。
不惑书生争岁月，勇游学海宏图展。

杂　记

老君殿里品仙茶，天桥岩上学儿爬。
小亭躲过雷阵雨，树摇洒水受一吓。

注：以上是参加江西省萍乡市高考命题组期间，1978年6月28日游庐山有感而作。

② 题合家欢照

调寄天净沙

蓝天绿草红旗，妻儿喜笑嘁嘁。
大道车奔人熙，朝阳东起，
建“四化”献珍琦。

注：1978年冬归队到江西师范大学，从事乐学的心理学专业，翌年春举家由萍乡迁南昌，在人民广场合影，1981年8月27日题照。

③ 松月吟

青松兮，坐待明月。银球兮，跃入松涛。
月照松林兮，千思万绪，清风彩云兮
乘我遨游天宫。

注：1983年8月3日傍晚，“中国心理学史”编写组三五友人，同游庐山“月照松林”，即兴感赋。

④ 病中吟二首

1986年夏，在南昌市传染病医院病榻之上近一个月。

其一：感　怀

六月荷花伴我生，
泛舟学海觅宝莲。
壮志未酬力先衰，
欲与天公争寿年。

其二：杂　吟

病榻冥思情。
指日若度年。
书斋讲坛景，
几度梦归期。

⑤ 贺母校萍乡中学八十周年校庆

风华正茂踞鳌头，
广游四海学有成。
汪公潭水深千尺，
不及萍中哺我情。

1986年11月11日作于南昌

⑥ 贺高觉敷教授90大寿

学海求索近百年，
心史业绩堪称先。
桃李芬芳满神州，
华章风范后学传。

⑦ 痛悼朱智贤教授

一

始得噩耗疑眼误，
终失良师痛心间。
临赴黄泉遗励书，[①]
后继学子哭先贤。

二

勤耕精研六三春，
广育弟子逾万人。
博士硕士拥庭院，
更添红杏胜芳群。[②]

三

“儿心”惠泽四十年，
“辞典”浩繁更空前。

自成体系成一家，
华厦特色堪称先。

四

宏篇巨著蒙多赠，
交耳谈心情更笃。
八旬寿诞犹今日，
百年垂范留千秋。

注：① 指朱老1991年3月4日下午5时，为拙著《中国心理学史研究》问世写给我的勉励信，这是他辞世七八小时前留下的最后遗笔，痛哉！
② 指朱老培养了我国第一个心理学博士林崇德教授。

⑧ 自励箴言

志坚当高远不断进取，
情真贵久深始终如一。

注：1992年《争鸣》第3期刊文评介我时，邀我题辞，当时写的是1990年已提出的“志坚当高远，情真贵久深”，后来又加8个字。

⑨ 自题诗

1995年7月11日60岁生日，研究生们为我祝寿，师生之情笃厚，后赋诗以志。

“江湖”闯荡六十春，
“心史”学海探浅深。
红梅励志众排难，
白莲伴生自洁身。

注：“江湖”，指在江西、湖北、湖南、江苏四省学习、工作、生活。

⑩ 心理咨询有感

笑骂皆成爱，

时日验真诚。
数载如一日，
情笃意更深。

1996年作

⑪ 游太湖吟[1]

太湖泛舟踏碧波，
涛声奏我心底歌。
南山劈水藏鱼米，[2]
同仁飞艇兴更高。

注：① 香港大学杨中芳博士邀我参加中国传统心理的现代意义研讨会，1996年7月24日与会者泛舟太湖，即兴而作。

②太湖中有南山岛，岛上村民世代渔耕，鱼米双收。

⑫ 题照

2000年4月下旬应邀赴徐州师范大学讲学，偕夫人黎志萍游沛县汉城，为两张湖畔留影题照：

清清湖水，
可鉴景物。
笑容满面，
如听歌声。

清清湖水，
可鉴景物。
悠悠我心，
若闻琴音。

⑬ 学海追求

67岁生日有感：

讲学开人心之扉，
著述寄墨砚之情。

2002年7月20日（农历6月11日）作

⑭ 人生崇尚

淡物欲兮，知足常乐。
尚精神兮，人生真谛。

2003年1月31日作

⑮ 简居铭

仿唐代刘禹锡《陋室铭》，南京师大迁萍乡市凤凰山庄新居抒怀：

山水不在高深，仙龙成其名灵。斯是简居，唯学德馨。居依凤山隅，地畔鹅湖滨。谈笑多博硕，往来有耕工。淡泊物欲，精研心灵。讲学开人心之扉，著述寄墨砚之情。学海五十年，转眼一瞬间。爱心长留，真情永存。自砺云：何简之有？

2005年1月7日清晨于江西萍乡市

注：2004年退休了，冬季迁居老家萍乡市。主要由于学术研究交流的需要，2009年春又迁回南京市。现居南京仙林大学城仙乐湖旁香樟园。

⑯ 六十周年国庆有感

国运昌隆六十春，
科教园地百花荣。
园丁雄健七旬翁，
讲学著述重育人。

2009年9月13日作

附　录

贺鑫辉教授八十大寿

人生七十古来稀，
今日耋耄未足奇。
心理技术惊海外，
中心史学撼华裔。
一导多元方法论，
两中三外五篇诗。
但祈教授养生好，
乐享天年超期颐。

燕国材

2014年5月于上海师范大学

[附录1] 报道评论感言

心上的路*

路像琴键在晨光中跳动，

把一个美好的信念歌赞。

——题记

夕阳的余晖徐徐地融入大地，淡黄色的月轮从肃穆的天际渐渐升起。他偕同妻子从寓所走出，开始了每天傍晚照例的散步。

他叫杨鑫辉，江西师范大学教育系讲师，年龄约50挨边，清瘦的脸上架着一副眼镜，身体看上去有点羸弱，腿还有点瘸，但步履显得有力而自信。

“哎，孩子的学习成绩不好，该抽点时间辅导一下。”这是妻子细微的声音。

没有回声，他若有所思地向前走。

“还有你的心脏，也得抓紧去医院复查。”

“嗯。”他心不在焉地回答着，一只手摸着派力司裤子的口袋，里面有刚收到的三封信。两封是全国著名的心理学家潘菽和高觉敷教授写给有关单位的信（复印件），推荐杨鑫辉带硕士研究生；另一封是聘请他为《心理学大词典》中国心理学史分卷副主编。

微微发胖的妻子不再做声了。伴着他款款而行。她知道他的“心病”又发了——一想到那心理学就忘记了一切。他啊，大半辈子，一颗心就

---

* 记者熊伟明为迎接第一个教师节做的采访，《江西日报》1985年9月11日专版发表。

放在心理学上……

杨鑫辉老师的祖父是个行中医兼开中药铺的，虽说是在萍乡一个小镇上，可在到处都是手拉肩扛的煤矿工人世界里，这职业是再吃香不过了。父亲继承了祖业，也希望把这祖传家业交给儿子，何况小鑫辉是个苦命的孩子，3岁得了小儿麻痹症，腿瘸了；5岁那年又失去了母亲。命运的磨难，使他从小养成了不屈服逆境的坚韧性格。

他挎着蓝士林布书包，穿着垫稻草的“牛皮鞋”上了学。每天来回要走近几里路，从不迟到。考试经常名列前茅，得过奖章，免过学费。高中毕业定志向时，他郑重地选定了教师这门光荣的职业，考入了华中师范学院教育系。

1958年，他以优异的成绩大学毕业，由于家庭有海外关系的原因，折腾了许久，没能留校，他提着档案袋来到湖南，省教育厅说错过了分配时机，被分到一个小县城，他没吭声。当他风尘仆仆地赶到县教育局时，一位人事干部第一句话就问：

“你平时喜欢什么？”

“我什么都喜欢，像唱歌……”他兴致勃勃地回答。

“好！县师范学校就缺一名教唱歌的，你去吧！”

“啊！”他张大了嘴巴，半天合不拢，脸色由白变红，那我的教育专业、心理学研究呐？这下他忍不住了，好说歹说，总算没当唱歌老师，如愿以偿，任教心理学和教育学两门课程。

寂静的小县城，环境幽静，他开始了对心理学循序渐进的钻研，教师是人类灵魂的工程师，不懂得心理学，怎么对学生施之以教？他根据教学需要，大胆改革，编写出了《教育心理学》等一系列教材，并开始撰写研究心理学的论文，在心理学史研究的道路上，留下了浅浅的一串脚印。就是“十年动乱”中，被当作“西方资产阶级学科”的心理学课停开的情况下，杨鑫辉也没有停止对心理学的探索研究。

他们顺着宽坦的水泥路，缓缓地走着，越过枝繁叶茂的大花坛，走近了校门。那崭新的立柱，那辉煌的校牌，多么壮观。杨鑫辉记得，他第一次进这座校门时，门楼没有这么高大，路面没有这么平坦，还着实有点坑坑洼洼。

1978年冬，杨鑫辉从萍乡一所中学调到江西师范学院任教。形势的鼓舞，不泯的追求，他的心帆鼓满了春风。在教学科研计划会上，他明确提出：教育系应开设中国心理学史课程，我们应研究这门空白学科。

大家震惊了。

“北大和一些名牌大学都没开这门课，能行？”半是担心，半是怀疑。

怎么不行，世上的路不都是人走出来的吗！杨鑫辉怎能忘记，在大学读书时，听一位著名教授在讲授心理学课，他当时被那生动的讲学所感染，当他听到：有些国外的学者著书立说、讲心理学史，言必称希腊、欧美，对中国心理学史只字不提。第一部中国的科技史是英国人李约瑟撰写的，而中国的心理学史难道也要外国人来写吗？杨鑫辉的心绪难以平静，一种立志为国争气的信念在他心里萌动、扎根。

在我国悠久的文化史上，历代的思想家像孔子、荀子、王充、朱熹等，都有着丰富的心理学思想，先秦的心性说，汉晋的形神说，唐代的佛性说，宋代的性理说，都蕴藏着丰富的心理学思想。清代王清任的《医林改错》比俄国生理学家谢切诺夫的《脑的反射》早几十年，他创立的“脑髓说”对世界生理心理学是一个重大贡献。中国是世界心理学思想最早的策源地之一，我们必须要有自己的心理学史专著。

正因为中国心理学史至今还是个空白，是片等待开垦的处女地，才需要我们去开创，去探索，去踏出一条通向世界心理科学高峰之路。过去，由于对心理学认识上的错误，延误了时间，现在不抓紧赶上，又待何时？

杨鑫辉心情异常地激动，透过镜片，可以看见他那双眼睛在闪亮，面对不少白发丛生的老师，他有些局促、更有点执拗地谈了自己的认识和计划。

“我支持你！”系党总支副书记，一位通达的老大姐站起来表态。

杨鑫辉心里呼地热起来，情不自禁地跟着站起来，他翕动着嘴，却说不出一句表达心情的话，只是在那显得苍白的脸上，漾出缕缕笑纹。

顷刻，四只手，接着是更多的手紧紧地握在一起。

他沿着一片荒芜之地，在老一辈学者的指导支持下，用那坚实而执著的步履，一步一个脚印地艰难地开拓前进。中国古代虽然有丰富的心理学思想，但它们是散见于哲学、教育、医学、军事等各种著作论述中，汇集成篇成册的资料极少，几乎是空白。杨鑫辉只有从悉心钻研原著，搜集整理第一手资料着手，一点一滴地收集、梳理、编写……

王安石，人们知道他是中国著名的政治家、思想家、文学家，但他有没有心理学思想呐？按照心理学是从哲学中派生出来的一门科学的道理，大凡思想家都可能有其心理学思想。那么，王安石的心理学思想表现在哪里？杨鑫辉在王安石众多的论著中，寻找其心理学观点，他通读了《临川集》等大量的书籍，做了大量的卡片，然而，像这样一位学识渊博的人物，要理出其心理学观点并不是件易事。他陷入了苦苦的思索中。

晚上，他躺在床上，辗转反侧，脑海里的屏幕上，慢镜头地闪现白天读过的书页。思想的声纳，在浩瀚的知识海洋里探寻。

忽然，他披衣起床扭亮台灯，急速地在纸上书写着。

他运用自己扎实的古文基础、心理学基础和清晰的思辨能力，用科学的方法理清了王安石哲学思想、教育思想与心理学思想的界限，找出了王安石的心理学基本观点，即他的“神生于性，气生于形”的形神观，“性情一也”的情欲心理思想，“可视而知，可听而思”的认识心理思想，以及“得乎天，得乎人”的智能心理思想等心理学观点。像“得乎天，得乎人”的观点，就是杨鑫辉从过去人们忽视的《节度推官陈君墓志铭》中挖掘整理出来的。

当他在《王安石心理学思想研究》的论文提纲上打完最后一个句号，皎洁的月光已西斜。他靠在木椅子上，舒展一下酸胀的身子。忽感一阵热气直炙手心，扭头一看，桌上，放着妻子做的一碗“秤砣”蛋。

自1980年10月，杨鑫辉第一篇成名作《〈学记〉心理学思想初探》问世，不久，又在全国性学术刊物《心理学报》上发表了《研究中国心理学史刍议》一文，提出了不同于西方的心理学史研究方法，强调要抓住心理的实质这条主线，以现代心理学体系概念为框架，理清和把握住中国心理学思想发展的脉络。他的一些颇有见地的观点，引起了国内外学者的注意。1984年12月，杨鑫辉赴北京参加中国心理学会第四届代表会议暨学术年会。会上，他当选为中国心理学会理事。他发表的论文的质量和数量都令人瞠目。6年来，发表论文40多篇，参加编写专著6部，还有《中国大百科全书》（心理卷）和《中国哲学年鉴》的撰写工作。他担任副主编的《中国心理学史》，被国外称为“是全面论述中国心理学史著作，最庞大并为国际学术界特别关注的科研项目”，“在世界文献中还没有先例”。一位美籍华人心理学教授赞道：“杨鑫辉先生是国内研究中国心理学史的杰出的一位。”

终于，杨鑫辉以他的才华和毅力，为开拓中国的心理学史，迈出了重要的可喜的一步。

出了校门，右侧，就是美丽的立交桥，街道两旁的高压钠灯在深沉的暮霭中倏然闪亮，铁路沿线的信号灯，交替泛彩。杨鑫辉信步走上桥边的人行道，伏着栏杆，看看人来车往的交通线，又瞅瞅身边的妻子，往事又飘拂在眼前……

这条路他太熟悉了，他的妻子是位缝纫女工，刚到这个城市时，在市区最边远的一个工厂做工。杨鑫辉每天工作到很晚，夜深了，安顿好儿子睡觉，便带着手电，沿着这条路赶到广场去接下夜班的妻子。

这是一条记载他艰难生活的路，也是留下自己思绪轨迹的路，他不论刮风下雨，坚持履行一个做丈夫的责任，同时，又一刻不放松为理想而拼搏的弓弦。他总是边走边思考心理学上的问题。有一次，他思考问题走了神，路走岔了，妻子从右边赶回家，他却走到左边去了。待觉察后，他赶紧一拐一拐地往回走，妻子也从家里打回头。半夜，两人才在下着雨的街头碰面了。妻子一把扶住疲惫的丈夫，分不清是雨水、汗水，还是泪水，纵横地流满了她一脸……

那年，他刚从外地开会回来，又接到通知，要他赶到南京，去开起草心理学史大纲的会议。可这时，妻子患乳腺瘤要开刀。

“你去吧，我叫亲戚来照料。”妻子躺在病床上说。

“开刀，这么大的事，我怎么能离开？”杨鑫辉心疼地看着呻吟着的妻子。

“要开会呐！”

“开会？”一想到开会，杨老师心里顿感乱麻似的。这个会议的内容计划，有些是由他制定的，他不去，会怎么开？

商量结果，做门诊手术。手术当天，他吃力地搀扶着妻子回到家里。

晚上，他一边忙着护理妻子，一边还在准备会议的发言材料。他看到玻璃板下自己和妻子的合影，想起在“动乱”年代，是妻子冒着风险为他保存心理学书刊和手稿。当有人把自己下放到一个“戴帽子”（中小学在一起）学校去时，是妻子贴着耳边说：“不要怕，你干不了工作，我踏缝纫机养活你。”而妻子有难时，自己却……他的镜片渐渐模糊了。

五天后，妻子的刀口刚拆线，他噙着泪，向妻子告别，急匆匆地踏上了那东去的列车。

他对他的事业，就是这样追求。在南京编教材的半年中，他经常抽空往返十几里，泡在市图书馆阅读明代著名唯物主义思想家王廷相的《王氏家藏集》，58册线装书，留下了他细密的手纹，笔记写了厚厚的一大本，并写出了《王廷相的唯物主义心理学思想》一文，发表在《心理学报》上，获得了学校优秀科研论文一等奖。

他和妻子踏着月辉，踱回学校，走近了系里的办公大楼。闪烁的灯火，似天上的繁星，向他眨着熟悉的眼。

也是这样的夜晚，也是这样的灯光。1983年“七一”前一天，在办公室，系党总支书记找他谈话，告诉他：“经党组织考察批准，你被光荣地吸收为中国共产党党员，明天，举行入党宣誓。”他的心剧烈地跳动，实现了几十年孜孜不倦追求的心愿，这是他个人的心（生命）—理（理想）—学（治学）史上最光辉灿烂的一页。

这以后，他担任了系副主任的职务，肩上的担子更重了。除了处理行政事务、外出开会、接待来访外，他总是设法保证充足的教学时间。

学生们十分喜欢他那深入浅出的讲课。仅去年一个学期，就上了104节课，比一般教师课时还多。在这座大楼里，他常常不知疲倦地工作到深夜。

今年春节的前几天，他从外面工作回来，路过办公楼前，心头顿感一阵揪心地疼痛。他蹲下来，按摩了好一阵子，缓解些，便支撑着站起来，跌跌撞撞地走近家门。刚调到校内工作的妻子从里屋看见，吓得手上的东西都扔掉了，赶紧把他扶进屋，又一阵疼痛，使他躺在床上起不来了。

他被送进了医院，诊断结果：长期疲劳，心脏供血不足，需住院观察。

研究“心”的学问的人，自己的心脏却出了问题。他躺在安静的病房里，心里却一丝也不能安静。他急着要出去。妻子嗔怪道：“机器都要常加油，你这样没日没夜地花心血，血当然供应不上。”

住院第三天，大雪纷飞，学校和系里的领导带着慰问品赶到医院看望杨鑫辉，推开门一看，床头放着书籍和信札，人却不见踪影。一问，才知他坐车外出了。此刻，他正在宾馆，和省里有关部门领导商量会见国外心理学教授之事。领导望着窗外白皑皑的雪地，似乎看到一颗比雪更洁净的心灵。

月夜的校园，清风拂面，灯影绰约。杨鑫辉心地充实地走在池塘边的小路上。想到第一个教师节就要来临，要干的事情实在太多了，不由得加快了脚步赶回宿舍。

杨鑫辉坐在自己书籍堆成山的桌前，桌上，放着他准备撰写的《中国古代心理学思想概论》、《古代管理心理学思想》两部专著提纲。他摘下眼镜，擦了擦镜片，目光是那么炯炯，神色是那么激奋，他埋下头，又开始了辛勤的新的探索征程……

拓荒者的脚迹*

1988年10月22日,《江西日报》在头版显要位置刊登了一则“我省十五名科技管理工作者获国家级有突出贡献的中青年专家称号”的消息。在喜获殊荣的名单中，有一个人们并不陌生的名字，他就是江西师大教育系副教授杨鑫辉。读者们也许记得，1985年，第一个教师节时,《江西日报》曾以整版篇幅报道过他的不凡事迹。

有一篇报告文学的题目叫《一颗普通的灵魂能走多远？》，它告诉我们，一个人的潜能发挥出来，可以令世人叹为观止。今天，杨鑫辉老师无疑已成为教育科技界一颗众所瞩目的新星，然而，仅仅在八九年前，他还刚从一所中学调入江西师大，刚刚选定他的科研课题。在如此短暂的时间里，杨鑫辉老师走了有多远？有哪些突出的成就使他有了今日的辉煌，一跃而成为数百万教育科技工作者中的佼佼者?

先让我们看看下列的数字与事实：

在这八九年时间里，他在几位心理学前辈的支持指导下，与全国为数不多的几名同志一道，经过艰苦努力，构筑起一门新的学科——中国心理学史，填补了世界心理学史的一个重要空白。而他为这门学科的创立所作出的开拓性贡献，已为世所公认。

八九年的时间里，他先后参加了11部专著的编写工作，发表了50多

---

* 王力农，载《高教管理研究》1988年第3期。

篇高质量的学术论文以及许多其他报刊文章。论著内容谈及心理学基本理论、中国心理学史、思维科学等多种学科，其中有九项获省级以上优秀论著奖。

在这几年里，他先后为本科生、研究生开设了9门心理学课程，编写了9种70多万字的讲义资料，到过国内外数十个高校和其他单位讲学，是全国目前唯一招收思维科学研究生和全国仅有的中国心理学史研究生的导师之一。

同时，他担负着系和科研所的主要行政领导工作（最近已辞去系行政职务），兼任了近十个全国和省级社会学术团体职务。

事实和数字是枯燥的，但又是公正和客观的，它使我们相信，他所获得的成就和荣誉，应是当之无愧。

毋庸讳言，一个人的成功，往往需要诸如机遇、环境等有时非人力所能取得的复杂因素，但成功者本人一如既往的理想追求，长期不辍的勤勉，独到的奋斗方法，以及在人生紧要处的正确决策能力等主观因素，则是每一个普通人可以仿效，甚至做得更好的。

杨鑫辉老师可谓一位成绩斐然的成功者，我们回过头去，考察他走过的脚迹，对每一个希望成才、希望有所建树的人来说，无疑有良好的启发与借鉴。

无路之处是征途

人的一生，常常会处在选择的十字路口，政治的路、生活的路、事业的路，宽狭曲直，纵横交错，你该往何处去?

九年前，杨鑫辉老师便面临一次这样的选择。

选什么呢?生活正为他安排了一条如意的路——从中学调入江西师大教育系任教，确定的专业方向是心理学史，实现了他的多年夙愿。

古人曰，欲知大道，必先为史。古训自省，都使他乐意服从，甚至有点感动。他，五十年代华中师院教育系的高材生，毕业后，被分配在湖南某师范学校开始教人体解剖生理，不完全对口，好歹也算沾了边。1965年回老家萍乡，一纸调令，将他分在中学教语文。后来，又抽调去省里编写语文教材，一晃十八年。现在组织上安排他在高校教心理学专业，他能不乐意，不感动？

俗话说，台上一句词，台下半年功。说的是唱戏，教书不也是如此？为了练好台下功，上好每一堂课，他博览群书。看着，看着，他不禁合上书本，沉重地叹一口长气。他研读过的一本本心理学史，竟绝口不提中国，似乎中国从古至今在心理学领域是一片荒漠。我堂堂中华，源远流长，有着悠久的人类生活史和文明史，出现过许许多多卓越的思想家哲学家，有人类就有心理现象，有思想家哲家学，就不会漠视这个神妙无比、复杂万状的研究领域。追溯古代心理学史，难道只能言必欧美？难道只有古希腊，只有亚里士多德、柏拉图？人类的四分之一，五千年的文明古国，在世界心理学史上，怎么能是一片空白？

怨谁呢？他细心地查阅了我国古代心理学思想研究资料，不禁汗颜。迄今为止，研究我国古代心理学思想的文章寥若晨星，那仅仅是个别人在古代心理思想这座富矿上，采集和记述了若干显露在地面的矿苗，远远未触及到真正的矿床。一些学者，已注意到这种反常现象。他们大声呼吁，要建立具有中国特色的心理学思想体系，并亲自做了些探讨，但毕竟势孤力单，应者寥寥。直到如今，在这块深厚的沃土上，几乎还是荆棘丛生，一片荒芜。要开发它，世界心理学思想宝库，应该有我中华民族的珍品。第一部中国科技史是由英国人李约瑟撰写，难道中国心理学史也要如此？不，我们再也不能愧对后代。作为一名心理学工作者，责无旁贷要做个拓荒者，哪怕失败，也要给后人留下一行探索的脚迹。

恰好这时，著名心理学家、中国心理学会理事长潘菽教授也在一篇文章中提出："中国古代思想家关于心理学的光辉见解的整理和阐述，这是建立我国心理学体系的一项必要的研究工作。"老前辈的中肯意见与他的想法竟不谋而合。于是，他下定了决心，选择了这条没有路的路，披荆斩棘，奋力前行。

少年壮志不言愁

在人生的旅途中，他曾不止一次地陷入"山重水复疑无路"的困境。

疾病，示威般地戏弄了他这个医药之家。在他最需要母爱的幼年，慈母却不幸病逝，还没有抹干哀哀悲泪，从小患下的小儿麻痹症，又向他发起残酷的袭击。他的左脚日渐扭曲、萎缩了。从此，他再也不能像平常人那样平稳地走路，欢快地跳跃……他沮丧、自卑，甚至绝望过。祖母抚摸着他的脊背说："别难过，只要有志气，人聪明，不怕身子残……"目不识丁的老祖母，却道出了朴素而又深刻的人生哲理，重又唤回了幼孙的自尊和自信。终于，他又昂起了头，拖拉着一条残腿，艰难而又倔强地踏上了人生的漫漫长程。

五十年代初，人们的眼前是一条铺金叠翠的坦途。他，一个门门功课皆优的中学生，正值设计和憧憬未来的妙龄佳期。他的理想是选择"太阳底下最崇高的职业"，于是，在高考志愿栏中，他恭恭正正地填上了教育专业。

终生难忘的大学第一课。

那是一堂心理学课，讲课的是一位老教授，举止优雅，仪表不凡，一派学者风度。他讲的课和他的仪表风度一样的迷人。他在几十个稚气未脱的大学新生面前，展现了一片神奇的世界，也留下一连串的疑问：高峻的群山，浩瀚的大海，潺潺溪水，唧唧虫鸣，为什么会激起人们种种的情感波澜。同样面对飘拂的柳丝，有人感受到春的明媚，有人触发起依依离情，有人领略到婆娑的舞姿，有人则联想到少女的婀娜……人的心理竟是如此的奇妙，又有着那么多的奥秘。一个人就是一个完整的世界啊。

他听呆了。课后一打听，方知这位老师非等闲之辈，乃当代著名心理学家朱希亮。一堂课，一位老师，又一次决定了他的选择——要搞教育，必须要懂心理学。他立志献身这一学科。

大学四年，他品学兼优，颇得师长的青睐，然而，现实并未处处给他开绿灯。大学毕业后，他未能如愿专门从事心理学研究。他遗憾、苦恼、焦虑。但他与这门心爱的学科结下的不解之缘，却从此再也不能割舍。在师范教书时，他主动为学生编写《教育心理学》、《心理学词典》等教材，致力于心理学的应用和普及。“文革”中，他的住宅被侵占，他首先想到的是转移心理学书刊。他总在期待，有那么一天，能如愿从事心爱的学科。

为伊消得人憔悴

今天，他终于能够如愿以偿，尽管这一天是如此的姗姗来迟。

然而，选定了攻关方向，并不等于成功和收获。如若这样，这世界上也许是伟人云集。在奋斗的路上，处处充满着艰险和危机，只有不畏艰险、攀登不止的人，才有希望到达光辉的顶点。

要发掘整理中国古代心理学思想，绝非易事。自古以来，虽有少数学者进行过一星半点的研究，但既无内容体系的整体考虑，更没有一本系统的专著。丰富的心理学思想，都散见于古代哲学、历史、文艺、教育、医学、军事等论著之中。要把它们整理出来，就要钻进浩瀚的古籍中去，博览广收，披沙拣金。

他的案头，堆叠着一累累发黄的古籍，《论语》、《孙子兵法》、《黄帝内经》、《临川集》，司马迁、班固的史书……这些繁难古奥的线装书，许多都是无标点、无段落。尽管他具有较为深厚的古文法知识，但有时，为了琢磨某个字词的意义，确定某个标点的位置，仍要反复斟酌，查阅资料，请教学者，耗尽心血。而且，从这千百吨原材料中提炼出来的素材，还必须同辩证唯物主义、历史唯物主义以及现代心理学的概念等框架进行科学的分析、区别、归纳、表述。同时，他并不是孤立地研究中国古代心理学思想，他的着眼点还是建立有中国特色的中国心理学体系，并为这个体系添砖加瓦。为此，他除了以研究中国古代心理学思想为突破点外，还丝毫不放弃研究吸收现代心理学研究成果，重视方法论的研究应用，撰写了一批如《必须用辩证法指导我国心理学的发展》、《略论心理学的应用与普及》等心理学基本理论的学术论文。这使他的研究课题在更高层面立体地进行着。

应该说明的是，这些研究还远不是他工作的全部。他首先还是个教师。他先后为本科生和研究生开设了普通心理学、现代心理学流派、中国心理学史、管理心理学、思维科学导论、当代心理学的发展和教育等多门心理学课程，其中中国心理学史这门课程在全国首倡其先。他在讲台上一丝不苟、严肃认真的教学态度，广博而又深入浅出的知识传授，一直为学生们的所称道，为此，他还荣获过校优秀教学奖。

他的全副身心都沉浸在事业的追求与奋斗之中。走在路上，他常常对熟人的微笑“视若无睹”，小小的校园，有时竟走错了归途——他的思想神游在另一个王国。

原本孱弱的他在超负荷地运转。日复一日的操劳，使他的脸色渐渐与案头的线装书一般地泛黄了。他数次病倒。但每每未等痊愈便又一头扑到教学科研工作中去了。

自己的健康尚且可以不顾，他常感到内疚的是妻儿也跟着受累。多少次，他外出参加学术会议或编写论著，体弱的妻子昏睡病榻，年幼的儿子倚着门框，泪汪汪地目送父亲频频回首的背影……这时，总是抱怨“爸爸只会做泡饭”的小儿，便常常连泡饭也吃不上。儿子上学后，成绩不够好，他着急，却无奈。他常常通宵达旦给素昧平生的求教者复信，与求教者促膝谈心，却难以抽出时间辅导儿子。他把自己的智慧与爱心，更多地给予了事业，给予了社会与他人。

组织和系里的师生理解他，总是尽力伸出援助的手。校系领导和有关部门，全力支持他的科研选题，并不断地鼓励他。考虑到他的实际困难，组织上想办法将他爱人调到本校工作，1984年又作为特殊照顾，让他乔迁教授楼，使他有了一个良好的工作生活环境。系里同学常为他背米拉煤，送去一片真诚的尊师情意。

天时、地利、人和。从这个意义上来说，他是幸运的，因此他的成功也就具备了某种必然。

踏平坎坷出大道

成就，没有辜负追求者的苦心一片。况且，他开采的又是一座“人迹罕至”的富矿。

1980年，在一次全国性的心理学学术会议上，他除了提交《〈学记〉的心理学思想初探》论文外，还作了题为《研究中国心理学史刍议》的专题发言，首次提出了研究中国心理学史的方法论、原则和内容体系的设想，全面阐述了他为创立这一学科而设计的规划蓝图，引起了很大的反响。会上，他还建议出版一本古代心理学思想研究论文专集。他的意见和倡议，得到著名心理学家潘菽、高觉敷和其他心理界同行的赞词。他与潘老、高老以及其他心理学前辈们和同行从此书来信往，建立了深厚的学术情谊。他以后的研究工作，也一直得到他们的扶持指导和帮助。

一年后，他协助潘菽、高觉敷主编的我国第一部《中国古代心理学思想研究》正式出版。它是近年来我国古代心理学思想研究成果的检阅，中国心理学史研究也从此进入一个前所未有的新时期。

1982年,教育部组织精锐力量编写我国第一部《中国心理学史》教材。著名心理学家潘菽、高觉敷分别任顾问和主编，杨鑫辉老师协助工作任副主编，负责起草大纲和全书统稿工作。1986年，该书由人民教育出版社出版。这本书的出版,是中国心理学史这门新学科正式建立的重要标志，在国内外心理学界获得高度评价。早在该书编写过程之中，美国著名心理学家布罗莱克就赞扬该书是全面论述中国心理史的著作，是最庞大并为国际学术界特别关注的科研项目，“像这样的科研项目在世界文献中还没有先例，我们盼望这部巨著的英文版能问世”。另一名美国心理学家则在一次学术会议上称赞说：“杨鑫辉先生是国内研究中国心理学史中杰出的一位。”

他迅速登上了这个领域的峰巅。

但是，他却仍然没有停步，而是以更高昂的精神，向永无止境的更高处攀援。

其后，他又参加了中国大百科全书心理学卷的撰稿工作，撰写或编著了《心理学简史》、《心理学大辞典》、《中国心理学史研究》等七八部论著和大型工具书。

桃李不言，下自成蹊。慕名邀请他讲学的单位应接不暇，省委组织部的干部培训班、南开大学的校园里、科研部门的讲坛上，许许多多的地方，留下了他的声音和脚迹，给予了他真诚而热烈的掌声。

1987年，又是他事业历程中的一个新高峰。同年4月，他远渡重洋，应邀前往加拿大西安大略大学讲学，成为我国第一个前往国外讲授中国心理学史的学者。在异国高等学府的讲坛上，面对济济一堂的哲学、心理学、历史学的教授们，他满怀民族的自豪感，讲述了中国古代心理学的久远历史和极端的丰富，使那些“洋教授”们“如听仙乐耳暂明”，产生了极大的兴趣。他们赞扬说，我们听到了以前完全不知道的许多东西，信服了古代中国确实是世界心理学思想最早的一个重要发源地，讲心理学史，应当包括中国心理学史。该校当即聘请他为客座教授。

世界心理学史的一块重要的空白，终于由中国人自己填绘成一片夺目的璀璨。

是年秋，他又招收了攻读中国心理学史方向的硕士研究生，为更广泛深入地开发中国古代心理学思想，着手培养出高层次的科学后备力量，以逐渐形成一支攻关的群体。

1983年，他激动地站在党旗下，宣誓加入了中国共产党，实现了他另一个负志不移的追求。1984年，他被评为南昌市劳动模范。1987年，他又被授予江西省先进科技工作者荣誉称号。

社会，公正无私地厚爱着每一个为它作出贡献的人。

学海无涯前路长

让我们将目光从杨鑫辉老师的过去收回到他的今天。

今天，他想些什么？又在干些什么？

过去，当他汗流浃背地登攀时，他无暇回顾，留心的，也许更多的只是通往遥远目标的路径，一片莽林中的棵棵树木。今天，当他站在高高的峰巅，再一次回首俯瞰科学的大千世界时，却不再是小径独木，而是壮阔的林海，更为复杂的纵横交错——他从宏观上俯视科学，看到的是一个整体。把自己研究的某一学科，放到这个整体中来考察、研究，在认识上、研究方向的调整上，又将是一次新的飞跃。

他创造的灵感迸溅。他又有着许多新的设想，新的目标，新的发现。

近年来，他全面地考察了当前教育存在的问题，敏锐地提出了现代大教育观的思想，他认为，传统教育学理论已面临困境，无法顺应科学从综合到分化又到新的综合的发展规律。因此,必须改革陈旧的教育理论，突破传统的就教育论教育的小教育观，而应采取全方位、系统论的观点，从哲学、政治学、经济学、社会学、心理学、教育学、未来学等多个侧面来研究教育。为此，他正在组织撰写《现代大教育观》的论著，亲自做主编。

他还想分出时间与精力，致力于心理学的普及与应用，让科学从高深的殿堂走出来，与社会和人民融合，滋养武装人们的精神。

真正有才能的人，会摸索出自己的路（歌德语），对杨鑫辉老师，我们还有什么怀疑吗？他今天才53岁。据国外学者研究，现代人真正的成熟期是50岁左右。那么，杨鑫辉老师正值生命的金秋，正是事业成就的收获期。他已经有着丰硕的过去，更大的丰收也一定是可以预见的。

他身后有一串闪光的脚印*

从事了32年教学工作的江西师范大学教育系心理学教授、共产党员杨鑫辉是我省先进科技工作者、全国优秀教师、国家级有突出贡献的中青年专家。透过这一个个的荣誉称号，我们仿佛看到他无私的奉献、忘我的拼搏和艰苦的攀登……

一

从1958年华中师范学院教育系毕业到现在，杨鑫辉一直操持在“三寸舌、三寸笔、三尺讲台”的天地，在教书育人这块园地里辛勤劳作、刻苦耕耘。计算一下，听过他讲课的学生逾万人，其中许多人已成为教学骨干、科研中坚。总结这30多年的育人经验，他颇有感触：教书需教人，育人需育心，要有德有义，以德育才。他所讲授的心理学是一门流派别出的新科学。因此，在教学中，他注意把握大学生接受能力强，但对西方流派中一些良莠掺杂的观念往往兼收并蓄的特点，总结出“三引导”（从哲学高度、从科学的范畴、从该学科的方法论加以引导）、“四联系”（联

* 师平，载《党的生活》1990年第10期。

系当前形势、联系专业特点、联系学生心理、联系对象层次）的教育方法，使学生能自始至终在正确的方法指导下吸取和评价外来的东西。

前段时间，有些学生受马斯洛“需要动机理论”中的“自我实现”观点的影响，认为个人可以脱离社会，脱离党，一心搞“自我设计”、“自我奋斗”。针对学生中出现的这种苗头，杨鑫辉开展课堂讨论，用成功者的事例，甚至是自己的亲身经历说明个人与社会是分不开的；在资本主义社会是不可能真正“自我实现”的，终于使同学们认识到个人需要必须和社会需要相结合，从而把握了学习研究的正确道路。

二

杨鑫辉从1978年调入江西师大任教以来，先后主讲过《现代心理学流派》、《中国心理学史》等10门课程。1987年后，他又担任了中国心理学史和思维科学两个研究方向的研究生导师。教学加上科研任务，使他的时间显得十分宝贵。但对于那些上门求教，或写信叙疑的人，杨鑫辉则必在百忙之中抽出时间，满腔热情地给予帮助。

不管是一面之交，还是素不相识，杨鑫辉都不论亲疏，有求必应。曾有一位中学语文教师，设计了一个教改方案，希望得到专家指正。他慕名敲开了杨鑫辉的家门，面对不相识的来访者，他热情接待，仔细研究方案后，提出了修改意见，使这位老师受益匪浅。他曾在江大兼任过老师。他的精彩讲学使一些学生对心理学产生了极大的兴趣。后来，有一位学生完全靠自学，靠他的启蒙，考取了心理学的研究生。

青年教师要尽快成长起来，需要他人的扶持和栽培。一段时间，杨鑫辉担任了教育系系主任的职务。他放手让年轻人挑重担，有时还特意给他们加些任务，结果引起了一些老师的误解。后来，年轻老师工作得心应手，理解了杨鑫辉的一番苦心，内心都十分感激。

为了使年轻老师尽快出成果，由杨鑫辉出面，申请了两项研究课题，而自己却退到了二线。但在他们工作中遇到困难时，杨鑫辉又毫无保留地予以帮助，表现了一个共产党员甘为人梯的崇高精神。

三

还在大学期间，杨鑫辉就对心理学十分感兴趣，但真正把他推上立志的台阶，是他了解到第一部《中国科技史》是由英国人李约瑟撰写的这一事实。他认为这是中国人的耻辱，他发誓要写一部《中国心理学史》来填补世界心理学史的空白。

杨鑫辉踏上的是一条崎岖而布满荆棘的路。中国丰富的心理学思想没有完整的专著和清楚的体系，只是散见于哲学、历史、文学、医学、军事、教育等论著中，要把它整理出来，不仅要做大量的挖掘取舍工作，而且要有雄厚的古文功底。好在他在“文化大革命”期间，阴差阳错地教了几年中学语文，奠定了雄厚的古文基础。

1983年，杨鑫辉为了研究我国明朝的心理学思想家王廷相，撰写《王廷相的唯物主义心理学思想》一文，一头扎进了南京图书馆，翻阅了王廷相的全部著作，做了数万字的笔记，最后写成一万多字的论文，发表在中国科学院的《心理学报》上。事隔5年，他又一次踏进了南京图书馆，这一次是为了撰写《中国心理学史资料选编》的王廷相部分。为了更准确地反映这位古代心理学思想家的观点，他又查阅了台湾版本的王廷相著作《王氏家藏集》五大册，补充了一些新材料，在10多年的时间里，他先后参加了10多部专著的编写工作，发表了50多篇高质量的学术论文及许多其他文章，内容涉及心理学基本理论、中国心理学史、思维科学等多种学科。有10篇（部）获省级以上优秀论著奖，其中两项为一等奖。目前，他正致力于开拓心理学和教育理论研究的新路子，提出了现代大教育观的观点，使心理学等多学科与教育结合，为教育服务。1990年他还首次招收心理技术学研究生，开拓心理学为社会生活服务的新领域。不久,由他主编的《现代大教育观》和个人专著《中国心理学史研究》等论著将问世。

四

杨鑫辉是只知埋头钻研、不愿追求名利的学者。尽管他几十年默默地在书斋耕耘，但他的成就已把他的名字广泛传播，特别是他的科研成果引起了学术界的广泛注目,南开大学、西南师大等请他去讲学。1987年，他应加拿大西安大略大学的邀请前往讲学，为中西方文化的交流作出了积极的贡献。他渊博的知识、独到的见解受到了国内外学者的称赞。

杨鑫辉身体不好，教学科研任务又重，但他仍然担任了许多社会职务：中国心理学会理事、省心理学会理事长、省科协常委、省社联理事、省自然辩证法研究会常务理事等。他的工作是卓有成效的，受到了社会的广泛好评。在《江西学人略传》、《当代中国社会科学者大辞典》等书中都收入了介绍他的条目。但他并不满足，没有停步，而是以更高昂的斗志去攻克新的难题，去登攀新的高峰。

春　蚕*

——记心理学家杨鑫辉

当我坐在江西师大教育系杨鑫辉教授洁净的房间里，听他深入浅出地介绍他的事业，十分感人。他的谈话，如春蚕吐丝，连绵不断；他更像吐丝的春蚕，一丝一缕不断地编织着自己的理想。在数十年的教学生涯中，他几乎每晚都在荧荧灯光的相伴下著书立说。正是这种创造性的劳动，赋予了他博学和睿智。

20世纪80年代初，他就在理论心理学上表现了一个学者的广阔视野，并率先在中国心理学史这门新创建的学科上实现突破，成为该学科的主要奠基者之一。1980年，他撰写了《研究中国心理学史刍议》，提出了研究它的方法论、原则和内容体系的总构想，对中国心理学史学科的建立和科学研究、教材编写都起了重要作用。几位老一辈心理学家评价他的《中国心理学史研究》一书，是“具有特色、富有开拓性的学术著作”。

为了心理学的推广应用，他在国内首倡了重建现代心理技术学新体系，注重心理学与其他学科的交叉研究，致力于开拓这一学科的辐射面；其成就将广泛应用于教育、医疗、运动、军事、司法、交通运输、社会

* 记者徐容，载《江西日报》1992年6月7日。

经济、人事组织等领域，极大地提高它们的效率和准确性。在教育理论中，他提出了现代大教育观，为我国的教育改革展示了一个新的领域。

10年来，他出版专著及主编、合编的著作15部，发表论文81篇，并成为中国心理学史、理论心理学、现代心理技术学及应用、思维科学四个研究方向的研究生导师。

中国心理学史的开拓者*

——记江西师范大学教育系教授杨鑫辉

杨鑫辉，江西师范大学教育系教授，中共党员，1935年生，江西萍乡人。1958年毕业于华中师范学院教育系，长期从事教育、教学科研工作，并取得了显著成绩，1988年被国家人事部授予有突出贡献的中青年专家称号，1989年被国家教委、人事部和中国教育工会授予全国优秀教师称号，1991年经国务院批准享受政府特殊津贴。

一直操持在“三寸舌、三寸笔、三尺讲台”天地的杨鑫辉教授，在教书育人的园地里呕心沥血，辛勤耕耘，精心培育，为祖国培养了一批又一批合格的社会主义事业接班人。1978年，他从萍乡中学调到江西师大教育系任教以来，先后开设了10多门课程，其中研究生课程8门，本科生课程5门，指导普通心理学、思维科学2个专业4个研究方向共16名研究生，其中许多人在工作岗位上已成为教学骨干，科研中坚。他讲授的心理学是一门流派别出的新学科。在教学中，他坚持用辩证唯物主义和历史唯物主义的方法论作指导，对西方心理学各流派采取批判吸取的态度，注重总结国内外著名科学家培养科学人才的成功经验、结合学生思想实际，做到“三式一化”，即引导式：精讲引路、指导自学；互补式：师生教学相长，学生取长补短；研究式：学习研究探索，多出研究成果；品格化：做学问与做人并重，寓教育于教学之中。

---

* 师平，1993年。

杨鑫辉教授对心理学、现代大教育理论和思维科学等学科均有所贡献，主要成就在理论心理学和心理学史方面。他是中国心理学史学科的主要开拓者，首先论述了建立中国心理学史学科的总构想。10多年前，中国心理学史还是一块尚待开垦的处女地。他怀着一腔热血和一个共产党人的历史责任感，参加创建和开拓了中国心理学史这门学科，填补了世界心理学史的一项空白。他负责起草我国第一部《中国心理学史》编写提纲和倡议并具体负责出版我国第一部《中国古代心理学思想研究》论集。率先在学校开设中国心理学史课程，获硕士学位授予权。在理论心理学方面，对心理学的方法论、本土化研究、流派研究、意识问题、思维问题等都有创见。他发表了一批高质量的论文和论著。个人专著、主编、合著共15本，其中5本是国家教委统编教材，论文81篇。近年来，他又提出现代大教育观理论和首倡重建“现代心理技术学”，并已率先招收了心理技术学研究生。他不仅在国内心理学界是知名学者，而且在国际心理学界也有一定影响。1987年4月，应邀到加拿大西安大略大学讲学。1991年12月，参加首届中日驾驶适性理论与事故对策研讨会，并应邀在大会上作了学术报告。

杨鑫辉教授教学、科研任务繁重，身体不太好，但他非常关心中青年教师的成长，甘为人梯，先后指导过许多青年教师，组织他们一起参加自己主持的省级重点科研课题《大教育观研究》。他还承担了繁忙的社会工作和担任了许多社会职务：中国心理学会理事、省心理学会理事长、省科协常委、省社联常务理事、省自然辩证法研究会常务理事等。

由于杨鑫辉教授在教学、科研、教书育人等方面取得显著成果，1987年获省先进科技工作者称号，1988年被国家人事部授予国家级有突出贡献的中青年专家称号，1989年被国家教委、人事部、中国教育工会授予全国优秀教师称号。他的名字被收入《当代中青年社会科学家辞典》、《当代中国社会科学学者大辞典》等书。在现有的成绩面前，杨鑫辉教授并未满足，目前又在紧张地进行《现代心理学溯源》* 专著和《现代大教育观研究》（系列丛书）的撰稿工作。他决心以新的科研成就，为江西的现代化建设添砖加瓦。

* 该书1994年由江西教育出版社出版，定名为《中国心理学思想史》。

杨教授和心理研究所*

人生多梦。他梦到什么呢？或许，是自己太匆忙；或许，是命运之神太残酷。一代宗师，我国著名心理学家、北京师范大学的博士生导师朱智贤教授，突然逝世。他写给江西师范大学杨鑫辉教授的一笺短信，竟成了极为珍贵的"遗墨"了。纸短情深，捧读令人心潮如涌：

鑫辉同志：您好！

前函及大著均早收到。因长期腰疼未能及时致谢，致歉！

您在中国心理学史方面，作了开创性的工作，是非常可贵的，您和其他同志一起为建立中国心理学史，筚路蓝缕，锐意开拓，对你们已获得的成就，谨表示衷心的敬佩。

不尽，致此

敬礼！

朱智贤

1991年3月4日

写完这封信，仅数小时后，朱教授的心脏就停止了跳动，享年83岁。朱教授走得过早了。慧眼识明珠，他和潘菽、高觉敷等著名专家对

---

* 沈士豪，载《江西日报》1993年1月13日。

杨鑫辉教授的鼎力扶持，在中国心理学界传为佳话。遗憾的是，他未能亲眼看到杨教授主持创办的心理技术应用研究所这朵奇葩。而今，只能告慰九泉之下的不眠灵魂了。

“杨教授，我是死过一次的人”

那是一封来自黄土高原的信。素不相识的读者在信的开头，是这样写的：

“杨教授，我是死过一次的人。”

接着，谈到自己的不幸经历和悲哀情绪。这是个曾经自杀过一次，被人救活的女青年，信中，言语凄凉，严重的心理障碍和难以排解的抑郁症，使她一直与死神的魔爪纠缠。

他陷入了沉思，对于一个长期从事心理学研究的学者，对这样的来信，并不感到惊讶。“心病要用心药治。”他崇尚这句哲理很深的格言。他一面给这位求救者写信，一面思索：他为之苦苦探索的心理学，该是走出“象牙之塔”的时候了。一门科学，有它的基础理论部分，还须有它的技术操作和应用部分，以体现它巨大的社会价值。建立富有中国特色的“现代心理技术学”，大胆而又崭新的构思，像划过夜空的流星，璀璨而诱人。

1987年春夏之际，他作为中国心理学史的专家，第一个应邀赴加拿大西安大略大学讲学，最吸引他的不仅是异国同行热情洋溢的笑脸和激动人心的掌声，更重要的是在西方世界心理学被广泛应用于社会各个领域的盛景。美国、加拿大的学校、企业、商店、法院，甚至监狱，都有心理学家在那里辛勤地工作。心理学走出了教授的书斋，学者的研究所，而化为渗透到全社会各个部门和角落的无形而伟大的力量。飞越太平洋归国的时候，鸟瞰机翼下一派绮丽的风光，他心中一片灿烂。

历经三四年的筹备，心理技术应用研究所终于在1992年9月5日批准成立了。又一扇大门启开了，迎接杨教授的是什么呢？

公路魔影和“杨氏模式”

公路，坦荡如写意的琴弦，弹奏着现代文明的乐章。奔驰的汽车，似不息的梭子，编织的却并不全是喜剧。据统计，自19世纪末德国著名汽车专家卡尔·本茨制造第一辆汽车到现在，世界上的汽车已超过5亿辆，它给人类带来了方便和繁荣，也带来了深重的灾难。自汽车问世，全世界已有3 200万人死于车祸，超出了同期战争死亡人数，直接经济损失达到2 000多亿美元。日本东京大学宇留野教授发出惊呼："机器脚踏车、卡车是活动凶器、活动棺材。"我国的道路交通事故同样十分严重。仅在1991年，全国公路交通事故高达264 817起，死亡53 292人，伤162 019人。直接经济损失42 836万元。公路的魔影肆意游荡，几乎威胁着每一个家庭和公民。

一个戴着眼镜、眉清目秀的学者出现在公路中。杨教授最初的行踪，并没有引起任何人的注意。车流如奔腾的江水，依然谱写着都市的交响乐，但在杨教授的目光中，却幻化成抽象的图式：人（驾驶员和行人）、车辆、道路，三者构成交通的基本要素，其中驾驶员是最主要的。我国选择驾驶员的传统模式是：身体素质合格，经过技术培训并进行考核，最后经用人部门招收，于是，就当上了驾驶员，其模式为：生理—技术—社会。

这种模式，几乎成了培养驾驶员的定律，谁也没有怀疑过它，事实生活中某些东西一旦成了惯例，就几乎变成天经地义的真理了，这是认识的悲哀，还是悲哀的认识呢？

杨教授和从事心理技术应用的同事们，悄然来到了南昌市交警支队，从西湖大队、东湖大队、青云谱大队挑选来了80名汽车驾驶员。其中40名是优秀驾驶员，他们3年以上未发生任何事故；另外40名是事故驾驶员，3年之内曾发生1次或多次事故。这是一次极有趣味的心理素质测定比较调查。杨教授运用光电速视仪、数字划消仪、深度知觉阈限量器、长度估计器和简单、选择反应时测定装置，分别对每个驾驶员进行认真的测试，然后，分两个组进行比较分析。

结论发人深省：优秀驾驶员和事故驾驶员的心理素质存在着显著的差异。他们之间，注意广度的差异极其显著；简单反应时和选择反应时的差异非常显著；深度知觉误差、视觉误差也有一定的差异；而不同文化程度的驾驶员事故率无显著差异，即文化程度对事故率的影响不大。

这个结论和国内外的研究成果是一致的。

该是修正筛选和培养汽车驾驶模式的时候，杨教授提出的模式是：生理—心理—技术—社会。

请放心，你没有病

又是一个奇人。

他来自数百里之遥的远方，辗转了几处，才找到杨教授。不知从哪里得到消息，杨教授的心理技术应用研究所内设有心理咨询与心理治疗，而且是专家门诊，他便不辞辛劳闻讯赶来。

迈着沉重的步履，他上了二楼，迎接他的是一张文静而温和的笑脸。

“我，我有病。”他惶恐不安，低着头，急促，口讷，羞于启齿，不知该怎样对他心仪已久的杨教授诉说“病情”。

原来，这是个命运不幸的中年人。年幼时，父母离异，法院判他随父亲，从小就失去了母爱，仿佛像一个被生活遗弃的小羊羔，他胆怯。复杂纷繁的社会，幸福和美好似乎都不属于他。他印象中最可怕的事是：有一回，一个穿着华贵的女人，大概怀疑他是小偷吧，一双目光就像锋利的刀剑一样，向他刺去，他浑身瑟瑟发抖。从此，他得了一个怪病，只要看到衣着华贵的女人，浑身就冒冷汗。而且，经常会产生莫名的自卑感、负罪感，总怀疑别人不信任他，甚至会怀疑别人诬陷他是贼，因此，终日忐忑不安。尽管他当过兵，建立了家庭，现在已经当上了一个部门的负责人了，但这种心态，总是无法改变。

杨教授静静地听，等他讲完了，笑吟吟地说：“你不要急，让我用人格量表给你测试一下，就清楚了。”

杨教授用卡特尔16种人格因素量表，对他进行测试。这是美国伊利诺州立大学教授、世界著名的心理学家卡特尔创造的，只需四五分钟，就可以测出16种主要的人格特征。

弯弯曲曲的示标线：勾画出一个灵魂的隐秘。

“我有没有病？”这位远方来访者紧张地问。

“请放心，你没有病。”杨教授欣喜地告诉他。

心中的乌云只消了一半。他，还有疑问。

“你主要是心理上有些障碍。看见华贵的女同志会冒汗，这是心因性引起的冒汗，是小时候造成的一种动力定型引起的情绪反应，完全可以通过自我调节克服的。”杨教授耐心地给他解释。

对着那双惊喜的眼睛，杨教授笑吟吟地说：“我给你介绍两种方法，一种是脱敏行为治疗。你可以礼貌地多和女同志接触，心理放松了，那种紧张感就会自然消失。一种是宣泄儿时生活的阴影。现在，社会角色变了，有了自信，通过自我调节，慢慢就会消失了。”

仿佛，是得到了极大的解脱，他轻松地回去了。

真怪！“怪病”就这么轻而易举地消失了。

洒向安徽重灾区的特殊爱

洪峰如虎，吞噬着村庄、原野、人群。1991年百年不遇的洪涝灾害，突然袭击安徽，造成了极为严重的损失。大灾过后，举国上下，掀起了支援灾区重建家园的热潮。

一个精明干练的年轻人从南昌出发了，那是杨教授的研究生，他按照导师的安排和叮嘱，到安徽重灾区进行洪涝灾害中的情绪反应调查。灾害向科学提出了严峻挑战，而科学更应当向灾害举行无畏的进军。

杨教授亲自拟写一封给灾区人民的短信：

敬爱的乡亲：

去年夏天，你们遭受了百年未遇的特大洪涝灾害，为了让大家更好地了解你们在洪涝灾害期间的具体情况，今特做一次翔实的调查。调查的目的是向国家有关部门提供具体真实的材料，以便他们采取更加有效的减灾措施，帮助你们解难排忧并防患于未然，因此，恳切地希望得到大家真诚合作。

本调查表由四部分组成，大多数题目是关于你们在这次洪涝灾害期间的一些心理感受、行为表现和身体状况等问题，因此，希望你们仔细地回答……

调查是在安徽特重灾县的四个区进行的。朴实的安徽人民，极力支持杨教授这项富有重大意义的调查，发出380份调查问卷，收回的有效调查表240份。

这次调查，发现了一个令人困惑的心理现象：当水位越过警戒线，十分危险的时刻，有关部门发出“立即撤离”的命令，受灾的老百姓面临灭顶之灾，竟有58%的人“不愿舍弃家园”，25%的人说不清楚是走还是不走。结果给组织迁移造成了极大的困难，以致延误了宝贵的时间，造成了本来可以避免的惨重的损失。

中国老百姓特殊的心理是受经济、地域、传统文化、宗法观念等综合因素影响的，来自第一线的洪涝灾害中群众的情绪反应，为我们今后制订防灾、抗灾、减灾的策略提供了十分珍贵的资料。一个极为有价值的灾害情绪反应模式，在杨教授的指导下诞生了。在这一基础上，他们提出了在抗灾中对直接影响灾民心理和生理健康的情绪反应，进行干预的策略。

心理学，庄重地迈入决定国策的神圣殿堂，造福于人民，造福于国家。心事浩渺，杨教授的心理技术应用领域越来越宽广。

并非危言耸听：10%的大学生有心理问题

他，终于鼓起勇气，叩开了杨教授的门。

书声琅琅的校园，浪漫、潇洒，但被誉为天之骄子的大学生生活，仿佛和他无缘。无缘无故的自惭形秽，一直困扰着他。和别人打乒乓球，他怕输；只要别人看上他几眼，他就感到浑身不自在，甚至脸上的肌肉会乱跳，继而变形。用镜子一照，那副鬼样子，连自己都看不下去。这是怎么啦？简直是失去“自我”了。听说要到中学去实习，上讲台，他更是紧张，不知怎么办好。他爱面子，怕别人说他有精神病，迟疑了很久，才找到了心理技术应用研究所。

大学生的心理健康，是国际性的社会问题，美国心理学专家调查，在美国普通高校的大学生中，有9%的人有中度到重度的心理障碍。我国心理学者季建林在1990年，应用SCL-90量表对547名大学生进行测试调查，心理痛苦水平达中等程度的大学生竟达10%以上。其中抑郁症最高，神经衰弱次之，依次还有焦虑症、强迫症、恐怖症等。

一种强烈的责任感，在杨教授的心中燃烧。他热情地招呼这个学生坐下，轻声细语地给他讲授克服心理障碍的方法："你在没有其他人的情况下，先到讲台上去站一站，试着讲几句话，正式实习时，你第一回选择学生上自习课的时候去，同样在讲台上站一回，试讲几句无关紧要的话，渐渐地，熟悉了这个环境，然后讲起课来，就会习惯和自由了。这种循序渐进的办法，你试一试，看看灵不灵，好么？"

或许，是杨教授那平易近人的态度和浅显易懂的方法感动了他，这个学生静静地走了。杨鑫辉知道，光凭一次谈话，是不能完全解决一个人的心理问题的。就是依靠整个研究所，也无法解决整个社会的心理问题，他迫切需要的，是整个社会对这门新兴学科的理解和支持，让整个社会接受这门科学。

他不懈地奔波、调查、讲学、开会，他期待心理技术更广泛地运用到政治、经济、文化、军事等各个领域之中。希望是明天的种子，他勤奋地耕耘、播种，期待着有更为丰硕的成果。

"老字号"里有黄金

一个意外的收获。

广场，绿草如茵。昔日的主席台旧址，一座粉红色的楼房，横亘其上。这是江西老同志大学。杨教授在老同志、大学负责同志和离退休老干部心理调查研究组的协助下，对221位老干部学员进行心理状态的问卷调查。一共是24个题目，受试者采用自我评定的方式，结果用计算机进行统计学处理。

一个令人焦虑而值得整个社会思索的结论显示出来了：在发挥余热的问题上，以满分10分计算，被试者的得分均值只有2.71分，余热得到充分或较好发挥的人竟然不到30%。有75%的老干部认为，离退休以来自己的体脑劳动能力没有减退或减退不明显，平均每天能坚持工作或学习5个小时以上，其中8.5%以上的人坚持8小时。离退休人员中，潜藏着丰富的人力资源，但由于各种原因，这一资源没有充分开掘。

我国目前60岁以上的老人已达9 800万人，占总人口的8.5%，绝对总数占世界第一位。心理技术测试表明:“这里有黄金。”这一发现的本身，或许不一定就立即给整个社会带来惊人的效益，但却给杨教授的心灵带来强烈的震撼，他发现和感觉到了心理技术应用的强大威力，虽然，不能妄称为灵丹妙药，但它却是比黄金更为珍贵的镭，它源于千百吨沥青的提炼，升华为可以导致物质裂变而产生强大的能量的瑰宝。

面对熙熙攘攘的人流，他深深地吸了一口气。

远处，不辞辛劳巡视大地的太阳，正向他微笑。暖意如春，扑面而来，正是一个明明净净的好晴天哟！杨鑫辉抖擞精神，稍停了片刻，又出发了。

他下一个心理应用技术研究的目标是贴近时代的市场心理预测。他已经苦苦研究了多年。

让我们向他和他创办的心理研究所祝愿，祝愿他们取得更大的成功。

志在顶峰

——记杨鑫辉教授

江西师范大学教育系杨鑫辉教授，是一位勤恳、普通而不平凡的人。他犹如一名登山者，以沉稳而执着的脚步，走过足下的每一寸土地，向顶峰攀登。

一

1935年，杨鑫辉生于江西萍乡一个中医世家。这个家庭医好了许多人的病痛，却没有把小鑫辉从小儿麻痹症中解救出来。命运似乎注定了他将迈上一条坎坷不平的路。

然而，杨鑫辉的求学生涯却是一帆风顺，从小学、中学到大学一直品学兼优，是第一批“三好奖章”获得者。中学毕业时，他怀揣着苏联加里宁的《论共产主义教育》，迈进了华中师范学院教育系大门。

这一命运的安排，开始了他与教育系一生的契约，与心理学一世的情缘。

有一位睿智的老师，他永远也忘不了，那就是完形心理学学派创始人之一考夫卡的门生朱希亮教授，正是他为杨鑫辉启开了一条通往心理学顶峰的真知隧道。从此，杨鑫辉一直沿着这条道路摸索、探求、向前。

“十年浩劫”中，杨鑫辉离开教授心理学的湖南耒阳师范课堂，转行当了一名中学语文教师。然而，他没有放弃心爱的专业，他带着那些心爱的心理学书籍回到老家萍乡。几次巧妙周旋，那些心理学书刊竟然逃过了扫荡，安然度过“文革”。

二

1978年，江西师范学院（后改名为江西师范大学）酝酿恢复教育系，当时的中文系主任刘方元教授推荐了杨鑫辉，使他终于能恢复中断10年的心理学研究。他感动不已，立即舍家只身来到师院，第一个到教育系报到，投入系的建设中。

有一个志向，在杨鑫辉心中扎根了许久。在研读一些心理学著作时，他发现言必称亚里士多德，称欧美，而对中华民族五千年的心理学精粹却没有著述。世界心理学史留着一块刺目的空白。杨鑫辉发誓要完成《中国心理学史》，为中国人争气。

风帆挂上了桅杆，理想付诸行动。杨鑫辉作为中国心理学史主要开创者之一，1983年初来到南京，在著名心理学家潘菽、高觉敷教授主持下，负责起草我国第一部《中国心理学史》编写大纲。杨鑫辉一头扎进了南京图书馆。整整半年时间，只假道庐山开会之机回家一趟。而此时，他的爱人正因心脏病和乳腺肿瘤手术，在病榻上呻吟。

三

杨鑫辉热爱教师这一职业：“让我做绿叶的事业吧，为了果实的甜美而专心地垂着浓荫。”

十多年来，杨鑫辉先后为本科生、研究生开设了多门课程。他的课程内容新颖、形式生动，使听者聚神入胜。每年学校教学质量评估，他都名列优等。

1987年，杨鑫辉开始带普通心理学研究生，这是该专业以中国心理学史为研究的全国第一个硕士点。

刘穿石，四川后生，杨鑫辉的得意门生。当初，是他发现了这位迟到的考生，并积极举荐他参加研究生复试。他从刘穿石身上看到了勤恳、执著。这位能力很强的学生在读书期间就在全国刊物上发表了有影响的论文，后来考取了高觉敷教授的博士研究生。

20多位研究生由他接来再送走。从多年的教学实践中，他总结出一套经验，即"三式一化"：引导式、互补式、研究式和品格化。他学而不厌、诲人不倦的师德风范深受学生爱戴。

江西师范大学教育系的学生有一项传统活动：心理咨询和心理调查。这支队伍就是在杨鑫辉教授的热情指导下发展壮大的。

1992年，杨鑫辉教授领导创办了心理技术应用研究所。他来到南昌市交警支队、江西省武警支队，对驾驶员心理素质进行测评。

通过研究，他一改过去招收驾驶员的"生理—技术—社会"模式，提出"生理—心理—技术—社会"新模式，为社会做了一项十分有意义的工作，在首届中日驾驶适性理论与安全事故对策研讨会上受到广泛重视和好评。

有一位打字员，患动作强迫症，总是不由自主地剪手指，直到流血，求救于杨鑫辉。经过心理治疗，她恢复了常态。有一位中年人，一见到衣着华贵的女人就浑身冒冷汗，产生莫名其妙的负罪感和自卑感，教授用精神和系统脱敏治疗法，使他摆脱了多年来心头的阴影。

杨鑫辉犹如一根火柴，将学习中的光和热汇集在一起，去爆开他人心中最美妙的音符，将知识服务于人类。

四

1987年,杨鑫辉以客座教授身份应邀赴加拿大西安大略大学讲学3周,并顺道访美,将中国广博精深的心理学思想传播给世界。

他致力于中国心理学史的创立,曾倡议并协助潘菽、高觉敷教授主编《中国古代心理学思想研究》,这是中国心理学会成立60年来的第一本关于我国古代心理学思想研究的论集。他担任副主编起草编写大纲的《中国心理学史》,被公认为中国心理学史学科正式创立的标志。美国著名心理学史专家Brozek教授称它“是全面论述中国心理学史的著作,是庞大并为国际学术界特别关注的科研项目”。他的《中国心理学史研究》等著作更独具特色。

杨鑫辉提出重建“现代心理技术学”,以加强心理学的应用,同时身体力行,以心理技术应用研究所来发挥其社会效益。他倡导的现代心理技术学主要包括人员心理测评、社会心理测查、心理咨询与诊断治疗和经济心理技术四个方面。这一学科使心理学的基础理论与实际应用有了一个技术中介。

杨鑫辉提出了“现代大教育观”这一新颖的现代教育理论观点,注重心理学与其他学科的交叉研究,这突破了就教育论教育的传统教育观,主编出版《现代大教育观》一书。

几十年来,杨鑫辉出版专著、主编、合编著作16部,发表论文90篇。

荣誉接踵而来,“全国优秀教师”、“国家有突出贡献的中青年专家”,等等,但杨鑫辉并没有被光环的晕圈所迷惑。

他不在原地停留,而永远志在顶峰。

特别的爱给特别的你*

——访心理学家杨鑫辉教授

“杨教授，我是死过一次的人，感谢您救了我。”这是一位曾经自杀过一次的女青年写给杨教授信中的一句话。

作为中国心理学会理事、江西省心理学会理事长，被授予国家级专家称号的杨鑫辉教授，这类信收得太多了。是的，他倾毕生的爱奉献给心理医学，他亲自创建了我国第一家心理技术应用研究所。

杨鑫辉这位从事心理学教学与研究达30多年的教授，在自己事业的王国中已取得了丰硕的成果。他是中国心理学史这门新学科的主要开拓者之一。独著、主编、合著了《中国心理学思想史》等17部著作，发表论文90多篇。他把自己的聪明才智和极大的热忱倾注在心理技术应用研究这个新生事物上,并取得了极大的社会效应。为筛选和培养汽车驾驶员，他提出了心理素质测试的“杨氏模式”。在重大灾害预防上，他指导研究生探讨了灾害情绪反应模式。受国家教委委托主办了全国首届高校心理咨询教师培训班。杨教授在把心理学推向广阔社会的同时，也把他那心理学家特别的爱洒向了人间。

家庭是社会的细胞。针对我国60岁以上的老人到20世纪末将达1.3亿的情况，杨教授提出老年人要想安度晚年应当处理好社会年龄、生理

---

* 记者王卓伟，载《家庭医生报》1994年专访。

年龄和心理年龄三者的关系。他认为老年人首先要学会适应自己社会角色的变化，经常进行自我心理调适，破除一些消极的心理障碍，比如失落感、孤独感、绝望感。要学会调节好各种人际关系，碰到不如意之事绝不要生气，因为“生气是拿别人的错误惩罚自己”。（康德语）杨教授强调老年人自己要重视身心的养生之道，提出16字长寿诀：“起居宜常，饮食有节，体脑活动，心理调适。”但是家庭、社会对老年人的爱也特别重要，应提供老年人安度晚年的良好环境，促进他们身心愉快，积极生活，“莫怨秋风紧，霜天叶正红”。

如今让杨教授欣慰的是，心理学已渗透到了生活的方方面面，人们从中得到了更多特别的爱。杨教授所开拓的道路将越走越宽，前途一片灿烂。

我国心理学知名学者杨鑫辉教授谈现代企业领导素质*

众所周知，企业领导者需要有高层次的文化修养、科学水平和思想品德。然而，在经济迅速发展、心理压力日渐加强的今天，企业领导者的心理素质显得尤其重要，重视心理素质，应该成为所有企业领导者的共识。纵观历史上的战争，诸葛亮“羽扇纶巾，谈笑间樯橹灰飞烟灭”，是著名的以“心战为上”的军事家典范。那么，现代企业制度下的企业领导者应该具备怎样的心理素质呢？

第一，优秀的智力品质。心理学认为，智力包括感觉、知觉、观察、记忆、思维、想象等因素。那么作为一个企业家，首先，对市场要有敏感性，具有“明察秋毫”的洞察力，要能从对普通的资料和数据的分析中发现某种趋势，从平静的观察中看出潜伏的问题，能够捕捉住一切对自己有关的信号。其次，要具备思维的灵活性、深刻性，养成冷静、细心、严谨的思维习惯。只有这样，才能在复杂的经济现象中抓住本质，在纷繁的信息中捕捉到稍纵即逝的信息，掌握经济规律，预测社会、市场的发展趋势，不失时机地调整和制定对策，在竞争中处于有利地位。

第二，坚韧的人格特征。健全的人格包括性格、气质和意志力的完美。企业领导者最突出的人格品质是坚毅性。坚毅性即自制力，是心理

---

* 李爱梅，载《质量文化报》1995年8月5日。

素质中意志的一个方面，指善于控制自己的情绪，约束自己言行的能力。所谓“泰山压顶、心若磐石”，“不以物喜，不以己悲”，在最不利的情况下，也能运筹帷幄。通常的一些热衷于钻钱眼、投机取巧的行为只是“短命”的伎俩。真正的企业家还应该具有社会责任感。

第三，良好的行为习惯。高品位的心理品质必然表现为良好的行为习惯。一度以来，人们误认为企业家就是上舞厅、请客送礼、卡拉OK、一掷千金、生活腐败……真正的企业家要用良好的行为规范约束自己。

市场经济的浪潮冲击多个领域，管理者的素质是个见仁见智的课题，我们期待在这个领域有更新的探讨和更深入的研究。

他，确实是一个大忙人*

——访《中国心理学思想史》作者杨鑫辉教授

当校报安排我去采访杨鑫辉教授时，不禁犯难了，尽管采访于我已不是生路，但要采访全国心理学界权威，话题又是围绕一部心理学专著，这对于中文系科班出身的我来说，很有些“两股战战，汗不敢出”的心虚。

心虚归心虚，我还得把胆壮一壮“偏向虎山行”。收集了教授的个人资料并拟好采访提纲后，即打电话与教授约时间。然而，电话中教授告知：对不起，眼下没时间，以后吧。其时，江西电视台《江西人杰》栏目正在摄制他的一部专题片。第二次打电话去时是下午3时，教授正与他人谈事，但他仍答应我数分钟之后去采访。“不过”，他语气很是恳切，“下午4时我还要赶个会，希望你能注意一下时间。”“一定一定。”我忙不迭地一口应承。

敲门时，先期造访者正拉门从教授家出来。问好、落座后开始采访，我坐下来的第一句话是：“教授，您可真是个大忙人啊！”“他呀，不要说，真是要多忙就有多忙。”不待教授开口，一旁的教授夫人便嗔怪道。采访中得知，教授写成这部被评论认为“具有开创性的学术成就”、“是心理学史研究领域的一个重要里程碑”的《中国心理学思想史》，从动笔到完

* 载《江西师大校报》1996年。

稿整整花了5年时间，其间有多少个夜晚为赶写文章通宵达旦，又有多少个夏日闭门不出挥汗疾书和白了多少青丝又瘦了多少圈肉，最清楚的莫过于教授夫人。“他哪天要是能停下工作歇一歇，我还真会弄不明白是怎么一回事。”对老伴充满疼惜与爱恋的“责骂”，教授只有歉意地笑笑。

身兼心理技术应用所所长、省科协常委等多职的杨教授，一边辛勤于学问与教学，一边又有许许多多的社会工作缠着他。采访前我与教授一位硕士生聊天得知，教授不仅担任着本校的领导，还被南京师范大学聘为客座教授、博导。她说：教授奔波于“二南”（南昌和南京），可谓既忙也难，确确实实是个大忙人呢。教授正是在这种繁忙的条件下，科研硕果累累，获得同仁的称许。学部委员、被誉为我国心理学界的“最高权威”之一的潘菽教授评价此书说：“这是一项艰巨而费时的工作，你从另一角度写一本中国心理学史，是一种雄心壮志，可敬可佩！”北京师大心理学教授朱智贤老先生逝世前在给教授的信中写道：“您在中国心理学史方面做了开创性的工作，您……为建立中国心理学史筚路蓝缕，锐意开拓，谨表示衷心的敬佩！”《中国心理学思想史》出版至今，已有十余位专家学者撰文高度评价，并被评为华东地区教育图书一等奖及出版总署的中国图书奖。此外，作为我校“1978—1994年度优秀教材”之一，被选送省教委参加全国优秀教材评选。

当问及今后的打算时，教授说首先要带好硕士、博士研究生，主编一套中外心理学通史，并编写我国第一部中国心理学史论……作为对他崇敬有加的晚辈，我衷心祝愿教授培养出更多的后继者，撰写出更多的力作，为“热爱心理科学的人”，也为“热爱生活的人”。

一位心理学家的足迹*

——记杨鑫辉教授

在这一株海藻里，
有的是不屈不挠的生命，
生命的冲动，
以及向无比险恶的环境冲刺的能力。
……

——G. 罗杰斯

一

杨鑫辉教授，1935年7月11日出生于萍乡市湘东镇的一个中医药世家。他自幼聪明好学。在上学前，他就能够识字，而这居然是靠他自己学的。在认街面店铺的招牌字号时，他还饶有兴趣地用手比划着。一次在姑母家里，看见大表兄有一种一面有图一面有字的卡片，便无师自通，看图认字起来。

---

* 童辉杰，载萍乡市政协编《萍乡当代文化名人》，江西人民出版社1996年版。

然而，他却是个非常不幸的孩子。两岁多时他不小心在厨房里摔了一跤，此后觉得脚疼，致使小儿麻痹症误诊，给他带来终身的痛苦。在他5岁多时，母亲亡故，使他失去母爱，而全靠祖母抚育长大成人。不幸和灾难可以摧毁一个人，同样也可以磨炼一个人，促其奋进。早年的不幸造成了他外柔内刚的个性。

从杨鑫辉的学习生活中，我们可以看到有三个显著的特征。其一，优秀的学习成绩，伴随他整个学生时代。其二，他具有引人注目的组织能力。他生长在一个大家庭中，兄弟姐妹10人，培养了他的合作以及与人相处的能力。在幼年时，因会讲故事等吸引了不少伙伴。初中时，他担任过全校团支部副书记，经常参加社会活动（如农民夜校、土改时丈量土地等）。高中时担任学生会秘书长，以及班长、团组织委员等。大学时，任过校学生会秘书长以及班长、团组织委员等。这一切，为他后来在学术领域与人合作攻关，领导与组织各项全国性学术活动，成为一个出色的学科带头人打下了基础。其三，便是他作为一个人格与精神上的强者，所具有的那种不屈不挠的坚强的特质。考初中时，他大病未愈，便请人用车推30里路赴考。大学时，刻苦锻炼身体达到了当时的劳卫制标准，这种精神特质作为他的人生的主旋律，贯穿他整个的人生历程。

二

杨鑫辉先生在高中的文理科成绩都是优秀的。他选择教育这个专业绝非偶然。他在中学读加里宁的著作，加里宁对教育的论述使他深有感触，乃至于使他立志从事教育事业。同时，中国古代伟大的教育家孔子对他的影响也很大。

1954年，他考上华中师范大学教育系，走上了一条新的人生道路。有幸师从朱希亮教授研习心理学，而朱教授又是完形心理学派的创始人之一考夫卡的门生。

杨鑫辉先生在大学学习时是一位十分活跃的学生。他不仅是校学生会和班级干部，积极从事各项社会活动，而且学业成绩优异，并已开始独立研究。他研究过教育家夸美纽斯，研究过语言与思维，研究过心理学问题。但命运往往就是这样捉弄人。从华中师范大学毕业后，杨鑫辉先生并没有称心如愿，从事他所热爱的心理学研究工作。

他被分配到湖南耒阳师范，教人体解剖生理学、心理学和教育学。此后，他还教过语文、英语，甚至物理。令人觉得奇怪的是，他所教的物理课，居然比物理专业本科毕业的老师教的课还受欢迎。为此，地区专门组织过听课活动，一致评价很高。更有甚者，当时湖南省修订教材，竟然要他去修订师范的物理学教材！他同时也自编了《教育心理学》教材在师范使用。

在这所师范，由于他出色的教学能力及其人格感染力，成为深受学生欢迎的教师。他每年都被评为先进教师。像以往一样，他也是很积极地参加各种社会活动，担任工会副主席、乐队指挥等。

1965年，杨鑫辉先生离开耒阳师范，回到家乡萍乡，在萍乡中学教语文。

杨鑫辉先生1958年大学毕业至1978年，一直未能从事他所热爱的心理学的专门研究。正是他对心理学的热爱和执著追求，使他在教任何一门课时，都能在内容与方法上，根据心理学规律刻意创新，发挥最佳效果。另一方面，这些生活经验同时又在丰富他的心理学修养。在心理学被打成“伪科学”的年代里，全国的心理学研究者全部被迫改行，心理学的书籍与资料全部被列为“禁书”。杨鑫辉先生当然也不例外，受到了冲击。他的不少书籍被“抄”。然而，他却将一大批重要的心理学书籍资料，如《心理学报》、《心理学译报》，以及不少译著设法保存下来，免于一劫。

“科学总是科学，总是有用的。”这是杨鑫辉先生坚定的信念，也是他常说的一句话。无论他从事的是什么职业，他并没有放弃他对心理学的追求与探索，而是同时在搜集与积累心理学的更丰富的素材与资料。无论当时人们如何抨击心理学为“伪科学”、“唯心主义的一套”，他仍然坚信，作为科学的心理学，终究会重见天日的，因为它是“有用的”。

终于，中国心理学发展的转折时期到来。1977年，心理学终于恢复了科学的本来面目。中国科学院心理研究所恢复了，北京大学以及一些师范院校的心理学专业也相继恢复了。一批批心理学工作者相继归队。1978年12月，杨鑫辉先生来到江西师范学院报到，作为师院心理学专业恢复后调来的第一人，并于1983年加入中国共产党。自此他便开始活跃在全国乃至国际心理学界的学术舞台上，得到我国老一辈著名心理学家潘菽、高觉敷、朱智贤、刘兆吉教授等的亲切关怀和器重，合作著述，过从甚密。

三

杨鑫辉先生在心理学方面，涉猎面是相当广的。不但在理论心理学与心理学史、教育心理学、社会心理学、个性心理学、文艺心理学、心理实验与测验方面，而且在心理咨询与治疗等方面，都有很深的造诣。20世纪70年代末，我国心理学百废待兴。归队后，杨鑫辉先生一面整理他以前的研究成果（比如他在中师时曾从心理学分析了大量的资料），研究了欧美以及苏联心理学的发展，意识到中国心理学不能单纯依赖翻译与引进，必须有自己的真正的发展。由于他敏锐的洞察力，他在1979年很有预见地提出必须重视心理学的应用研究。《略论心理学的应用与普及》这篇论文，预言了90年代我国心理学的“应用热”，并成为他倡导心理技术学的前奏曲。

凭着他敏锐的洞察力，他很快发现了一块“处女地”亟待“拓荒、耕耘、播种”。过去读到的心理学史，言必称希腊、欧美，对中国心理学历史只字不提。他深知，在我国悠久的文化史上，历代的思想家，孔子、荀子、王充、朱熹、王安石……都有着丰富的心理学思想，可与柏拉图、亚里士多德、莱布尼茨、笛卡儿等一比高下。先秦的人性说、汉晋的形神说、唐代的佛性说、宋代的性理说，都蕴藏着十分丰富的心理学思想。清代王清任的《医林改错》比俄国生理学家谢切诺夫的《脑的反射》早几十年，他创立的“脑髓说”对世界心理学是一个重大贡献。毫无疑问，中国是世界心理学思想的最早的策源地之一。因此，填补这一世界心理学发展史的空白是一项重要任务。

他更意识到，开拓这一片荒芜之地，不仅意味着填补世界心理学史研究的空白，为国争光，而且，对中国心理学的发展，也将起到重要作用。

于是，他凭着为国争光，为中国心理学发展作贡献的坚定信念，凭着他那种不屈不挠、不达目的决不罢休的韧劲，凭着他扎实的古文基础与渊博的学识，凭着他敏锐的洞察力与精确的判断力，开始了艰辛的研究工作。

他的案头上，堆叠着一堆堆发黄的古籍；书架上，摆满各种心理学的书籍，包括一大本一大本的外文书籍，一大扎一大扎的资料卡片，分门别类、整整齐齐地放在抽屉里。《黄帝内经》、《孙子兵法》、《临川集》、《王氏家藏集》……这一大卷一大卷古奥繁芜的线装书，使他耗尽心血。同时，他还要不断吸收研究发展迅速的现当代心理学研究的成果，以作参照与框架，不断丰富中国心理学史的研究内容与方法。

他在超负荷地运转……除了埋头研究攻关，他还要完成繁重的教学任务和教育系主任等行政工作。

工作极度紧张，没有助手，资料缺乏……困难重重。本校图书馆缺乏的资料，他利用一切机会到外地去搜集。在南京编教材时，他经常往返十几里，泡在南京图书馆研读明代著名思想家王廷相的《王氏家藏集》，整整58册线装书，做了一大沓的卡片。

为此，他根本顾不上家。独生子读小学无暇辅导，妻子患病也缺少照料。

他本人的身体也经不住这样超负荷的压力。他曾多次病倒，然而他一次次以惊人的毅力支撑起自己，很快又投入工作。

他终于获得了巨大的成功，成为中国心理学史这一门新学科的创建人之一。历经几十年的努力，通过他的艰辛研究，以及他倡议、协助与主持的全国范围协作攻关，这门崭新的学科体系已完善建立：从组织机构到教材、专著、工具书，从人才培养到国际交流。就他个人的贡献来说，可以从以下几个方面中看到：

最早系统提出研究中国心理学史的方法论、原则和内容体系的设想；第一本全国古代心理学思想研究论集是他倡议并协助主编；第一部由国家教育部组织力量编写的《中国心理学史》教材，由他担任副主编并草拟全书大纲和撰写了大量章节，该教材被看作中国心理学史学科建立的重要标志；率先正式开设中国心理学史课程；第一个在全国申报到以中国心理学史为主攻方向的硕士点，招收中国心理学史研究生在全国也是最多的；第一个培养中国心理学史博士研究生的博士生导师；第一个作为中国心理学史专家应邀到国外大学讲学。1987年4月，他远渡重洋，来到加拿大西安大略大学，向国外的心理学教授、哲学教授以及历史教授讲述了中国古代丰富的哲学心理学思想理论和生理心理、心理实验与测验的萌芽，引起了外国教授的浓厚兴趣，并得到他们的高度评价。他们听到了以前完全不知道的许多重要东西，信服了古代中国确实是世界心理学思想最早的一个重要策源地，讲心理学史应当包括中国心理学史。该校当即聘请他为客座教授。

美国一位心理学教授评价道：“杨鑫辉先生是中国内地研究中国心理学史的杰出的一位。”

四

杨鑫辉先生的学术成就不独在创建中国心理学史方面，他的学术思想与成就也是丰富的。他在心理学方面的兴趣与涉猎面是相当广的，在心理学的几个重要领域皆有创见与建树。

他的史学修养不仅使他十分熟悉西方心理学的各派理论，而且他把握了中国心理学发展的脉搏，因此，他站在理论的高度，在心理学的理论研究方面，卓有创见。他十分重视方法论的研究，对国外日新月异的新颖研究方法非常敏感，但同时又能清醒地分析它。他认为要开展我国自己的心理学实验与调查的现实研究，积累中国人研究中国人心理的科学资料，包括多民族心理的比较研究，探索中国人心理发展特点与规律。其次，挖掘整理祖国古代优秀的心理学思想遗产，撷取精华，发扬其仍富科学性的深邃心理学思想。再次，有批判地学习和吸取外国心理学的一切有价值的东西，特别是他们先进的心理学研究方法与现代化手段。杨鑫辉先生是全国理论心理学界的学术带头人之一。他对理论研究的重视，对促进我国心理学的健康发展具有积极的意义。

他既重视心理学的理论研究，也重视心理学的应用。他提出重建“现代心理技术学”，将各种心理技术广泛应用于教育、医疗、运动、军事、司法、交通运输、社会经济、人事组织等各种实际领域。主要包括人员心理测评、社会心理测查、心理咨询与治疗和经济心理技术四个方面。这一学科将使心理学的基础理论与实际应用有一个技术中介。

他创办了我国第一个心理技术应用研究所。他已经招收了几届心理技术学方向的研究生。并且，他开展了驾驶员适性心理素质测评、射击运动员心理素质测评与心理训练、老年群体心理与灾害所造成的情绪心理等研究。他积极从事心理咨询与治疗工作，积累了临床经验，并富有卓见。他熟悉中外各家的治疗理论，博采众长，因此，治疗效果显著。

杨鑫辉教授在全面考察当前教育理论面临的困境以后，提出了“现代大教育观”这一新颖的现代教育思想和理论观点，并在全国发起了协作攻关的集体研究。这一巨大的教育系统工程，调动了全国多学科的力量，最后的结晶体现在《现代大教育观》这部著作中。杨鑫辉教授主持的这项全国范围的研究过程本身，就锻炼和培养了一批青年学者和专家。参加这一研究的青年教师与科技工作者后来大部分都成了副教授、教授及知名学者专家。

杨鑫辉教授从创建中国心理学史新学科，到重视心理学理论研究，从重视心理学的应用，倡导现代心理技术学，到倡导跨学科研究，开拓交叉学科，他的研究道路是一步一个脚印走过来的。他不仅提出了现代大教育观这一跨学科的教育思想，而且积极推进一些交叉学科的研究。例如，他十分重视思维科学的研究，不仅积极组织与主持思维科学的一些学术活动（他是江西省思维科学学会的副理事长），而且在1988年联合招收思维科学的研究生。他是有远见的。

杨鑫辉先生在心理学的许多方面卓有建树，著述颇丰，成果累累。他的主要学术论著有20部，论文达百篇。其中获省级以上优秀论著奖19项。

1990年，由江西省科协、教委等六个部门联合推荐杨鑫辉先生为中国科学院生物学学部委员候选人。

1992年，创办江西师大心理技术应用研究所（全国首家），并任所长。应邀出席国际心联举办的第二届亚非心理学大会，作学术报告。

1993年，中国心理学会决定：由杨鑫辉先生担任全国心理学重要刊物之一的《心理学探新》杂志主编。

1994年，杨鑫辉先生被南京师大聘为培养博士的教授，成为一名跨校际的教授。应邀出席在台湾大学举行的“华人心理学家学术研讨会”，作学术报告。

1995年，正式调入南京师范大学教育科学研究所的普通心理学博士点工作，接替97岁逝世的著名心理学家高觉敷教授的讲座，以保住和发展全国唯一的一个以心理学史为主攻方向的心理学博士点。他同时继续担任江西师大教授，主持心理学硕士点、《心理学探新》、心理技术应用研究所工作。还担任了省人大代表、中国心理学会理事、省心理学会理事长、省科协和省社联的常务理事等社会工作。

五

由于杨鑫辉先生在教学、科研活动中成绩显著，贡献卓越，1984年获南昌市劳动模范称号，1987年获江西省先进科技工作者称号，1988年获国家级有突出贡献中青年专家称号，1989年获全国优秀教师称号，1991年起享受国务院颁发的政府特殊津贴，1993年获国家教委主办的曾宪梓教育基金奖等。学无止境，学海无涯。他常用屈原的话自律：“路漫漫其修远兮，吾将上下而求索。”

杨鑫辉先生曾对人谈到过：他以著书立说、讲课演说和扶持好学青年为人生三大乐事。的确，他著书立说，硕果累累，虽历尽艰辛，仍自得其乐。作为一位知名教授，被应邀到国内外许多知名大学讲学，他的讲课演说精辟，引人入胜。听过他的课的人，或是听过他演讲的人，都知道他言出必如珍珠落地，铮铮有声:他的讲授条理十分清晰，逻辑性强，深入浅出，旁征博引，富有创见。

他感染了一大批好学青年。人们到他家中拜访，经常会看到他家里从客厅到书房，挤满了前来讨教的同行与学生。无论是他教的弟子，还是他没有教过然而仰慕他前来求教的师生，只要是好学的人，只要是学术问题，他都总是不惜抽出自己宝贵的时间，慷慨赐教。每日，他几乎都要收到来自全国各地的信，有时一天多达十几封，其中一部分就是各地青年学生、青年学者求教求助的信。他影响和扶持培养了一大批青年，当他看到他们迅速成长时，也就乐在其中了。

“志坚当高远不断进取，情真贵久深始终如一”，“独立钻研锐意开拓，虚怀若谷博采众长”。这便是杨鑫辉先生为人和治学的座右铭。

中国当代心理学家剪影*

——杨鑫辉简介

杨鑫辉，男，1935年7月生，江西萍乡市人。1958年毕业于华中师院教育系。曾任江西师大教育系主任、教科所和心理所所长、研究生导师组长。现为南京师大教授、博士生导师，中国心理学会理事，中国社会心理学会理事。1988年获国家级有突出贡献中青年专家称号，1989年获全国优秀教师称号，1991年起享受国务院特殊津贴。

他主攻心理学史和理论心理学，主张发扬中国优秀传统文化，将古代心理学思想与现代心理学结合起来，建立有中国特色心理学理论体系，是中国心理学史学科的主要开拓者之一，在国内外心理学界享有盛誉。他首倡重建现代心理技术学新体系，强调心理学应当面向社会生活，应用与普及乃心理学发展的生命力。

他的主要著作有：《中国心理学思想史》、《中国心理学史研究》、《现代大教育观》等20部，并在《心理学报》等刊物上发表论文100余篇。

* 载《心理世界》1997年第5期。

中国心理学史研究的领军人物*

心理学是集理论和实践应用于一体的技术性很强的学科，兼有自然科学和社会科学的性质。因此，心理学发展的历史是一门兼具科学史与学术思想史的学科史。谈到中国心理学史的研究，就不得不提起一个人的名字——萍乡籍著名学者、南京师范大学博士生导师杨鑫辉教授。他是我国第一部中国古代心理学思想研究论集的倡导者和组织者，是我国第一部《中国心理学史》副主编和编写大纲的草拟者，是我国第一部通古今贯中外的五卷本《心理学通史》主编。以上著作填补了中国心理学史的重要空白。最近，他又推出了一部《中国心理学史论》。20年来，杨鑫辉教授取得的成绩，使其足以担当目前中国心理学史研究的领军人物。

一

1935年，杨鑫辉出生在萍乡湘东一中医世家，很小的时候，杨鑫辉就梦想成为一名教师。1954年，杨鑫辉从萍乡中学考入了华中师范学院教育系，成为教师的理想终于实现。但是在心理学课上，他愈来愈对人的各种奇怪心理现象产生了好奇，学习之余，他专门向江西籍学者、著

* 刘德萍，载《萍乡日报》2003年8月24日。

名心理学家朱希亮教授询问各种问题。朱教授是完形心理学派创始人考夫卡的学生，是中国心理学会发起人。他的课深入浅出，而且他敢于打破常规，不仅介绍苏联的心理学（那时我国主要学苏联的心理学），而且也向学生们传授西方的心理学。听了一番西方心理学，杨鑫辉感到了知识海洋的宽广。每到晚上，他总喜欢把枕头垫得高高的，重温着当天老师在课堂上介绍西方心理学的内容。有一天，他思索之后感到十分纳闷，为什么中国没有心理学呢？这个问题使他整晚都不能入眠。这也使他对心理学产生了极大的兴趣。

毕业后，杨鑫辉在湖南一中专学校任教，主要从事教育学和心理学的教育工作，在7年的教学中，他越来越意识到中国必须要有自己的心理学。1966年，因为“文化大革命”的发起，全国取消了心理学教育，杨鑫辉也已从湖南回到了萍乡。1965年至1978年，他先后在萍乡中学和萍乡二中任教语文。为了教好语文，他不得不研读中国古汉语，其间，他突然有了一个想法，要振兴中国的心理学，就必须研究中国古代心理学思想。在这十几年中，他一边教书，一边了解西方的心理学，并在中国古代教育家、军事家、史学家等名家们的著作中领会到，中国古代的心理学思想浩瀚无边。回忆那10年，杨老感慨道：“除了教书外，我几乎每天都待在家里研读古汉语，那时候，我是带着一种强烈的民族精神去研究中国古代心理学史的，有时半夜里突然来了灵感，我就立刻爬起来做笔记，生怕马上会忘记。那段时间很累但很充实。”

二

1978年，当改革开放的春风吹拂中国大地的时候，杨鑫辉对中国心理学史的研究有了新的信心，他已经整理出了一套研究中国古代心理学史的厚厚笔记。这年冬天，他“归队”到江西师范大学教育教研室，那时中国的心理学教育已停止了整整13年，重新“归队”决心振兴中国心理学教育的人在当时只是寥寥，杨鑫辉就是其中一个。1980年后，杨鑫辉在著名心理学家中国科学院心理研究所所长潘菽、南京师范大学教授高觉敷的指导下，开始规划中国心理学史学科的宏伟蓝图。摆在他们面前的第一件事就是编写教材《中国心理学史》，这可是史无前例。当时，大家因《中国科学技术史》已由英国人李约瑟编著出版，一面感到十分高兴，另一面又感到十分惭愧，生怕我国的《中国心理学史》也由外国人夺了先声。凭着多年来研究中国心理学史整理出来的笔记以及多年来执教心理学的经验，杨鑫辉草拟了我国第一部《中国心理学史》的编写大纲，该书于1985年由人民教育出版社正式出版。

从成功中走出来，杨鑫辉感动得热泪盈眶，感觉自己20余年的付出终于得到了回报，这也更加坚定了他执著于我国心理学研究的信心。在以后的研究中，杨鑫辉共出版著作30多部，发表论文130多篇。1987年，杨鑫辉首次在全国范围内招收中国心理学史硕士研究生，同年他被加拿大西安大略大学、多伦多大学邀请讲学，成为站在外国高等学府宣讲中国心理学史的第一个中国人。1991年，他在江西师范大学创办了国内首家心理技术应用研究所。1994年，在组织和倡导我国第一部中国古代心理学思想研究论集后，出版了个人专著《中国心理学思想史》，这是对中国心理学史研究的一个新的里程碑。1995年，杨鑫辉调入南京师范大学教育科学院后，率先在全国招收中国心理学史博士生，至今先后培养硕士、博士、博士后50名。2000年，杨鑫辉组织全国中青年心理学专家编写了我国第一部大型《心理学通史》，该书作为南京师范大学“211”工程的标志性成果，成为全国教育科学规划办、全国教育科学“九五”规划国家教委的重点课题。最近，他又第一次从史论的角度出发，出版了我国第一本研究中国心理学史论的著作——《中国心理学史论》。该书的出版受到了专家同行的好评，中国社会科学院研究员赵璧如称此书“具有高度学术理论水平和在有关问题论述上有鲜明的创新性”；上海师范大学教授燕国材认为此书“结构严谨，内容相当全面，是一部具有开创性的著作”；

河北师范大学教授邹大炎认为，该书是作者学术生涯炉火纯青时的精品，在中国心理学史研究领域是“继往开来的一个里程碑”。

在中国的心理学研究和教学领域，杨鑫辉和老一辈心理学家们终于开拓出了一片新的天地。作为中国心理学的权威，杨鑫辉是中国心理学会常务理事兼理论心理与心理学史专业委员会主任、中国心理技术应用研究会会长、中国社会心理学会理事、中国系统工程学会人—机—环境专业委员会委员、《心理学探新论丛》主编、《心理学报》编委、《心理学探新》名誉主编、江苏省心理学会高级顾问、全国维果斯基研究会顾问、《心理世界》顾问等。第28届国际心理学大会特聘他担任ICP2004中国顾问委员会委员。杨鑫辉不仅是中国心理学史学科的主要创建者之一，还首倡重建现代心理技术学新体系和提出现代大教育观理论建构。他当之无愧为我国现代心理学家、社会科学家和教育家。

三

在采访中，听到杨教授流畅的萍乡话，笔者被他的一句话打动了：“我是喝萍水河的水长大的，无论走到哪里，我都不会忘记自己是萍乡人。”确实，2001年10月，为了振兴我市的高等教育，杨鑫辉来到了萍乡，并接受了萍乡高专特聘教授和萍乡高专经济与政法系系主任职务。2002年4月，他又专程来到萍乡高专履职一周，帮助该校组建了我国第二个心理技术应用研究所，并给师生们带来了3场学术讲座，之后还把今年9月召开的全国第四届心理技术应用学术研讨会会址选择在了萍乡。

采访结束后，杨教授把自己信奉的一句格言送给了笔者：“信念、乐观、意志是战胜人生困难的支点。在对事业方面，我信奉‘志坚当高远，不断进取’，与人相处时，我信奉‘情真贵久深，始终如一’。”

中国心理学史浩瀚无边，今年已68岁的杨鑫辉教授研究中国心理学史的脚步依然没有停歇。

志坚当高远不断进取 情真贵久深始终如一*

——记江苏省高校优秀共产党员教科院杨鑫辉教授

“为党和人民的事业，我要鞠躬尽瘁，死而后已……”这是教科院杨鑫辉教授20年前在他的入党申请书上向党立下的誓言。20年来，杨老师始终恪守着这一誓言，为党和人民的教育事业勤勤恳恳、兢兢业业、无私奉献，培养了许多优秀人才。日前，杨鑫辉教授被评为江苏省高校优秀共产党员。

教师是太阳底下最光辉的职业

杨老师上中学时就品学兼优。1953年毛主席发出“三好”号召，他被评为首届三好学生。高中毕业填报高考志愿时，他的物理老师让他报理科专业，语文老师让他报文科专业，他一时无法决定。后来，他的班主任老师对他说：“你的文科理科都好，那是老师教育出来的，你就选择教育吧。”当时，他受苏联加里宁的《论共产主义教育》一书影响，认为

---

* 许文，载《南京师范大学学报》2003年12月11日。

从事教育工作非常有意义，“教师是太阳底下最光辉的职业”，因此他便毫不犹豫地在第一志愿上填上了华中师范学院教育系。

自从选择了教育事业作为自己的人生奋斗目标，杨老师便无怨无悔地在这条道路上艰辛跋涉，将自己的毕生精力投入其中。他说：“人的生命是有限的，一个人只有为社会为人民做点实事，人生才有意义。”正是抱着这种人生观，杨老师在近半个世纪的教育事业中默默耕耘、无私奉献，将对党立下的誓言，付诸实际行动中去。

老骥伏枥　志在千里

杨老师是1995年春由江西师大调进我校的，以接替高觉敷先生开创的我国唯一一个以心理学史和理论心理学为主攻方向的心理学博士点。

当年杨老师已年近60，来到我校后，他克服许多困难，将教科所里心理学老师与教育系里心理学老师两股力量凝聚起来，在继续保持我校西方心理学博士点招生的基础上，又开拓了新的研究方向，在国内率先招收中国心理学史和苏俄心理学史博士生。还跨越心理学理论与历史专业，开创心理技术学领域招收博士生。

作为一名共产党员，他时刻不忘自己身上的责任，除积极关心党和国家大事外，对学校、院系的发展也十分关心，常提出些前瞻性的建议和意见。对于应用心理学等学科点、学位点建设，他殚精竭虑，发挥了重要作用。他建议院领导将理论与实践结合起来，建立应用心理学实体。院领导采纳他的建议，开拓了心理技术学学科，成立了“人力资源测评与职业指导中心”、建立了全国心理技术应用研究会、创办了《心理学探新论丛》和《心理技术应用研究》等刊物。

优秀的学科带头人

杨鑫辉教授是我国知名心理学家，中国心理学史学科的主要创建者之一，是现代心理技术学新体系的倡导者和现代大教育观理论的提出者。杨老师来校后是省重点学科心理学科带头人，在他任学科带头人期间，该学科在学校曾被评为优秀重点学科，他本人也被评为优秀学科带头人。他带领心理学的教师和研究人员制定了学科发展规划，发展了基础心理学博士授权点，争取到了应用心理学硕士学位授权点，并积极参与策划心理学一级学科和心理学博士后流动站的申报。在新学科带头人和全体心理学教师努力下，今年获批了发展与教育心理学博士点和心理学博士后流动站。

学科的发展要抓课题。在他主持重点学科期间，组织我校心理学教师获批了全国和省部级课题约20多项。在申报课题时，他一贯坚持先报集体项目，以带动培养年轻人，然后才考虑申报个人项目。1995年他主持的全国教育科学"九五"规划重点项目"中外心理学通史研究"，组织了以中青年为主体的全国心理学史工作者参加，经过五六年攻关，其成果《心理学通史》五卷本2001年获得了江苏省政府社科研究优秀成果一等奖。

学海追求　永不休止

"著述寄墨砚之情，讲学开人心之扉"，这是杨老师学海追求的最高境界。几十年来，杨老师用他的一言一行表达了他对党和人民的教育事业赤胆忠心，践行了他入党时对党立下的誓言。20多年来，他除从事大学本科教育工作外，指导培养了硕士、博士、博士后近50人，出版个人学术专著和主编、合编的著作40多部，发表论文160多篇，获各种省部级科研成果一、二、三等奖20多项。还担任国内外六七所大学的客座教授和兼职教授。他先后获得过市劳动模范（1985）、省先进科技工作者（1987）、国家级有突出贡献中青年专家（1988）、全国优秀教师（1989）等称号，享受国务院颁发政府特殊津贴（1991）。现在他年近七旬，于上个月光荣退休，仍精神旺盛地表示要有意义地开始人生的第二个青春，继续发出光和热。日前，他被聘为明年在北京举行的有4 500人出席的第28届国际心理学大会顾问，还有多部签了合同的著作待出版。学海追求，永不休止。他无愧于一个优秀共产党员的称号。

中国心理学史的拓荒人*

——记著名心理学家杨鑫辉教授

凤凰择良枝而栖。去年年底，凤凰山庄迁来一从南京来的新住户，前往拜访求教者如云而至。原来户主是著名心理学家杨鑫辉教授和他的夫人。

著作等身一鸿儒

杨鑫辉教授，萍乡湘东人，1954年萍乡中学毕业后考入华中师范学院，“文革”时期回萍乡工作，1978年离开萍乡，先后到江西师范大学、南京师范大学任教。经过长期努力，他成了一位颇有影响的有学术造诣的心理学理论家，心理技术学新体系创建者，中国心理史学科的主要开拓者之一，还是现代大教育观的首倡者。他曾任江西师大教育系教授、研究生导师、系主任，教育研究所和心理应用所所长、加拿大西安大略大学客座教授。现为南京师范大学心理学教授、博士生导师，中山大学、河海大学、四川绵阳师院等高校兼职教授，萍乡高专名誉教授、系主任。

杨鑫辉学术著作很多，个人学术专著有《中国心理学思想史》、《中国心理学史论》、《心理的历史·理论·技术》、《现代心理技术学》，主编《心理学通史》（五卷本）、《现化大教育观》等。总计40多部，发表论文170多篇。获国家、省、部级一、二等奖20余项。

---

*彭以槐，载《萍乡日报》2005年2月27日。

羁鸟恋旧林，池鱼思故渊。杨教授现年已七旬，身居外地，思念家乡之情更浓。他说："我是喝萍水河的水长大的，退休后我要为家乡做点事。""故土深情永不忘，乡梓期盼当向前。"因此，最近他从南京搬回了萍乡市。回到萍乡后，他仿刘禹锡的《陋室铭》写了一首《简居铭》，其中有几句是这样的："居依凤山隅，地畔鹅湖滨。谈笑多博硕，往来有耕工……学海五十年，转眼一瞬间。爱心长留，真情永存。"

不屈不挠的斗士

杨鑫辉先生走起路来步履坚定有力，但腿略有点跛。你可知道，这是苦难的生活给他打上的一个印记。3岁时他得了小儿麻痹症。尽管他出身医药世家，祖父、父亲都是行中医兼开中药铺的，由于在当时对该病认识还不足，他能不瘫痪全靠祖父、父亲的竭尽全力。可是，不幸接踵而至。5岁时母亲离开了人世，靠祖母悉心抚养。命运的磨难给他的生活带来了痛苦，但也培养了他坚强的意志。上小学时每天往返要走八九里的路，他一步一步地走着，一点也不叫苦，而且成绩一直保持优秀。小学毕业时，他和哥哥同患急性脑膜炎，头痛发烧。当时正要举行升初中考试，家里不让他参加考试，他坚持要去参加。打了一针，吃了点药，请堂叔用独轮土车送他去赶考，结果考上了。

杨鑫辉在读高中时便获得了首届"三好"学生称号。他不但品学兼优，而且在锻炼身体方面也表现了顽强的意志。他除了跑步脚不方便难以参加外，跳远、乒乓球、单双杠、垫上运动、游泳都参加，而且体育成绩都达到了及格标准，读大学时还达到了当时推行劳卫制标准的要求。

环境的变化，往往给人意志以锤炼和考验。热衷于心理学的杨鑫辉，大学毕业时被分配到湖南耒阳师范，开始让他教人体解剖生理学和音乐，好说歹说，学校才答应他担任心理学和教育学两门课程。后来他还教过语文、英语甚至物理。他不管教什么课，都受到学生的欢迎。他教物理时，地区还专门组织听他的课，对他的课给予很高的评价。原来杨鑫辉创造性地把心理学、教育学应用于各门学科的教学中，颇具创造性。

1965年秋，他回萍乡，先后在萍乡中学和萍乡二中教语文，有一年还在现在的萍师附小任教初中语文。1975年至1978年期间，被抽调参加江西省中学语文课本和教学参考资料编写工作。教语文和编写语文教材，不得不攻读古汉语。他现在回忆说，多年教学生涯虽然与心理学无缘，但为后来广泛阅读中国古籍打下了一个良好的语言基础。

“文革”时期，心理学被称“伪科学”、“唯心主义”，中科院心理学研究所被关闭，全国各级学校心理学课程停开，心理学工作者和教师被迫改行或下放劳动。杨鑫辉先生却坚信心理学这门科学是打不倒的。他以批判心理学需求为借口索回了被抄走的心理学报刊、杂志和著作。

从心理卫生学的角度来看，人生最困难的时候，就是个体心理受挫折的时期。杨鑫辉先生在人生道路上遭受到各种挫折和磨难，也形成了他外柔内刚的性格。他说：“我在人生道路上遇到困难时，总是用坚定的信念、乐观的精神和顽强的意志去战胜它，尽力使自己始终处于一种积极的，健康的心理状态。”

勇于开拓的学者

一个科学工作者，既要重视继承，更要善于开拓，杨鑫辉就是这样一位既重视继承又勇于开拓的心理学家。他是中国心理学史的奠基人之一，开拓了世界心理学史的新领域。

20世纪50年代，他在大学学习，有件事使他感到纳闷：为什么几乎所有的心理学老师讲的、心理学书上写的，都是言必称希腊，赞欧美，夸苏联，中国人对心理学的贡献只字未提，难道中国就没有自己的心理学吗？70年代初当他读过英国学者李约瑟所著《中国科技史》一书后，更使他感到不可理解的是：中国科技史为什么要由外国人写？难道第一部系统的中国心理学史不能由中国人自己写吗？“文革”结束后，著名心理学家潘菽发出了重视祖国心理学遗产研究的号召。强烈的爱国情感促使杨鑫辉先生决定开垦这块荒芜之地，积极投入中国心理学史的研究，发展中国心理学，填补世界心理学史研究的空白。

话虽这么说，但做起来却不是那么容易。中国古代虽有丰富的心理学思想，但多散见于古代哲学、教育、医学、军事等各种著作论述之中，没有现成的心理学专著和汇集成册的资料。但困难吓不倒他，他一头钻进古籍《黄帝内经》、《孙子兵法》、《临川集》、《诸子集成》……同时他不断吸收现代心理学研究的成果，以丰富中国心理学史的研究内容和方法。

不仅如此，他还要克服资料不足带来的困难。1983年，教育部借调他到南京师大工作时，为了完成教育部组织编写《中国心理学史》教材的任务，需阅读许多古籍珍本书，例如《王氏家藏集》（王廷相著）。当地只有南京图书馆珍藏该书，但不让外借，也不准复印。从学校到图书馆，乘车不便，他就每天步行，每次要走半个多小时。如此他花费了一个多月的时间，走到图书馆，把这套五十八卷的书全部读完了，还做了几万字的卡片笔记。

杨鑫辉先生研究中国心理学史并不是孤立无援的，除了得到心理学界老前辈的支持外，特别得到党组织的支持。1978年，他来到江西师大后，经过充分准备，向系里提出了开设中国心理学史课程的建议。

大家为之震惊。“北大和一些名牌大学都设开这门课，我们能行吗？”当时他只是一名讲师，在有的人看来是没有资格开设这门课程的。但他的设想得到系党支部书记的大力支持，这门新课程在全国率先开设。1983年，杨鑫辉光荣地加入了中国共产党，成了一位党员科学家。

功夫不负有心人。杨鑫辉先生在潜心研究中国心理学史的道路上取得了辉煌的成就。杨鑫辉教授是《中国古代心理学思想研究》一书的撰写倡导者和组织者，教育部将该书列为高校教材。1982年，教育部组织编写第一部《中国心理学史》，杨先生任副主编。这是被公认为中国心理学史创立的最主要的标志。1990年，杨先生出版了《中国心理学史研究》论集，该书共收集了他开创时期的24篇论文。1994年出版的学术专著《中国心理学思想史》获中国图书奖和教育部、江苏省政府奖，被同行专家评价为标志中国心理学史开拓、发展的新里程碑。他还建立了我国第一个以中国心理学史为主攻方向的硕士点和国内唯一的博士点。招收培养心理学硕士、博士和博士后近50人。现在国内外都已承认中国心理学史这门学科。1987年，应邀赴加拿大西安大略大学讲学，他以客座教授身份讲学三周，主要介绍中国心理学史。中国心理学史学科第一次走出国门，受到热烈欢迎和赞扬。此后，他主持的教育部重点课题研究成果，于2000年主编出版了《心理学通史》（共五卷），又于2002年出版了《危机与转折——心理学的中国化研究》一书。

比翼齐飞的专家

杨鑫辉先生在心理学方面涉猎是相当广泛的。他不但主攻理论心理学与心理学史，兼及教育心理学、社会心理学、个性心理学、文艺心理学，而且在心理学应用方面也作出了重要贡献。他是一位既重心理学理论研究又重心理学实际应用，比翼齐飞的专家。杨鑫辉指出，“理论植根于应用的土壤之上，应用在理论指导下进行。应用是生命力，理论是指南针”。为此，心理学研究工作者要重视和完善介于心理学基础理论与具体应用之间的心理技术学，要积极创造条件开展心理学的应用，要总结心理学为社会生活服务的经验。

在国际上盛行于20世纪前半期的心理技术学，到20世纪50年代以后，其名称为应用心理学所取代。杨鑫辉则于20世纪80年代中期提出要重建心理技术学，将过去的心理技术学称为经典心理技术学，将现在要建构的新体系，称为现代心理技术学。经过十四五年的艰苦努力，在各种课题研究和培养心理技术应用硕士生、博士生教学的基础上，杨鑫辉重建了心理技术学的新体系，并且于2005年1月由上海教育出版社出版了《现代心理技术学》一书。这是我国第一部心理技术学专著。

杨鑫辉先生不仅这么说，而且踏踏实实地干。20世纪80年代末，他率先招收心理技术应用研究生，最近几年又招收心理技术学博士生。1991年，在江西师大建立了我国第一个心理技术应用研究所。随后，举办了全国性营销与广告心理学研究班。2000年，建立了全国心理技术研究会（后改为论坛），每年举办一次全国性学术会议。1994年，受国家教委委托，主持了首届全国高校心理咨询教师培训班。在杨鑫辉教授的倡导和领导下，我国许多中青年心理学工作者走向社会，关注民生。

早在20世纪80年代末，他就到南昌市交警支队，对驾驶员进行心理测试与调查研究。在基础上他提出了筛选和培养驾驶员的新模式。1991年，他应邀参加了首届中日驾驶员适应性理论与事故对策研讨会，并在大会上作了学术报告。

他曾组织江西师大心理技术应用研究所在江西老同志大学的支持和协助下，对离退休人员进行调查研究，发现离退休人员中潜藏着丰富的人力资源。并指出由于种种原因，这一资源没有充分挖掘，同时调查还为有关部门做好离退休干部的工作提供科学的心理依据。

他与自己的博士生合作设计了一种适合中国大学生特点的，既有诊断功能又有大面积普查作用的心理健康评定表。

由于杨鑫辉教授为心理学作出了突出贡献，因此，国家授予他许多荣誉称号：1998年由国家人事部授予国家突出贡献中青年专家称号，1989年国家教委和中国教育工会授予全国优秀教师称号，1991年起享受国务院颁发的政府特殊津贴。

也正是由于杨鑫辉先生在心理学理论研究和实际运用中成绩突出，因而在国内外心理学界有着相当大的影响。从20世纪80年代初至今，他担任中国心理学会第四至八届理事或常务理事，兼心理学理论与历史专委会主任、省心理学会理事长和高级顾问、全国心理技术研究会会长（后称论坛主席），担任三份心理学权威杂志的编委或主编。作为心理学家、社会科学家和教育家，20世纪80年代起先后被列入《国际心理学家名录》、英国剑桥国际传记中心《20世纪杰出人物传》、《当代世界名人传·中国卷》等，担任美国的中美精神心理研究所顾问，2004年还被聘担任有5000多人出席的第28届国际心理学大会顾问。

学海无涯，追求永不休止。杨鑫辉虽年已七旬，但在最近退休后的一年中，还出版了一本学术专著，主编了一本研究论集，获得了江苏省政府哲学社科优秀成果奖，获江苏省高校优秀共产党员称号和江苏省优秀哲学社科工作者荣誉证书和奖杯。他仍承担国家重点科研课题，与出版社签订了两套学术著作出版合同，主持全国性学术论坛。他把七十岁以后的时光，看成人生的第二个青春，将继续发出光和热。

高觉敷：1983年1月20日致杨鑫辉信*

鑫辉同志：

来函收悉。中心史会议纪要已由刘恩久同志分寄到有关院校，想不日可以到达。您允于下学期来此，共商中心史编写工作如何进行，我于回校后即已向院、系行政当局汇报，都一致表示欢迎。南师致江师的公函谅已寄出。如未寄出，当即催速，照办。关于旅差费，西心史尚有余款可以动用，望勿以为念。我因杂务较忙，穷于应付，而中心史修养底子又很薄，故热盼兄来相助。五月间五人碰头会仍照原议在南京举行。西安拟留待第二次会议时选作初稿讨论会的地点，不知兄与马、燕二兄能同意否。马处另由恩久同志去函协商。先此驰复，即祝

新年多福。

高觉敷

1983年1月20日

---

* 南京师范大学。

潘菽：1987年10月15日致杨鑫辉信*

鑫辉同志：

你想从另一个角度写一本中国心理学史。这是一种雄心壮志，可敬可佩。所附来的纲要也大体可以，但在写作过程中会发现要有所修改以至较大的修改。这是一项很艰巨而费时的工作，估计要做大量研究工作。因此，可以不必和出版社订出版之约，以免造成赶时间的累。写好了就不愁没有地方出版。是否我还可以建议两点。一是要严格区分心理学思想和心理思想的差别。二是要注意避免牵强之嫌。例如，孔子的"因材施教"是一种光辉的教育思想，还不是教育心理学思想，但他这种教学方法必然有心理学的依据，那就是人的个性差别。所以根据孔子的"因材施教"可以断言孔子已了解到人的个性差异这个心理学问题。

约计完成你这项写作研究计划要花四五年的时间。但写出来了，也就是一项大的学术成就。预祝成功！

顺候

双安。

潘菽

1987年10月15日

---

* 中国科学院心理研究所。

刘兆吉：《中国心理学史研究》序*

《中国心理学史研究》是我国近十年来研究中国心理学史成果中另一本具有特色、富有开拓性的学术专著。诚如本书作者在《中国心理学史研究的历史与现状》中说的："中国心理学史原先基本上是一块未被开垦的处女地。在党的十一届三中全会以来，随着我国心理科学的迅速发展，在老一辈心理学家的倡导下，中国心理学史的研究工作，才提到心理学界的议事日程上为越来越多的人所重视了。"本书作者也积极投入这项拓荒工作，并做了出色的贡献。他是《中国古代心理学思想研究》一书主要撰稿人之一，是《中国心理学史》和《中国心理学史资料选编》副主编，《心理学大词典》编委和分卷副主编，他也是这些巨著的主要撰稿人。在编写过程中他提出了许多宝贵的意见。

早在1982年12月，在烟台召开的讨论制定"中国心理学史编写大纲"的会议上，本书作者就提出了"研究中国心理学史刍议"，受到了与会领导和该书撰稿人的重视和赞同。《刍议》已发表于1983年《心理学报》第三期，也是本书重要篇章之一。《刍议》提出："辩证唯物主义与历史唯物主义，是研究中国心理学史的方法论的基础。确立这个总的指导思想，研究的原则与方法问题就能较好地解决。"这说明作者投入这项工作的观点和立场，也是大家所公认的。

---

* 刘兆吉：《中国心理学史研究》序，江西高校出版社1990年版。

中国心理学家坚信中国是世界心理学思想最早的策源地之一，但建立系统完善的中国心理学史，在1982年只能说是刚刚起步。如何建立编写体系的问题，是需要深入研究的。作者又提出“抓住心理的实质这条主线”。这有利于建立唯物主义心理学思想体系和选材，使唯心主义心理学思想不能鱼目混珠。

本书作者也认识到中国古代虽然有丰富的心理学思想，但没有系统的心理学专著。心理学思想散见于文、史、哲、教育、军事各家各派的论述中，所用术语概念很不统一。因而提出“以现代心理学概念为框架”，既不是牵强附会的硬套，也不排斥同时使用我国古代的某些仍富有科学性的概念。此外他还提出“联系历史条件研究心理学思想”。“采用比较法，历史地进行评价。”这些真知灼见，经过实践证明是切实可行的。

本书作者《草拟中国心理学史编写大纲的初步意见》一文，是1983年5月在南京召开的，草拟中国心理学史编写大纲会议上提出来的。虽然是初步意见，但对于草拟大纲和同年8月在庐山讨论通过“编写大纲”，也起了良好的作用。

从本书全部内容看，无论在理论的阐发和史料叙述等方面，都反映出作者在中国心理学史的创建过程中，下了扎扎实实的苦工夫。不但掌握了丰富的史料，并能深入领会，有理有据，左右逢源。如《中国心理学史研究的历史和现状》、《中国心理学史研究的新进展》、《中国近现代心理学概况》等论述，首次对我国心理学史的情况，系统地作了介绍。作者把中国心理学史研究工作的历史分为三个阶段：在第一阶段（1921—1949）和第二阶段（1950—1976）说明由于当时的社会背景和学术观点的影响，中国心理学史的研究，尚未得到足够的重视。但已有少数老一辈的心理学家领悟到中国古代有丰富的心理学思想。如张耀翔、潘菽、高觉敷等教授，对我国古代心理学思想的研究，做出了重大贡献。为第三阶段（1977—）“组织起来，挖掘我国古代心理学；思想的宝藏”奠定了基础。作者对“中国心理学史研究工作的现状”也做了确切的概括，“组织机构”，“工作进展、争论与问题”，“当前的任务”三部分，言简意赅。

使读者一目了然我国当前研究中国心理学史的现状，和当前的任务与奋斗目标。

本书对人物、专著的研究，论述了先秦儒家到现代的心理学思想家和心理学家的精髓。有的是作者在过去已发表的论著的基础上，增加了新内容。有的是还未与读者见面的新作。对历代心理学思想代表人物和论著的研究和评论，虽因人而异，但却贯穿着一条红线，那就是作者坚持的辩证唯物主义与历史唯物主义观点，以此为尺度，衡量历史人物学术思想的是非。因而他的评论，抓住了要害，褒贬得当。

总之，《中国心理学史研究》是作者十几年来，在研究中国心理学史的长途中，又一次取得的辉煌的成果。作者治学，一向谦虚谨严。名此书为“研究”，可看出作者不自满当前的成就而止步，本着精益求精的雄心壮志，把学无止境的里程碑扩展得更高更远，这也是广大读者引领企踵以待的。

因为这是一本难得的好书，所以我愿意向广大读者推荐。本书可供教育系、心理学系、哲学系、历史系、社会学系等有关专业师生作为教学科研参考书。也是广大文化工作者、干部开卷有益的著作。

1989年12月于西南师范大学

朱智贤：1991年3月4日致杨鑫辉信*

鑫辉同志：您好！

前函及大著均早收到。因长期腰疼未能及时致谢，致歉！

您在中国心理学史方面，作了开创性的工作，是非常可贵的。您和其他同志一起为建立中国心理学史，筚路蓝缕，锐意开拓，对你们已获得的成就，谨表示衷心的敬佩。

不尽，致此

敬礼！

朱智贤

1991年3月4日

---

* 北京师范大学。

邹大炎：《中国心理学史研究》评介*

最近，由江西高校出版社出版的杨鑫辉教授的专著《中国心理学史研究》一书与广大读者见面了，这确是我国心理学界，特别是从事《中国心理学史》教学与研究的同仁所由衷感到高兴的事！本来，十多年前由潘菽、高觉敷两位老一辈著名心理学家亲手组织起来的中国心理学史的研究队伍人员就不多，出版的专著也屈指可数。现在杨鑫辉教授继燕国材教授出版的四册《中国古代心理思想》之后，又出版了另具特色的《中国心理学史研究》一书，当然是很受欢迎的。通读全书后，我认为，该书至少具有以下三大特点。

第一，是一本贯通古今、史论结合、富有开拓性的学术专著。诚如著名心理学家刘兆吉教授在该书序言中所指出的"从本书全部内容看，无论在理论的阐发和史料叙述等方面，都反映出作者在中国心理学史的创建过程中，下了扎扎实实的苦工夫"。的确，鑫辉同志在《中国心理学史研究》的创建过程中，曾专门从南昌到南京担任了半年高觉敷老教授的助手，在搜集、整理资料，拟订《中国心理学史研究》编写大纲等方面下工夫不小。他又能以马列主义、毛泽东思想为指导，熟练地驾驭这些史料，使其为建设具有中国特色的心理学服务。这本专著既进行了范畴、专题的研究，又进行了古代专著的研究；既评述了我国古代的心理学思

---

* 邹大炎，《心理学探新》1991年第2期（中国心理学会理论与史专业杂志）。

想，也论述了现代心理学家。对诸葛亮、吴澄、朱希亮、陈鹤琴、潘菽等人心理学思想的研究，史料丰富，评论公允，可说是极大地充实了《中国心理学史》的内容，并在这方面做了许多开拓性的工作。因此，该书是我们学习和研究中国心理学史的最好参考书。

第二，是一本观点明确、研究原则与方法精当的学术专著。全书自觉地以辩证唯物主义与历史唯物主义为理论指导，既反对“有马克思主义就不需要心理学”的“左”的偏差的“代替论”，又反对忽视乃至取消马克思主义指导作用的“取消论”。并强调要不断吸取自然科学的新成果，丰富和发展我们的心理科学。强调进行中国心理学史的研究，一定要注意“古为今用”、“洋为中用”的原则。这些观点在该书“总论、学史研究”部分体现得最充分。同时，作者还指出，要既重视心理学的基本理论的研究，也要重视心理学的普及与应用。在研究方法上，并提出了“抓住心理的实质这条主线”，“以现代心理学概念为框架”，“联系历史条件研究心理学思想”，“采用比较法，历史地进行评价”等行之有效的具体做法,这对广大心理学工作者很有启发意义。使我们对中国心理学史的研究，既有所遵循，又有所创新。

第三，是一本较全面地研究《中国心理学史》的历史的学术专著。该书对我国古代心理学思想的产生与特征（古代哲学心理学思想、古代应用心理学思想），对近现代心理学的形成过程，都作了言简意赅的叙述。使我们看出了中国心理学史发展的来龙去脉。特别是在《中国心理学史研究的历史与现状》一文中，作者对中国心理学史研究工作的分期，指出“它经历了一个从自发到自觉、从分散到有组织、从零星探讨到系统研究的发展过程”，是很有见地的。分期的三个阶段也划分得准确恰当，如实地反映了《中国心理学史》这门新兴学科建立的历史。该文在论述中国心理学史研究的现状部分又简明地介绍了当今中国心理学史研究工作的组织机构、工作进展、争论问题、当前任务等情况，使我们对于这一新兴学科有了较全面的了解。由于我国已经建立了《中国心理学史》这一门学科，有关的院校也早已开设了这一门课程，并有上海师范大学、江西师范大学、河北师范大学等院校招收了《中国心理学史》研究方向的硕士研究生，这对今后我国开展这方面的教学与研究，建立具有中国特色的心理学都是极为有利的。过去那种一提起心理学就言必称希腊、言必称欧美、言必称苏俄的局面将一去不复返了！历史将雄辩地证明：中国也是世界心理学思想最早的策源地之一。今后的世界心理学史将补充上中国心理学史这块长期的空白或贫瘠之地。这当然是令每一个中国人都会感到自豪的。

总之，杨鑫辉教授所著《中国心理学史研究》一书，是一本难得的佳作，它可供教育系、心理系、哲学系、历史系、社会学系等有关专业师生作为教学、科研的参考书，也可作为广大干部、文化工作者等了解祖国优秀文化遗产，增长心理学知识的开卷有益著作。

刘兆吉：《中国心理学思想史》序*

除去那些泥古不化、在学术上鼠目寸光并有严重偏见的人，都会承认中国是世界文化重要策源地之一。在中国丰富的文化宝库中，也蕴藏着光辉灿烂的心理学思想。只因为过去无人发掘整理，致瑰宝蒙尘，鲜为人知。竟然在洋人著的世界范围的心理学史著作中，成为空白，好像中国人是没有心理学思想的民族，这是中国人的奇耻大辱。

近50年来，我国有少数心理学家，开始注意中国心理学史的探索，也有零星的文章问世。但是系统的全面深入的研究还是从八十年代开始的，目前出版的有燕国材的四卷关于中国古代心理思想研究的专著，有在国家教委领导下以潘菽、高觉敷为首组织起来编写的《中国古代心理学思想研究》、《中国心理学史》、《中国心理学史资料选编》，还有几本大型工具书，如《中国大百科全书·心理学》、《心理学大词典》等。在集体建设中国心理学史工作中，杨鑫辉教授始终是主要骨干之一，以后又独自作出新贡献。

杨鑫辉教授承担了教学、培养研究生、国内外讲学和教育系主任等繁重的任务，但他没有一天放松他所热爱的中国心理学史的研究。除不断在报刊上发表论文外，于1990年出版了一本颇受读者称道的专著《中国心理学史研究》（江西高校出版社1990年出版）。时过仅五年，他又独

* 刘兆吉，《中国心理学思想史》序，江西教育出版社1994年版。

自完成了新著《中国心理学思想史》，其治学的勤奋、攻坚的毅力、创新的精神，令人敬佩。

《中国心理学思想史》是一本独出心裁的心理学史专著。它有以下几方面的特色：

首先是体例的创新。第一、二章，开宗明义，总论了全书要旨。第二部分，即第三、四、五、六章，论述心理的实质、心理实验与测验的起源、普通心理学思想和应用心理学思想。第三部分即第七章为心理学史研究的现状和瞻望。

从全书的内容分析，有些是其他中国心理学史著作中虽已涉及而欠翔实的，有些是新的发现、新的观点，可以看出作者在学术上的求真务实精神，重视独立思考，反对随波逐流。例如，第二章心理学发展脉络五个特点的概括；第三章关于心理实质五个范畴的提出；第四章心理实验与测验起源均颇具匠心。此外如社会化与个性问题，不乏追根穷源和新发现的中国古代心理学思想史料。又以现代科学心理学思想方法加以整理、分析、归类，取其精华，去其糟粕，达到了学古不泥古，古为今用，这是研究各门学术史的真谛。如果今人由学古而泥古，不能自拔，则成了古人的俘虏。“尽信《书》不如无《书》”是有相当道理的，这话原出《孟子》，《诗》《书》《礼》《易》《乐》《春秋》，是儒家崇尚的经典，两千多年前最忠诚的大儒孟轲就大胆地怀疑《书经》，不可尽信，原因是有不实之处，后来的学者，思想更解放，不可尽信的不只是《书经》，所有古人今人的著作，都要深入分析，是精华即应继承，发扬光大，这就是传统优秀文化的根源。发掘古代心理学思想宝藏的目的，就是为了提炼其中对弘扬中华民族文化、增强民族自豪感、有利于社会主义精神文明建设的内容。这是作者坚信不疑的治史观点。古代留下来的各种化石是可贵的，而今人的“化石脑袋”与活死人的脑袋一样无用。

此外，杨鑫辉教授深知人类文化历史，从时间上是割不断的，所以今人也知古代的历史；从地域分析，中外文化的交流就像五大洋的滚滚波涛，也是难以隔绝的，中国古代的四大发明，不是也传到了外国么！

近现代外国心理科学传入中国，这也是很自然的事，互相学习，取长补短是好事。心理科学，在研究方法，特别在实验、测量、心理的生理基础方面，西洋心理学家先走了一步，我们可以借鉴。对此，有利于深入探索鉴别我国古代的心理学思想。保守封闭的国粹主义也是不可取的。问题在于学洋的态度，学洋则可，崇洋则不可。学洋是为了为我所用，即“洋为中用”，学人之长，补己之短。崇洋则陷于盲目性，成了假洋鬼子就“数典忘祖”了。崇洋常常与媚外相联系，丧失民族自信心、自豪感。研究中国心理学思想史，和其他历史一样，最主要的就是弘扬祖国文化，增强民族自尊心、自豪感，有利于进行爱国主义教育，这是精神文明建设的主要支柱。

关于古为今用、洋为中用，作者深有体会，全书也充分贯彻了这一原则。

这本著作另一特点，无论在心理学的基本理论方面，还是应用心理学方面，涉及面广，但重点突出，不乏新内容、新观点。作者著作多，又博览群书，知道关于历史著作，在文字上往往平铺直叙，枯燥难懂，索然无味，所以他在文字的生动性和结构的新颖性方面狠下工夫，注意加强著作的趣味性、可读性。

第七章概括地论述了中国心理学史研究的历史。包括过去、现状和前瞻，期望有更多的同行继续深入研究。因为中国古代心理学思想埋藏在两千多年的文化积淀中，而且混杂在哲学、文学、史学和许多杂学家的学说中，不但需要层层深挖，而且还需要精心分辨。这样浩大的学术工程，不是少数人短时间能完成的。杨鑫辉教授除自身奋力挖掘外，还大声疾呼，号召群策群力，使中国心理学思想史的内容更丰富，结构更完善，为既古老又年轻的心理科学作出新贡献。

总之，《中国心理学思想史》是当前中国心理学史著作中又一颗璀璨的明珠，是本好书。我爱读，我也愿意推荐给同行们和广大读者。是为序。

1994年3月12日于西南师大教育系

邹大炎：弘扬祖国心理学遗产的佳作*

——《中国心理学思想史》问世

我国自80年代以来，中国心理学史的研究有了长足的发展，特别是1986年人民教育出版社出版了高觉敷教授主编的《中国心理学史》后，中国已经填补了世界心理学史上的一块空白，一门新兴的学科——中国心理学史也就正式宣告建立。国家教委已将该学科列入高等学校有关学科专业的教学计划。一些高等院校也开设了这门课程，并且有上海师大、江西师大、河北师大三校已分别招收了这一研究方向的硕士研究生。中国人过去谈心理学言必称希腊、言必称欧美、言必称苏俄的局面已大大改观。现在江西师范大学的杨鑫辉教授又推出了一部弘扬祖国心理学遗产的佳作——《中国心理学思想史》，真是为"中国心理学史"的教学与研究向纵深发展提供了极其有益的文献。我个人认为该书至少有以下五个特点。

第一，该书是个人著述的上乘之作。我记得《中国心理学史》一书的顾问潘菽教授在该书序言中说过这样的话："……但集体写书也可以有它的缺点。主要缺点就在于不同的人对同样事物的考察可以有不同的观点，因而得到不同的印象，不同的理解，甚至在见解上有较大的分歧。"[1]

---

* 邹大炎，《心理学探索》1994年第1期。

而杨鑫辉教授的这本书由于是个人潜心钻研的结晶，是在广泛吸取前人编书经验教训的基础上编写而成的，因此，观点前后一贯，体系结构也顺理成章，很有新意。其中不乏作者许多独到学术见解。如心理实质五个范畴的提出，心理学思想发展脉络五个特点的分析，个体心理社会化与个性化的论述，以及心理实验与测验的追源，等等，确实堪称上乘之作。

第二，该书博大精深，具有很好的拾遗补缺作用。已出版的几种中国心理学史的著作，由于处在初创阶段，对于中国心理学思想的某些方面尚未论及，或论而不全。而这本书则广为搜集，深入剖析，举凡心理学的各种具体研究方法，佛教心理学思想，释梦心理学思想，书法绘画心理学思想等应用心理学的许多分支皆有所论述，充分显示了该书内容的广博与精深。

第三，该书突出了应用心理学思想的地位。根据现代社会的发展趋势，应用心理学的确处在了一个十分重要的地位。作者充分运用“古为今用”的原则，努力挖掘整理了许多我国古代的应用心理学思想，比如社会心理学思想、教育心理学思想、文艺心理学思想、医学心理学思想、军事心理学思想、运动心理学思想等，以供读者吸取有益的营养，并使各方面的心理学工作者皆有所获。这部分的论述，约占全书的四分之一篇幅。

第四，该书充满了民族自尊心、自豪感。通读全书能使人受到一种爱国主义精神的感染，使我们看到了历史上的中国也蕴藏有丰富而宝贵的心理学思想，她也是世界心理学思想的发祥地之一。早在高觉敷教授主编《中国心理学史》之际，外国同行专家就已十分注意和欣赏我国的心理学思想。当时，美国心理学会第26组即心理学史组前负责人J.Brozek教授就曾在致高老的信中说：“该站（实际上即指由高老领导经原教育部批准于1981年在南京师院教育系建立的我国第一个心理学史研究室——笔者注）目前的主要任务是编写一部中国心理学史：从孔夫子到现在，据我们所知，这项工作尚无人做过，我们希望该书出版以后，再出英文版。”[2]可见，外国友人是多么想了解中国的心理学思想。杨鑫辉教授这本专著的出版，不但能进一步满足他们的愿望，而且还能大大激发起我们炎黄子孙继承和发扬祖国优秀文化遗产的热情。

第五，该书既强调学术性，又注意古文献的疏解阐发，简明通顺，可读性强。这样有助于为社会上更多的人所接受。

总之，这本书诚如我国著名心理学家刘兆吉教授在该书序言中所说的："是当前中国心理学著作中又增加一颗璀璨的明珠，是本好书。我爱读，我也愿意推荐给同行们和广大读者。"我对此也深有同感。

参考文献

[1] 高觉敷主编.中国心理学史.北京：人民教育出版社，1986.

[2] 国外学者重视南京师院心理学史研究室的建立.心理科学通讯，1983(3).

徐佩印：溯源寻踪　精琢细研*

——评《中国心理学思想史》

合上杨鑫辉著的《中国心理学思想史》，有一种凝重感、责任感。在东西文化交流撞击甚为频繁的今天，一方面要大容量地吸纳国外的优秀文明，同时，对“国故”——本土文化的研究，也不能等闲视之。在心理学这一古老而又年轻的新兴学科中，还有一些有待开发的“处女地”，中国历代心理思想的研究，就是其中之一。

作者在中国心理学史领域，著作颇丰，是这块园地有作为的开拓者之一。在《思想史》一书中，他溯源寻踪、抉隐发微，穷搜博览、爬剔论证，建构了心理学思想史的独有创意的体系。从古代思想家、科学家的哲学、文学、教育、伦理、医学、军事诸学科的论著中，“挖”出心理学方面的思想，使今天的中国人和心理学界，对中国历代博大而深刻的心理思想刮目相看，让这一研究与国际的心理学史研究“接轨”，实在是功不可没的。

《思想史》是一本有价值的专著，但它无生僻难懂之弊，中国古代哲学中有“极高明而道中庸”这一作为人立身处世的最高境界的格言，这本理论著作因其有理论深度，多有新见而列于极高明之列，但在写法上，注意“道中庸”，它深入浅出，雅俗相宜，述作结合，便于读者理解、接受。

立论新，是一本著作的要旨，是征服读者的“王牌”。此书立论新，

---

* 徐佩印，《新闻出版报》1994年。

首先表现在作者采用新的体例。该书打破了以往的“目”完全按年代为序的惯例，而是从专题切入。如分为心理学思想发展的脉络、心理实质探索、心理实验与测验追源、普通心理学思想、应用心理学思想等。以问题为线索，而非以年代、人物为线索，便于比较参照。事实证明了这种构架的长处。此书立论新，还表现在作者对先秦的人性说、汉晋的形神说、隋唐的佛性说、宋明的性理说、清代的脑髓说这个范畴的铺陈论述上。这五个范畴系作者于1981年提出，随后潘菽等教授分别提出八个范畴，这些范畴实际上是中国古代心理学思想之网上的纽带、环节、是建构心理学思想史的基础。在这本书中，作者对自己独辟蹊径的论述加以深入发挥，同时也吸取了其他学者对一些范畴的阐述，达到了个性和共性较完美的结合。

梳理精，是一本著作成功的要义，也是作者的一项基本功。从《思想史》中看出，作者功力是不凡的。如对心理活动的生物本体学说，作者列举了胚胎说、感官说、脏器说和脑髓说，并认为中国心理学思想实际上是生物本体说与哲理说并驾齐驱、结合发展的产物。对古代人际交往这一社会心理学的命题，他概括为“同人心，贵人和”、“上行下效，君行臣甚”、“己所不欲，勿施于人”、“上交不谄，下交不渎”等思想。又如对教育心理学中的学习原则方法，作者概括为：修学务早，深造自得，熟读深思，由博返约，循序渐进等五大原则，皆是其独特思维的产物。在每一章的“开篇”，作者还梳理出几个醒目的、撩拨人心的问题，引起读者注意，以随作者进入学科门径，探索心理思想的奥秘。

心理学的创立是实验科学发展的产物，它诞生于19世纪的德国。中国传统思维较重视意象思维而轻视严密的逻辑思维，较重理论的演绎而薄实践的归纳，这种惯性导致分析实验科学不甚发达，因而影响了对心理学这门科学的建树。但是，我们不能妄自菲薄，我们传统的心理学思想有许多光彩夺目的精品，它需要我们去深山探宝，精琢细研。《思想史》的作者就是首批进入矿井的辛勤的掘进工。

我们需要在前贤高举的旗帜下，集合起一支探究中华文化，并与世界文化进行比较研究的集团军，则中华思想文化有望再造辉煌。

戴木才：一部弘扬祖国心理学思想遗产的新著*

——评杨鑫辉著《中国心理学思想史》

在祖国丰富的文化遗产宝库中，也蕴藏着光辉灿烂的心理学思想，且具有东方民族特色。发掘和阐释其内容与发展历史，对于弘扬民族文化，丰富世界心理学思想宝库，无疑具有重要的意义。

我国学术界对中国心理学思想史的研究，始于20世纪20年代，它经历了一个从自发到自觉，从分散到有组织、从零星探讨到系统研究的发展过程。新中国成立前，只有少数学者初步认识到我国古代也有丰富的心理学思想，且自发地搞了一点研究（如梁启超、徐谥棠、张耀翔等）；新中国成立后，学术界对挖掘、整理和系统研究祖国心理学思想遗产的工作尚未引起应有的重视，研究工作仍处于分散状态，只有潘菽、高觉敷等老一辈心理学家重视此项研究。自80年代后，心理学界、哲学界、教育学界对中国心理学思想史的研究，出现了长足的进展，开始了全国大协作活动，涌现了一批颇富功力的论文论著；使中国人过去谈心理学言必称希腊、言必称欧美、言必称苏俄的局面大为改观。中国心理学史

* 戴木才，《江西教育科研》1995年第2期。

学科的开拓者之一杨鑫辉教授的新著《中国心理学思想史》，则是近几年来我所看到的一部为“中国心理学史”的教学与研究向纵深发展的具有新的开拓性的学术力著。该书以辩证唯物主义和历史唯物主义为总的指导思想，“站在建立有中国特色的心理学体系的高度来重视中国心理学思想史的研究”，以全新的视角探索了中国心理学思想史的形成和发展的脉络，不仅弥补了中国心理学思想史研究中的某些缺陷和空白。同时也拓宽了研究思路，开阔了视野。

我认为该书至少有以下几个特点：

一是体系上的宏观整体的透视与把握。中国心理学思想史是一门刚开拓不久的学科，在以往的研究中，研究者多以不同的历史时期的历史人物的心理学思想为研究对象，这种研究对于分析和开掘我国古代的心理学思想具有不可或缺的意义。但是，这种研究还没有上升到宏观整体地把握中国心理学思想史的高度，没有上升到对我国古代心理学思想史进行系统的范畴的或分支研究的高度。作者从80年代初就参与中国心理学史学科的开拓工作，深知其弊端。在广泛汲取前人经验教训的基础上，在占有大量翔实史料的基础上，作者对中国心理学思想史进行了一种融历史的与理论的、全方位多层面于一体的探讨。这一工作自开始就得到我国著名心理学家潘菽、高觉敷等人的鼓励和肯定，作者遵循整理和研究心理学思想的基本原则：第一，内在逻辑与外部历史条件兼顾的历史原则，即既要研究心理学思想本身的发展规律，又要看到社会历史条件对它的影响。第二，古今参照的原则，即用现代心理学的概念、理论体系为框架，去对照整理心理学思想这份珍贵遗产。第三，中外比较的原则，即心理学本土化与世界性的辩证统一性的原则，去考察中国心理学思想的发展历史，认为有五条主线可以理清我国心理学思想的发展脉络，它们是：第一，唯物论与唯心论心理学思想的斗争与发展；第二，儒墨道法释心理学思想的对立与融合发展；第三，心理学思想的哲理说与生物本体说的结合发展；第四，普通心理学思想与实用心理学思想的并行发展；第五，传统心理学思想与外来心理科学影响的结合与发展。不仅如此，作者还认为，中国心理学思想史的五个基本范畴，即先秦的人性论、汉晋的形神说、隋唐的佛性说、宋明的性理说、清代的脑髓说，都是探讨心理实质的。从而从一种全新的视角构建起中国心理学思想史的新体系，把中国心理学思想史作为一个具体整体从理论上再现给读者面前。全书材料丰富而新鲜，论述切实而有新意，结构条理分明而纲举目张。

二是弥补了中国心理学思想史当前研究的某些不足。我国已出版的几种中国心理学思想史方面的著作，在初创阶段，对于中国心理学思想史的某些方面尚无论及，或者论而不全。本书作者以其辛勤的劳动，博览群书，广为搜集资料，通过整理与提炼大量史书，认为我国古代心理学思想中还蕴含着相当丰富、极为珍贵、急需发掘和拯救的珍宝，例如，第五章对我国古代普通心理学思想诸如知虑心理思想、志意心理思想，情欲心理思想、智能心理思想，梦幻心理思想等的系统论述，尤其值得一提的是，作者运用“古为今用”的原则，根据现代社会的发展趋势，突出了应用心理学思想诸如社会心理学思想、教育心理学思想、文艺心理学思想、医学心理学思想、军事心理学思想、运动心理学思想等在全书中的地位，这些内容约占全书的四分之一的篇幅。对这些方面内容的系统挖掘与整理，对我国现代心理学的分支学科的教学与研究具有十分重要的参考价值，为使读者更加全面地了解与把握中国心理学思想史的丰富内容，具有很好的拾遗补缺的作用。

三是在方法论上有自己的独特性。心理学思想研究的方法论一般包括三个层次：最高层次是哲学方法论，中间层次是科学方法论，最低层次是具体研究方法系统。作者认为，“作为心理学的分支学科的中国心理学思想史的方法论，则包括指导思想、基本原则和具体方法三个方面的内容”。早在作者参与开拓中国心理学史学科之初，就提出了在辩证唯物主义与历史唯物主义总的指导思想基础上的中国心理学思想史研究的几个基本原则和方法，经过十多年的研究实践，作者进一步概括出了“以心理实质为主线原则”，“古今参照、古为今用的原则”，“科学的历史主义原则”为中国心理学思想史研究的基本原则，具体方法则包括：归类排比法、史料考证法、纵横比较法、系统分析法，对中国古代心理学思想史研究方法的论述新而全面，以往的中国心理学史论著很少对此论及，这些原则和方法的提出对中国心理学史的教学与研究起到了很好的指导作用，实践证明是切实可行的。此外，作者于每章前面列举几个主要问题也颇具匠心，构成了全书写作方法上的一个特点，每一章前面列举几个主要问题，并非简单摆设，而是作者对该章内容经过高度浓缩，有感而发的，是作者对该章内容思索的积淀，通过这些问题一方面突出了该章的重点，让读者思考探索该章的内容，进而为读者提供探究的余地，正如作者在后记中所言，“力求为后来者进一步研究奠基”，“力求引发读者探索”，另一方面又避免了过分板着脸孔说话的呆板形式。因此，体现了作者对读者高度负责的精神，同时也体现了作者希望能引发读者的兴趣，有更多的人来共同参与对中国心理学史的思考及研究，进一步挖掘和弘扬祖国的心理学思想的良苦用心与高度责任感和历史使命感。

总之，该书是作者经过六七年潜心研究的成果，它不仅对中国心理学思想史进行宏观整体的透视与把握，有新角度、新见解、新认识，启发人们的思路，开拓人们的眼界，而且文风严谨朴实，可读性强，把我国心理学思想史的研讨推进到了一个新的高度。正如潘菽教授在1987年致信给作者时所说的：“约计完成你这项写作研究计划要花四五年的时间，但写出来了，也就是一项大的学术成就。”

许其端：钩玄提要　纲举目张*

——评《中国心理学思想史》

进入80年代以来，我国心理学工作者在国家教委和心理学会的组织与支持下，开始了有组织的对中国心理学思想宝藏的全面挖掘工作，并相继出版了多部中国心理学史著作，从而填补了国际心理学史中国这一块的空白。综观这些著作的共同特点，多是以人物（或著作）的心理学思想为中心，按历史分期归纳编排而成的，这种编著体例对于了解每个历史时期代表人物（著作）的主要心理学思想是有益的，这也是初期研究必须走的路程。但是，历史文化思想不是单摆复搁层积起来的，它具有继承和发展的关系，理清其间的内外在关系，是把中国心理学史的研究引向深入所必需的。杨鑫辉教授的《中国心理学思想史》一书，以科学的方法论为指导，用全新的体系，朝着这个方向做了十分可贵的探索工作。

一、提出心理学思想发展的脉络

中国古代心理学思想散见于浩瀚的经、史、子、集文献典籍，在如此宏富的史料中，如何把握不同派别、不同思想的关系？该书提出的唯物论与唯心论心理学思想的对立、儒墨道法释的对立与融合、哲理说与生

* 载《江西师范大学学报》（哲社版）1996年第1期。

物本体说的结合、传统思想与外来文化的结合等五个方面，作为考察心理学思想发展的脉络，对后继者的研究具有很好的导向作用。

二、提出心理实质的历史发展的特征

该书提出要以心理实质这条主线作为心理学史研究的一条原则是有见地的，因为抓住这条主线进行研究，有利于把握不同理论派别的思想家在心理见解上的基本倾向。尤其难能可贵的是，作者经过深入地研究，概括出先秦的人性说、汉晋的形神说、隋唐的佛性说、宋明的性理说和清代的脑髓说，作为不同历史时期关于心理实质问题探讨的主导性倾向，这一不落俗套且具有鲜明思想特征的历史分期，很具有独创性。

三、全面涵盖了心理学各分支的主要思想

中国古代心理学思想十分丰富，按照现代心理学的分类，不仅有大量的普通心理学思想,而且还有各个分支的心理学思想。在以往的著作中，由于篇幅和研究的限制，对普通心理学思想的反映比较多，其他分支的心理学思想往往难以顾及。杨著针对上述状况，比较巧妙地处理了这一问题，既顾及了普通心理学思想方面，又以全书四分之一的篇幅分述了六个应用分支的心理学思想，而且还辟出专节对心理实验及测验的思想、佛教心理思想、释梦心理思想进行阐述，填补了过去零星研究的不足，从而以极其简练的篇幅，把中国心理学思想的全貌基本上反映了出来。

四、新颖的构建体系

如何编写历史？中国古代有纪传体与编年体之争，争论的焦点就是写历史如何既做到分门别类、系统深入地阐述，又不打乱历史发展的顺序。上述两种体例是难以两全其美的。杨著在处理这一问题上就颇工心计，既以现代心理学分类为纲，又以问题为目，并按照历史顺序钩玄提要地予以阐述，做到眉目与脉络俱很清晰，加上头两章总论的理论导向，及末后一章的中国心理学史研究的历史、现状与前瞻，全书逻辑体系严谨，自成体系，不愧为中国心理学史研究上一部不可多得的力作。

刘兆吉：《心理学的历史·理论·技术》序*

古今中外有两种类型的学者，特别是各门学科的史学家。一种是“述而不作，信而好古”者；一种是既述且作，以作为主，好古不泥古，古为今用者。中国现代心理学家，特别是在心理学史方面作出重大贡献的杨鑫辉教授，他多年的著书立说和在高校教学，指导硕士、博士研究生及博士后人员的教学内容都足以证明，他是第二种类型的专家。

心理学史和其他学科史一样，都有其自古迄今的发展历程。首先要研究史料，鉴定史实，去伪存真。如果只根据前人的文字记载，依样葫芦地传授给学生，踏着前人的足印走老路，那只能算“述”。这是记诵之学，不足以为人师。所谓“作”即指创作和创造，是指文学艺术的创作，科学技术的创造，即有远见卓识者，敢于破旧立新，超越古人。

20多年来，与杨鑫辉教授学术上的多次合作与交往，拜读过他不少专著和文章，颇受启发。我认为他在学术上的辉煌成就，在于学术上的敏感，凝聚成远见卓识，认真地研究史料，述所当述，弥补缺漏，阐明新观点、新理论。例如，他是中国心理学史的主要创建者之一。我国第一部中国古代心理学思想研究论文集是他倡议、组织、接洽出版的。再如，我国第一部《中国心理学史》，这是国家教委主持编写的全国统一的中国心理学史教材。当时成立了以潘菽为顾问，高觉敷为主编，燕国材、

* 暨南大学出版社，2001年9月版。

杨鑫辉为副主编的编写组。编写组于1982年12月在烟台召开会议，讨论制定编写大纲。杨鑫辉教授早有思想准备，首先提出了“研究中国心理学史刍议”，涉及的内容方法，有独到的见解，受到与会编写组成员的重视，主编高觉敷教授建议在《心理学报》发表（见《心理学报》1983年第3期）。烟台会议后，杨鑫辉教授承担了草拟《中国心理学史》大纲的工作。1983年5月，我曾目睹他在南京师院（南京师大前身）招待所孤军作战的情况，除大量地查阅古今史料之外，主要是深思熟虑全书结构、史料安排，既要考虑领导意图，也要广泛征询同行意见。但具体的框架结构篇章节目的安排，也需要心中有数，形成书面提纲，供顾问、主编和编写组成员讨论。草拟一本史无前例的著作大纲，虽然仅仅是本书纲要的雏形，但也付出了很艰苦的创造性劳动，始乎始的贡献是来之不易的。

杨鑫辉教授“既述且作”的贡献，不胜枚举，只就其荦荦大者，除对以上两本著作外，他独自完成的《中国心理学史研究》和《中国心理学思想史》早已被中外心理学家所赞誉。更令人敬佩的是，他主编的贯通古今中外的巨著《心理学通史》五卷本，堪称前无古人的新里程碑。汤之《盘铭》曰：“苟日新，日日新，又日新。”探新、探新、再探新，正是杨鑫辉教授治学的秘诀。他主编《心理学探新》，又主编《心理学探新论丛》，生命不息，探新不止，再创新里程碑有厚望焉。

杨鑫辉教授的学术专集即将问世，全书包括70多篇论文，初看似乎是不相关联的散篇，实则是有机结合的三个部分。作者把论文归纳为心理学历史、理论、技术三部分，这三部分是有机的相辅相成的三结合。作者几十年如一日勤奋学习、深入研究，扎扎实实掌握了古今中外的心理学史资料和深厚的理论根底。同时，他也大力提倡心理技术应用，使理论联系实际指导实践。史实、理论、技术的结合，使心理学史成为古为今用、洋为中用、通古变今、昭示明天的新学科了。杨鑫辉教授的《心理学的历史·理论·技术》一书的问世，是对当前心理学界的又一新贡献，我读了深受教益，广大读者也会与我有同样感受的。

2001年7月8日于西南师大教育科学学院

陈立：2001年6月18日致杨鑫辉信*

鑫辉教授：您好！

由您主编的《心理学通史》五卷本早经收到，极感高谊。近来因许多会议，无缘拜读，最近才初步接触，深感内容翔实，见解公允。读后深感获益。主要原因是文献缺乏，这些著作无钱购置。我校如此，其他院校恐更如此。信息社会而不流通信息对心理科学来说是大问题。贵校出版巨著，实在难得，科教兴国立下大功，我甚敬佩。特此申谢，顺致撰礼！

陈　立

2001年6月18日

---

* 浙江大学心理学院。

高峰强：全球化浪潮中来自中国心理学界的另一种声音*

——《危机与转折——心理学的中国化问题研究》介评

历史的车轮跨过21世纪的门槛，全球化这一首先出现在经济、技术领域的概念，已通过政治的中介作用渗透到文化领域，并逐渐深入到人类的精神之域。中国作为一个努力争取加入现代化进程的发展中国家，身不由己地卷入到全球化浪潮之中。随着全球化—民族化、文化帝国主义—文化相对主义之间张力的日益加剧，随着中华民族伟大复兴口号的日趋高亢，政治、经济、文化、科学、教育诸领域都在自觉不自觉地回应或吟唱着一些新潮的话语：建构—解构、霸权—交流、独白—对话、高雅—大众、中心—边缘、时尚—怀旧、地球村—乡土情怀等不一而足。由黑龙江人民出版社出版的《危机与转折——心理学的中国化问题研究》，毫无疑问可看作全球化—中国化交响乐中，来自中国心理学界的一种响亮的声音，更是老中青三代心理学工作者长期倡导和践行心理学中国化的一部用心之作。以不才之见，本书有两个明显特点。

---

*《心理学探新》2003年第3期。

一、立场明　立意高

《危机与转折——心理学的中国化问题研究》一书是由著名中国心理学史专家杨鑫辉教授主持的教育部人文社会科学研究“十五”规划项目（“心理学研究的中国化问题”）的最终成果。有11名同志承担了本书的撰写任务，其中9人为心理学博士，都长期从事中国心理学思想史方面的教学与研究工作，功底扎实、学养深厚。队伍齐整、视野开阔保证了本书有着较高的学术品位。

在西方，心理学本土化的吁求是在后现代文化思潮的冲击下，伴随着对欧美中心主义、唯科学主义的反叛而兴起的多元论文化运动的一个有机组成部分。本土心理学概念是由英国学者希勒斯和洛克于1981年首次提出的，之后，一些国家尤其是发展中国家的心理学工作者，便开始在理论和应用两个维度上展开了本土心理学的研究工作。在中国，早在20世纪20年代，一些心理学家就提出心理学必须中国化，要求中国心理学应有自己的理论知识、研究方法和研究主题，并注重解决中国的实际问题。建国后，大陆心理学前些年走的是“全盘苏化”的路子，文革后又不遗余力地“全盘西化”。港台心理学家得心理学本土化风气之先，从20世纪70年代末和80年代初，便以杨国枢、杨中芳等为中坚，针对华人之特有的国民性格开展一系列专题探究，涉及人情、面子、孝道等领域。大陆一些有远见卓识的心理学家从80年代初就提出了建立有中国特色的心理学的主张，并进行了大量卓有成效的工作，取得了丰硕的成果。潘菽先生、燕国材先生、杨鑫辉先生等既是倡导人，又是辛勤的耕耘者。当然，其间也有不少争论，如：心理学作为一门科学有没有、要不要国界（国际化—中国化）?心理学有无必要中国化（本土化），如何中国化?怎样摆正学说引进与自身建设的关系？何以能使本土化研究上升到科学的层面（本土化—科学化）？中国传统的心理学思想遗产到底有无挖掘的价值？杨先生在本书中旗帜鲜明地指出：心理学的本土化或中国化，就是要抵制全盘西化（当然过去也有全盘苏化的教训），就是要建立有中国特色的心理学理论体系。既要继承和发扬祖国心理学的优秀遗产，又要学习和借鉴欧美、苏俄等外国心理学中一切有益的东西。心理学的本土化或中国化，与心理学的世界性、国际化并不是对立不相容的，而是相辅相成、密切结合的。本土化是心理学的一个全球性的发展趋势。东西方心理学的内容和理论体系，是同中有异和异中有同的。同的方面就是心理学的国际化、世界性问题，异的方面就是心理学的本土化问题。这种对心理学全球化—本土化辩证互动关系的领悟和理解，及本书多方位的理论探析与应用成果，对于澄清中国心理学界长期存在的一些模糊甚或错误的认识将是不无裨益的，也是我们进行心理学研究时应予坚持的立场。

二、理论探索与应用研究并重

《危机与转折——心理学的中国化问题研究》一书的第一部分是理论篇，由前后联系的9篇专题论述组成，深入阐析了心理学中国化的基本理论观点。前3篇主要论述心理学中国化的意义及其可能性；中间4篇探讨心理学中国化的目的及其与科学化、现代化等方面的关系；最后2篇涉及心理学中国化研究中的困境、出路以及如何从科学主义、人文主义的视域看待和对待中国心理学本土化问题。书中明确指出：西方心理学的学科危机主要是其盲目模仿自然科学的研究范式所致，西方心理学必须对其科学乃至西方文化背景进行反省。强调现代心理学必须加强对文化交流、互补与冲突的重视。认为心理学中国化的重要任务有三项：一是系统总结并客观评价中华民族的心理活动规律与精神发展水平；二是通过对中国文化背景下中国人的心理分析，进一步揭示人类心理活动的发展规律；三是完善并加强文化分析的心理学研究方法。提出了实现心理学的中国化的有关途径：坚持辩证唯物论和历史唯物论的指导；充分吸收西方心理学的研究成果；大力推进中国心理学史的研究水平；使文化分析方法与自然科学方法并驾齐驱；加强心理学各个领域的本土化研究。言明心理学中国化有利于中国的文化资源的充分利用，有利于中国心理学家扬长避短，亦有利于提高中国人的心理素质，有利于揭示中国人心理的深层内涵和特征，有利于建立符合中国国情的心理学体系；有利于弥补西方心理学的不足并促进世界心理学事业的发展。通过条分缕析，最终得出心理学中国化的归宿和落脚点就是现代化和科学化这样一个必须全力争取并不可动摇的结论。难能可贵的是，本书还对当前心理学中国化研究中的困境和中国心理学思想研究存在的不足进行了深刻的剖析：缺乏稳固的根基、难实现研究策略、少成熟理论模式、未揭示深层心理。出现了口号响，实效差；目标途径、策略无定论；行动方向不一致，大多为理论阐述而与现实生活结合不紧密等不利局面。所有上述关于心理学中国化诸多问题的论析，以笔者目力所及，无论就所涉及问题之广、之高、之深来讲，还是就时时处处透露出的强烈的时代精神特色与出于学者良知的满腔的使命感、责任感而言，都堪称匠心力作。

本书的第二部分为应用篇，包括心理学有关分支学科的中国化问题的11篇论述，这些篇目对应用心理学中国化问题进行了具体深入的探索。主要围绕着如何对待和挖掘中国传统心理学思想；西方心理学的人性误区与中国文化的人性问题；中国传统人格特征、现代变迁及中国人个性化研究的初步设想；学校心理健康教育中国化和中国大学生心理健康评定量表的初测等话题层层展开。课题组对中国心理学史研究形成了两种新的研究方法：从义理诠释到实证诠释，从哲学诠释到心理学诠释；从挖掘到转换，以期给中国古代的心理学思想注入现代活力。关于中国传统心理学思想的贡献和积极价值，作者认为表现为四个方面：哲理说与生物本体说的结合，能融合科学精神和人文精神；以道德为核心的道德人格，向智慧理性和审美方向的发展，能建构起适合新时代的新型人格模式；普通心理学思想与应用心理学思想并行发展，有助于心理学为现实社会生活服务；古代心理实验与测验思想的发扬，能与西方心理科学沟通，有助于加强我国心理学的现代化。本书倡议要对中国古代精神心理学思想进行探究；要对中国心理学史的研究加以中国化反思；要厘清西方心理学的人性误区并完善对中国文化的人性解读；要加强对中国人国民性格及其与别国国民性格之差异的研究；要完成从传统的道德人格向知性和科学理性人格及审美人格的发展，以促成由传统人格向现代人格的转换；要加大对中国人个性化问题探索的力度；要通过挖掘和整理中国古代丰富的心理健康思想，促进学校心理健康教育中国化的顺利实施。本书在提出倡议的同时，还对上述问题进行了有理有据的充分论证。相信对此感兴趣的读者，仔细阅读和品味后，当会受到很多启发并对中国博大精深的心理学思想产生由衷的赞叹和景仰之情。

心理学研究的中国化问题的确是一个涉及面广、头绪多、争议多、困难多的大课题。诚如杨先生在书中所言：心理学的中国化绝不是一条平坦的道路，其中必然存在不少困难，这要求有志于此的心理学工作者，坚定科学信念、奋力攻关。因为这既是时代赋予我国心理学的新的发展动力，也是我国心理学所面临的挑战与机遇。中国化将成为我国心理学发展的新的时代精神。信哉斯言，让我们以此共勉。尽管本书存在一些不尽如人意的地方，比如对心理学中国化问题的历史沿革及港台学者的成果没有充分展现；各篇文章的行文风格和水平不够一致，组材上有一定冲突和疏漏等。但本书的出版问世，毕竟是在心理学中国化这条不平坦的道路上，所迈出的大胆、艰难而又坚实的重要性一步，我们期待和祝愿杨先生能带领这支队伍继续坚定地走下去，也相信会有更多志同道合者加入进来。

燕国材：中国心理学史研究发展的一块丰碑*

——《文化·诠释·转换——中国传统心理学思想探新系列》读后

中国心理学史的研究，说的远点，它起始于20世纪20年代；说的近点，它的被提上议事日程，还是80年代的事。总起来看，这一研究走过了约90年的历程。以建立新中国为标志，前30年以心理学家张耀翔为代表，出现了为数不多的一些学者，他们撰写了一些研究中国心理学史的文章在报刊上发表；可以把他们尊称为研究中国心理学史的先驱。后60年在心理学家潘菽与高觉敷的组织与指导下，逐步有计划、有目的地开展了中国心理学史的研究工作，经过三代研究者的共同努力，取得了丰硕的研究成果，在前进的道路上树立了一块又一块的丰碑。

由心理学家杨鑫辉主编《文化·诠释·转换——中国传统心理学思想探新系列》（以下简称为“探新系列”）的出版，又在中国心理学史研究园地里树立了一块新丰碑。这块新丰碑后来居上，特点凸显；洋洋洒洒，催人奋进：

---

* 上海师范大学教育学院，2012年。

路漫漫其修远兮，吾将上下而求索！

欲穷其千里目兮，吾将更上一层楼！

然则，为什么说“探新系列”是一块丰碑，它到底有哪些特点呢？

第一，在中国心理学史的研究进程中，“探新系列”集中展示了第三代研究团队的形象与实力。前面曾提到，自20世纪80年代以来，中国心理学史逐步形成了三代人的研究团队。第一代研究者人数不多，主要代表除高觉敷与潘菽外，还有心理学家刘兆吉、李国榕、罗忠恕等。第二代研究者是由第一代人培养出来的，为数也不多，主要代表为王米渠、许其端、杨鑫辉、邹大炎与燕国材等。第三代研究者又是由第二代人培养出来的，人数在日益增多，主要代表有朱永新、刘同辉、汪凤炎、郭斯萍与燕良轼等。此次“探新系列”的出版，不仅宣布了第三代研究团队已基本形成，同时还展现了他们的美好形象与研究实力。即参与“探新系列”的10多位作者，都是博士教授或博士副教授，其中绝大多数人在培养研究生，还有三人已是博士生导师。他们不只是有一定的古文功底，同时还熟练地掌握了英文；他们不仅对中国心理学有一定的研究，同时也了解西方心理学的历史与现状；他们不只是发表过不少研究中国心理学史的论文，同时还有一些人出版了较多的有关著作。这表明，中国心理学史的研究大有人在，其发展愿景必然是灿烂辉煌的！

第二，在中国心理学史的研究进程中，“探新系列”是卷帙最多的一套著作。就我所知，以前所出版的有关著作，多是一本一本的，间或也有二卷本，如杨鑫辉主编《心理通史》的第一、二卷；四卷本，如燕国材主编的《中国心理学史资料选编》。“探新系列”包括11本专著，迄今为止创造了历史之最。仅此一点，就很值得肯定与赞扬。这套专著不只是卷帙多，而且彼此间还具有紧密的内在联系。它们可以归属为三大部分，即属于中国古代普通心理学思想研究的专著有4部，属于中国古代应用心理学思想研究的专著有3部，其余4部专著为中国古代重要历史时期心理学思想的专题研究。这三个方面的研究显然具有互补的性质，即正如普通心理学与应用心理学可以互补一样，读了研究中国古代普通心理学思想的4本专著，有助于对研究中国古代应用心理学思想3本专著的理解；反之亦然。读了研究中国古代重要历史时期重要心理学思想的4本专著，对理解前7本专著的内容肯定是会有帮助的。可见，我们在阅读这11本“探新系列”时，应当把握这种内在联系，以提高阅读的效率与效果，从而提升研究中国心理学史的兴趣与能力。

第三，“探新系列”的最大特点是探新。从“探新系列”的书名来看，探新是它的核心概念；这体现在该书的品质上，探新就成了其最大的特点。就我所知，在心理学界，“探新”一词是由潘菽提出来的。80年代理论心理学与心理学史专业委员会创办心理学刊物时，他就曾考虑用“心理学新探”还是“心理学探新”作为刊名，结果采用了后者。我以为，“新探”与“探新”是有区别的，前者属于方法范畴，指采用新的研究方法或途径去探索心理问题；后者属于目的范畴，指运用新的观点或方法去探索心理问题，是为了追求新的结果。“探新系列”书名的深意也盖在此，所以在它的身上，处处闪耀着“探新”特点的光辉。有哪些主要的探新特点呢？现试作分析如下：

一是观点探新。“探新系列”的作者们，在研究某种心理思想时，总是先提出某个新的观点（理论、思想）；而这个新观点既是其探新的出发点，也是其探新的落实处（目的、结果、结论）。还值得注意的是，这个新观点一般都反映在各自专著的书名之中。书名由正、副标题组合而成，大多数新观点显现于正标题中，如“生命之智”、“人情与人心”、“儒道佛理想人格的融合”、“医心之道”、“以悲为美”、“自我的保证与诠释”、“同人心，贵人和”、“无我之我”等；个别新观点则在副标题中反映出来，如“建构一种适合解释道德学学习迁移现象的理论”。只有在两本专著的书名中看不出什么新观点，但其内容中肯定是有的。我以为，如果某些书名中所反映的新观点概括得更好些，又此两本专著也能将新观点概括地体现在书名之中，那“探新系列”就会显得更加完美了。

二是体系探新。中国心理学史的研究，在其体系结构方面，已取得某些基本共识。如普通心理学思想的体系为：基本观点（形神论、心物论等），知虑心理思想，情欲心理思想，志意心理思想，智能心理思想，性习心理思想；应用心理学思想的体系包括：教育心理思想，文艺心理思想，军事心理思想，医学心理思想，养生心理思想，司法心理思想，管理心理思想，社会心理思想。而各种应用心理学思想又有自己的体系结构，如教育心理思想的体系是：基本观点（人性论、学知论等），学习心理思想，德育心理思想、教师心理思想、差异心理思想。还有某些其他体系，不赘。从“探新系列”的整体看，它突破了已成为共识的现成体系；从每一本专著看，其结构体系也不是现成的。其所以会如此，是由于作者们善于把人文主义与科学主义、传统心理思想与现代心理学结合起来，进行独立思考的结果。这种探新精神很值得学习与发扬！但如何把新旧体系加以融合并使其趋于定型，那就更需要人们去认真思考与努力实践了。

三是内容探新。“探新系列”观点与体系的探新，必然会反映在内容探新上。过去中国心理学史的研究，由于受现成观点与体系的限制，其内容的安排基本上局限在一定的范围内。而今“探新系列”每一本专著的内容，都超越了已有的框框，在更加广阔的视野内进行安排。以传统的智力心理思想研究为例，一般都是讨论这样一些问题，即智力基本性质论，智力先天基础论，智力后天发展论，智能相对独立论，智力主要类型论，智力与非智力结合论。但燕良轼的《生命之智》则不受此内容范围的局限，而是大大扩展，并结合已有内容，重新作了安排。如该书增加的新内容就有：“传统中国智慧与中华文化”，“中国传统智力观的成因”，“智力的生理机制”，“衡量智力的标准”，“智力与想象”，“传统智力测验的特色与价值”、“学习在智力开发中的价值”等。其他讨论现成内容的章节，也增加了不少新东西，并作了重新安排。其他专著也莫不如此，恕不一一列举。我以为，为了把内容探新搞得更好，还要下功夫从历史文献中不断地挖掘出新资料。

四是方法探新。在这方面，“探新系列”的总体书名即明确地显示了出来，其正标题“文化·诠释·转换”三词六字便是。据“系列”主编在《总序》中说：研究中国心理学史，“我们将从过去科学（科学心理学）的视角扩展到文化的视角，从义理诠释扩展到实证实践诠释，从挖掘整理扩大到转换应用”。这个规范式的说明，显然讲的就是研究方法的探新，是一种新的中国心理学史研究方法论。这个“方法探新”也是值得肯定的，但还需要在有关的研究实践中，进一步加工与完善。在我看来，人的心理、心理思想的发展，都必然会打上社会历史文化的深刻烙印，所以文化是此新方法论的基础；在研究中，应当把多元文化特别是东方文化与西方文化结合起来。诠释是手段，传统心理思想的现代诠释必须以古代训诂为基础，不能主观臆断。转换也是手段，在运用此法时不能“大胆假设”，而必须“小心求证”；不能抛弃挖掘整理，而要使转换有扎实的基础与可靠的依据。“探新系列”诸专著的作者，在方法探新上做得是相当到位的。我的如上所说，只是希望他们能百尺竿头，更进一步，并以此来自勉与互勉！

综上所述，如果我们真能切实地做到这四个探新，就一定可以使中国心理学史的研究，“旧貌换新颜”，进一步取得更加辉煌的成就！

刘建萍：老骥伏枥再展飞翼 大作天成炉火纯青*

暑假期间接到杨老师的电话，邀请我为老师拟出版的《心理学文集》写篇文章，让我感到既惶惑又兴奋。杨老师德泽学界，声名远播，更是我从事心理学教学和研究工作的引路人，作为杨老师的学生怎可在老师的文集里班门弄斧呢？想想似乎又是情理中的事，这是杨老师对晚学后进殷切勉励的一贯体现。作为在他身边学习实践了十多年的弟子后学，平时所获得的教益已经很多，现在又有此殊荣，心头溢满感动！

几度杏花雨，几度霜叶秋。我虽从事心理学教学科研工作已逾三十余载，年近耳顺，许多往事随着岁月的流逝逐渐淡忘，唯有老师的教诲常在耳边回响。饮其流者怀其源，学其成时念其师。杨老师是我们江西萍乡人，是从我们江西走出去的一位心理学大腕，对于我们江西心理学的发展和繁荣功不可没，尤其在我校心理学学科建设和专业发展历程中留下了浓重笔墨。借写作本文的机会，我斗胆借地利之便，回忆杨老师在江西学习工作的情况，以表纪念的同时，希望通过对前辈学人走过路径的回顾，让我辈后学更好地了解杨老师的学问之道。

杨老师1954年考入华中师范学院（现华中师范大学）教育系，师从中国现代著名的心理学家朱希亮教授，由此开启了毕生的心理学研究道

* 江西师范大学心理学院，2013年。

路。“文化大革命”期间，大学心理学停开，杨老师回到家乡江西省萍乡市萍乡中学、萍乡二中等校从事语文学科教学。在此期间，他淡泊宁静，弦诵不绝，精研教材教法，很快脱颖而出，于1975年10月至1978年11月参加了柳斌同志为组长的江西省中学语文教材编写组并任编写小组长。1978年，江西师范学院（现江西师范大学）酝酿成立教育系，当时的中文系系主任刘方元力荐杨鑫辉老师，使他终于能够继续中断了10年的心理学研究，投入到当时教育系的建设之中。“文革”之后，百废待兴，杨老师很快进入角色，以饱满的热情，只争朝夕的干劲，在心理学领域刻苦钻研，硕果累累，著作等身。20世纪80年代初，在老一辈心理学家潘菽、高觉敷的指导下，他草拟了我国第一部《中国心理学史》的编写大纲，先后出版了个人专著《中国心理学史研究》、《中国心理学思想史》、我国第一部大型《心理学通史》和《中国心理学史论》等重磅著作，得到了国内前辈心理学家的高度认可。1990年出版的《中国心理学史研究》，刘兆吉教授在序中说：“这是我国近十年来研究中国心理学史成果中另一本具有特色、富有开拓性的学术专著。”该书获得江西省古籍研究成果一等奖。在与潘菽教授书信沟通《中国心理学思想史》写作计划时，潘老在回信中说：“你想从另一个角度写一本中国心理学史，这是一种雄心壮志，可敬可佩……约计完成你这项写作研究要花四五年时间。但写出来了，也就是一项大的学术成就。预祝成功！”该书1994年出版，获得国家教育部人文社科优秀成果奖等诸多荣誉。多年专业领域的辛勤耕耘，杨老师不愧为填补世界空白的中国心理史学科主要创始者之一，我国心理学理论研究领域的“领军人物”。在注重心理学理论研究的同时，杨老师非常重视心理学的应用研究，关注教育改革与发展，提出最大地发展学生、最好地服务社会的办学理念，是中国现代心理技术学的创建者和现代大教育观理论建构的首倡者。他于1991年在江西师范大学创办的国内首家心理技术应用研究所保留至今。

在个人科研著述笔耕不辍的同时，杨老师积极投身心理学教学工作。20世纪80年代江西师范学院成立教育系后，杨老师在当时的中文系、政教系、历史系等系开设公共心理学课程，吸引了一批学生到心理学专业中来，并举风气之先在教育系学生中开设含有中国心理学史内容的心理学史课程教学。他高度重视心理学后继人才的培养，带领当时刚毕业不久的新老师担任他的助教，并于1987年开始招收和培养普通心理学硕士研究生。他热爱学术，学识渊博，热爱学生，待人以宽，是位有鲜明特色和富于人格感染力的好老师。

尤其值得称道的是，在心理学领域辛勤耕耘的同时，杨老师没有埋首故纸堆，独善其身关门做学问，他积极推动江西师范大学心理学学科建设，贡献卓著。在江西师范大学工作期间，他多次联系潘菽教授、高觉敷教授，请他们担任江西师范大学学术顾问。潘老还专门写信给学校，提出学校办学和发展学科的建议。1990年，杨老师领衔与我校漆书青教授等学者一起成功申报了普通心理学（后更名为基础心理学）硕士学位授予权，使我校心理学学科建设迈上了新台阶。他们还曾于1993年联合上海师范大学燕国材教授、南开大学乐国安教授等国内著名心理学专家一起申报普通心理学博士点，惜乎江西师范大学当时仅有七个硕士学位授予权，未达到申报单位至少要有八个硕士学位授予权的最低要求等原因而未获批准。1993年，中国心理学会公函委托杨鑫辉教授在江西主编在河南停刊的《心理学探新》。后来在江西师范大学原分管副校长邹道文教授，原教育科学学院漆书青院长、戴海琦书记的支持下，潘菽教授开创的《心理学探新》经江西省新闻出版局审核，同意由江西师范大学和中国心理学会理论与史专业委员会共同主办，以内刊形式继续出版发行，为《心理学探新》的复刊做出了不可磨灭的贡献。

一分耕耘一分收获。鉴于杨老师的突出贡献，早在1988年国家人事部就授予他国家级中青年有突出贡献专家称号，1991年起享受政府特殊津贴，并先后获得江西省先进工作者、南昌市劳动模范、曾宪梓教育基金二等奖、全国优秀教师等荣誉称号。可惜的是，1997年初，从全国心理学学科建设角度出发，为了保住当时全国唯一的心理学理论与史博士点，杨老师离开工作生活了十八年的江西师范大学，调往南京师范大学工作。但杨老师仍继续关心扶持江西师范大学心理学的建设发展，提出了很多很好的建议和实质性的帮助。

回忆老师早年间的工作，探寻大家的轨迹，总能给后人治学为人以启迪。他“志坚当高远不断进取，情真贵久深始终如一”的学术追求、学术人格和提携后进、虚怀若谷的学术胸襟，犹如赣江之水，时刻滋润着我的心田，更是我在实际工作中效仿的方向。此次老师在近80高龄时，仍能保持着旺盛的学术生命，结集出版《心理学文集》，浓缩其学术思想、思维方法和教学经验，将学术精华永留世间，启迪来者，特别值得可喜可贺，意义非凡。杨老师五十多年的学术生涯，心理学素养早已炉火纯青，浑然天成，犹如明代布衣诗人谢榛在《四溟诗话》所概括的那样：“雄浑如大海奔涛，秀拔如孤峰峭壁，壮丽如层楼叠阁，古雅如瑶瑟朱弦，老健如朔漠横雕，清逸如九皋鸣鹤，明净如乱山积雪，高远如长空片云，芳润如露蕙春兰，奇绝如鲸波蜃气。”我期待着早日拜读老师的大作，并能借此更好地明晓今后加紧努力的方向。

2013年11月

郭本禹：杨鑫辉教授对我校心理学学科建设的贡献*

一

杨鑫辉教授是当代中国著名心理学家、中国心理学史学科公认的主要创建者之一。杨老师曾长期担任江西师范大学教育系主任和心理学学科带头人，后来调入我校担任心理学重点学科带头人和心理学博士点负责人，对我校心理学的学科建设作出了重要的贡献。

杨老师在正式调入我校之前就已与我校心理学学科有过多年科研上的合作。早在1980年中国心理学会基本理论专业委员会（后更名为理论心理学与心理学史专业委员会）第一届学术年会上，杨老师就提议编写《中国古代心理学思想研究》一书，后受专业委员会委托具体负责组稿、编辑和联系出版等工作。该书由专业委员会主任潘菽先生和副主任高觉敷先生联袂主编，于1983年由江西人民出版社正式出版。1983年上半年，杨老师经教育部协调借调到我校，协助高觉敷先生起草教育部统编高等学校文科教材《中国心理学史》的编写大纲，此后，他作为该书的副主编之一继续协助主编高老工作，该教材于1986年由人民教育出版社出版。为配套《中国心理学史》主干教材的使用，随后杨老师又作为副主编参

* 南京师范大学，2014年2月。

与《中国心理学史资料选编》的编写工作。杨老师还参与了高觉敷先生主编的《中国大百科全书》心理学卷心理学史中的中国心理学史相关条目的撰写。此外，杨老师还承担了我校刘恩久教授等人编写的另一部高等学校文科教材《心理学简史》中“第一编中国心理学史”的写作任务，参与了我校张焕庭教授、郭亨杰教授主编的华东地区六省一市协作编写的公共课教材《心理学教程》的撰写。

正是由于杨老师与我校心理学学科多年科研上的合作，其工作能力得到高老的认可和赏识，高老曾多次提议调杨老师来我校。早在1983年，高老就有意调杨老师给他做助手，当时我校刘恩久教授从事西方心理学史研究，高老希望调杨老师来专攻中国心理学史研究。当时高老通过教育部的一位司长跟杨老师正式谈过调动一事，后因故没有调成。1988年，高老再次提出调杨老师来我校工作，并进入实质性办理手续阶段，又因当时杨老师被国家人事部评为国家有突出贡献中青年专家，江西方面不愿意放人。1992年，高老又一次提出调动问题，两校经过友好协商，拟定杨老师在我校心理学博士点增补为博士生导师，以利于两校心理学学科的发展。就在调动一事尚在进行之际，高老不幸于1993年初仙逝。这样我校心理学博士点就面临着没有导师的困境。随后我校聘请杨老师担任客座教授，主持心理学博士点工作。1995年两校再次友好协商，杨老师正式调入我校工作，1995年底增补为博士生导师，次年开始招收博士生。当时两校协议，为了兼顾江西师范大学心理学学科的发展，在1995—1996年期间，杨老师同时供职于两校。从1996年底起，杨老师的工作全部转入我校。

二

1991年，我校普通心理学被评为江苏省教育委员会重点学科，1994

年又被评为江苏省政府“九五”期间重点学科。早在1983年，我校就获批普通心理学（后更名为基础心理学）博士学位授予权，但长期以来只有高老一人担任导师。在高老去世后，我校无论是心理学重点学科带头人还是心理学博士点负责人都面临着严峻的空缺危机，杨老师调入我校后从根本上化解了这一危机。当时我校心理学教学和研究队伍归属教育系和教育科学研究所两个部门，由于体制问题，学科内部力量没有得到很好整合。调入我校之后，杨老师与学科方向带头人郭亨杰教授、余嘉元教授等人一起担负起学科建设的职责。他们在进行充分调研的基础上，根据当时我校心理学学科的现状，提出打破机构界限，以学科为平台，制订学科发展规划，整合学科团队，调整学科结构，优化学科资源，提出学科发展新举措。

在杨老师带领下，我校心理学学科经过“九五”期间的扎实建设，学科面貌发生了很大变化，为学科的后续发展奠定了坚实基础。截止到2000年，在学科团队中，博士生导师从无增加到4人，教授从4人增加到8人，副教授从8人增加到13人，具有博士学位的教师从3人增加到10人，占团队成员的40%。在我校实施校级特聘教授岗位制度以后，心理学学科抓住机遇，成功引进了全国百篇优秀博士学位论文获得者刘昌博士为特聘教授。在“九五”期间，心理学学科承担各级各类科研项目61个（其中国家级项目6个，省部级项目23个），获得经费184.2万元（含省重点学科建设经费65万元），发表论文383篇，出版著作48部（其中专著34部，译著7部，教材7部。），获评省部级科研教学成果奖14项（其中科研奖10项，教学奖4项，一等奖3项，二等奖5项），招收硕士生55人、博士生28人。我校教师担任中国心理学会理事的人数从无增加到3人（其中1人为常务理事），并有4人担任中国心理学会分专业委员会的正副主任。

1997年，国家颁布了新的《授予博士硕士学位和培养研究生的学科、专业目录》，心理学一级学科下设基础心理学、发展与教育心理学和应用心理学三个二级学科。对此，杨老师及时建议调整我校心理学的学科结构，提出加强优势基础学科，改造传统学科的发展思路。我校心理学的优势基础学科是高觉敷先生开创的心理学史，最初以西方心理学史研究见长，杨老师到来之后进一步加强了中国心理学史研究，并拓展到苏俄心理学史和理论心理学研究，使我校在高老之后仍保持全国心理学史和理论心理学研究的中心地位。同时，也加强了心理测量和认知心理学方向的发展，将发展与教育心理学、应用心理学两个二级学科单列出来，并重组和优化了学科团队，使得我校2000年成功申请到应用心理学硕士学位授予权。杨老师还提出及早筹划申报心理学博士后流动站，并依托教育学博士后流动站招收两名心理学博士后研究人员。总之，在“九五”期间，我校心理学科学实现了横向拓展，兼顾了理论、实证与应用多个研究层面。在保持心理学史与理论心理学研究优势的同时，重点发展心理学的实验研究和应用研究，特别是发展脑与认知研究方向，以此达成理论与实证、应用研究的“三足鼎立”之势。

1996年我校进入“211工程”建设高校，杨老师带领心理学学科团队积极抓住这一机遇，成功申报了学校“211工程”重点学科建设项目“构建心理学历史与理论研究的新体系”，出版了一系列高水平的学术著作，特别是杨老师担任总主编、叶浩生和郭本禹担任副总主编的5卷本《心理学通史》，是我国第一部贯通古今中外的大型心理学通史。

1996年是我国著名心理学家高觉敷先生诞辰100周年，杨老师向学校建议举办高觉敷先生百年华诞纪念会，并申请到省财政经费的资助。是年10月，由江苏省政府办公厅、中共江苏省委统战部、江苏省九三学社与我校共同隆重举行了“高觉敷先生诞辰100周年纪念会暨中国心理学会理论心理学与心理学史专业委员会1996年学术年会”，时任省长助理的王珉同志受曹克明同志委托出席会议并发表讲话，时任省政协副主席沙人麟和时任省九三学社主委彭司勋等省级有关领导和来自全国心理学界同仁以及新闻媒体代表近300多人出席了会议。会议期间，还举行了高觉敷铜像揭幕仪式和南京师范大学心理学史研究中心揭牌仪式，同时举办了高觉敷先生生平展等活动。这次会议积极扩大了我校心理学学科在全国心理学界和社会各界的影响。正是在此次会议上，中国心理学会理论心理学与心理学史专业委员会决定将挂靠单位从中国科学院心理研究所迁至我校。

在担任我校心理学学科带头人和心理学博士点负责人期间，杨老师也迎来了其个人科研和教学的又一个黄金时期，他所取得的学术成就对我校心理学学科发展作出了个人的特殊贡献。在几年时间里，杨老师先后主持了全国教育科学“九五”、“十五”规划教育部重点课题2项，教育部人文社会科学“九五”规划课题1项。先后出版个人专著《心理学的历史·理论·技术》和《中国心理学史论》两部，主编著作近30部，如：《心理学通史》、《西方心理学名著提要》、《危机与转折——心理学的中国化问题研究》、《心理学理论与历史研究回眸》、《青少年心理素质丛书》、《心理学探新论丛》(5辑)、《心理技术应用研究》(6本)，合著《中国古代心理学思想史》，发表学术论文、序言和书评80多篇。获得江苏省哲学社会科学优秀成果一等奖1项、二等奖1项，教育部人文社会科学优秀成果三等奖1项。杨老师先后指导博士生15名，其中中国心理学史方向6名，西方和苏俄心理学史方向6名，心理技术学方向3名。这些博士生毕业后都已成为他们所在高校的学术带头人或学术骨干，已有4人担任博士生导师。杨老师先后担任过中国心理学会理事、常务理事、理论心理学与心理学史专业委员会副主任和正主任，《心理学报》和《心理科学》编委，《心理学探新》主编、名誉主编和顾问、《心理世界》、《江西教育》和《职业指导》等刊物顾问。杨老师还注重国际学术交流，与美国、德国、加拿大、日本的许多心理学家都有密切的个人学术交往。这些工作进一步扩大了我校心理学学科的影响。

无论作为我校心理学学科带头人和博士点负责人，还是个人所取得的成就，杨老师都对我校心理学学科建设作出了重要贡献。正如我校前任副校长朱小蔓教授所说：“杨老师作为我校心理学学科的带头人，在学科建设上起到了承上启下的作用。杨老师对心理学学科建设的贡献是南师大心理学人永远都不会忘记的。”正因为有了杨老师的贡献，才有了我校心理学学科后来的跨越式发展。2001年，发展与教育心理学被评为学校优势特色学科。2002年，我校基础心理学被评为江苏省“十五”期间重点学科，2005年，再次被评为江苏省“十一五”期间重点学科和江苏高校国家重点学科培育建设点。2006年，发展与教育心理学被评为江苏省“十一五”期间重点学科。2008年和2011年，心理学一级学科先后被评为江苏省一级重点学科。2003年，心理学学科获得学校“211工程”二期重点学科建设项目2项。2006年，基础心理学、发展与教育心理学又分别获得学校“211工程”三期重点学科建设项目各1项。2003年，我校获得发展与教育心理学二级学科博士学位授予权，并获准设立心理学博士后流动站。2005年,我校获得心理学一级学科硕士学位授予权。2008年，我校心理学学科与教育学学科一起获得教育专业博士学位授予权。2008年和2010年，我校分别获得教育硕士（心理健康教育方向）和应用心理两个专业硕士学位授予权。2010年，我校获得心理学一级学科博士学位授予权。2006年、2013年，我校心理学实验教学中心分别成为省级和国家级实验教学示范中心。2009—2010年、2013—2015年，我校心理学实验室分别获得中央财政支持地方高校发展专项资金的重点学科实验室建设项目。

三

2001年，杨老师从心理学学科带头人岗位上退下来，2003年末，从教授岗位上正式退休。但杨老师却退而不休，还在继续发挥余热，一如既往地关心和帮助我校心理学学科的建设，并默默地为学科发展作奉献。退休之后，杨老师出版个人专著《现代心理技术学》和《医心之道——中国传统心理治疗学》两部,主编著作17部,如:《中外心理学比较思想史》第二卷、《文化·诠释·转换——中国传统心理学思想探新系列》、《什么是真正的心理学——50位现当代心理学家思想选粹》以及《心理技术应用研究》系列专辑，主持修订了高老主编的《中国心理学史》，参编英文著作《中国领导与管理》，发表论文、序言和书评等近20篇。

杨老师至今一直还担任他在2000年倡导成立的全国心理技术应用论坛主席，并先后组织在南京、上海、张家界、萍乡、绵阳、广州、开封、昆明、沈阳、北京、武汉和常州等地举行每年一届的学术研讨会。杨老师还多次应邀参加各种学术会议，参加一些高校硕士生、博士生学位论文答辩会和作学术报告，担任武汉大学等高校的客座教授，为一些高校筹建心理学系或专业出谋划策，担任一些刊物的审稿专家和一些科研机构的课题评审专家，指导和帮助开明出版社创办了《心理技术与应用》杂志并担任顾问，先后担任了江苏省心理学会高级顾问、全国维果茨基研究会顾问、中美精神心理研究所顾问和第28届国际心理学大会顾问，应邀参加一些中小学的教育教学改革活动。

杨老师还获得江苏高校优秀共产党员（2003）和江苏省优秀哲学社会科学工作者（2004）等荣誉称号，被中国心理学会首批认定为中国心理学家（2009）和授予学科建设成就奖（2011），获得教育部高校人文社会科学优秀成果一等奖（2013）。

杨老师无论走到哪里，都不忘介绍、宣传我校心理学学科，扩大我校心理学学科的影响。作为现任的心理学学科带头人，我在此向多年来关心和帮助我校心理学学科建设的杨老师深表致谢和崇高致敬！在杨老师80华诞来临之际，我们南京师大心理学全体同仁共同祝愿杨老师健康长寿，学术青春永驻！

汪凤炎、陈浩彬：顶天立地：杨鑫辉先生学术历程的真实写照*

杨鑫辉先生（1935— ）是中国当代著名心理学家、中国心理学史学科的主要创建者之一、中国心理技术学和“大教育观”的倡导者和力行者。曾获国家级突出贡献专家、全国优秀教师、国务院特殊津贴、理论心理学与心理学史学科成就奖等荣誉，是经中国心理学会首批认定的心理学家。除了在组织领导方面的贡献，如杨先生曾任中国心理学会的常务理事、中国心理学会理论心理学与心理学史专业委员会的主任委员、江西师大教育系主任与江西师大心理技术应用研究所所长等职务，以及心理学学科建设方面的贡献，如杨先生在江西师范大学教育系曾长期负责心理学学科的建设，在南京师范大学教育科学学院也曾担任省级重点学科基础心理学的学科带头人外，若用四个字来概括杨先生漫长的教学与科研生涯，那“顶天立地”便是其学术历程的真实写照：“顶天”指杨先生在中国心理学史与理论心理学等领域卓有贡献；“立地”指杨先生在心理技术学与教育实践领域成绩斐然。

一、顶天：杨先生在中国心理学史与理论心理学上的主要贡献

在理论心理学方面，除了对一些心理学的基本理论问题提出自己的

---

* 前者有刘建萍教授撰专文介绍，后者有郭本禹教授撰专文介绍，本文不赘述。

见解外，杨先生一直在认真思考心理学研究的中国化问题，认为心理学研究的中国化必须汲取中国传统心理学思想的养料，但又不能简单地把古代心理学思想纳入到现代心理学体系之中，还必须通过诠释与转换，才能挖掘出古代心理学思想的现实积极价值，从而延伸到现代心理学中来。这一新的研究思路与方法概括起来就是：文化·诠释·转换，即从过去科学（科学心理学）的视角扩展到文化历史的视角，从义理诠释拓展到实证实践诠释，从挖掘整理扩大到转换应用，从而使中国传统心理学思想研究更充分体现古为今用的原则，并有助于心理学中科学精神与人文精神的结合。至于心理学中国化的原则与方法，必须做到以辩证唯物论作为心理学的方法论理论基础，要进行中国人自己的心理实验研究，要有符合中国国情的心理量表和研究方法，要继承和发扬祖国心理学的优秀遗产，要学习和借鉴欧美苏俄等外国心理学中一切有益的东西。具体言之：一要坚持以辩证唯物论和历史唯物论的指导；二要充分吸收西方心理学的研究成果；三要大力推行心理学的中国化研究。在上述理论的指导下，杨先生主编了《危机与转折——心理学的中国化问题研究》《中外心理学比较思想史》（第二卷）和《文化·诠释·转换——中国传统心理学思想探新系列》等。

当然，相对而言，杨先生对中国心理学史研究投入的精力最多，取得的成就最大。早在1983年杨先生便在《心理学报》上发表了《研究中国心理学史刍议》一文，并于同年和马文驹教授一起协助潘菽和高觉敷两位教授编撰并在江西人民出版社出版了中国心理学会成立60年来的第一本关于中国古代心理学思想的研究论集——《中国古代心理学思想研究》。其后，杨先生作为主要创建者之一，并协助参编了由高觉敷教授任主编、潘菽教授任顾问的中国第一部部编教材《中国心理学史》，该书于1986年由人民教育出版社出版，成为中国心理学史学科正式建立的主要标志，填补了世界心理学史中有关中国部分的空白。为了配合《中国心理学史》的学习与研究，国家教育委员会文科教材办公室又委托燕国材教授任主编，杨先生等任副主编编撰了四卷本的《中国心理学史资料选编》，由人民教育出版社分别于1989、1990、1990、1992年出版，对中国古代心理学思想进行了较系统的挖掘与整理，为中国心理学史的后继研究积累了丰富资料，奠基了坚实的研究基础。在优先完成集体科研任务的同时，杨先生又在江西高校出版社出版了《中国心理学史研究》一书。在此基础上，杨先生于1994年在江西教育出版社出版了其更重要的一部个人学术专著《中国心理学思想史》，2000年在山东教育出版社出版了由其主编的五卷本《心理学通史》，2002年在安徽教育出版社出版了《中国心理学史论》，对中国心理学史的范畴体系、思想体系与中国心理学史史论等问题进行了细致阐述，从而将中国心理学史研究推向了新高度。在这之中，《中国心理学思想史》、《中国心理学史论》和《心理学通史》可谓是杨先生的经典之作，其中，尤以《中国心理学思想史》一书为杨先生众多经典中的经典。《中国心理学思想史》一书主张以心理的实质为主线——即先秦的人性说、汉晋的形神说、隋唐的佛性说、宋明的性理说与清代的脑髓说——来把握中国古代心理学思想史的整体脉络，在此基础上，提出了研究中国心理学思想史的基本原则与方法，并将之贯彻到随后的具体研究中，由此而建构出中国心理学思想史的全新思想体系：第一章阐述中国心理学思想史的对象、意义与方法论。第二章从“唯物论与唯心论心理学思想的对立”、“儒墨道法释的对立与融合”、“哲理说与生物本体说的结合”、“普通心理与应用心理思想的并行”和“传统思想与外来文化的结合”等五个方面概述中国心理学思想的发展脉络。第三章将古人对心理实质的探索提炼成“先秦的人性说”、“汉晋的形神说”、“隋唐的佛性说”、“宋明的性理说”与“清代的脑髓说”等五说。第四章分“古代心理实验的萌芽”和“古代心理测验思想”两节探索中国古代的心理实验与测验思想。第五章将中国古代的普通心理学思想概括为知虑心理思想、志意心理思想、情欲心理思想、智能心理思想和释梦心理思想等五个方面，然后分五节逐一进行了阐述。第六章将中国古代的应用心理学思想概括为社会心理思想、教育心理思想、文艺心理思想、医学心理思想、军事心理学思想与运动心理思想等六个方面，然后分六节逐一进行了探讨。在第七章“学史、现状与前瞻”中，依次探讨了中国心理学史研究的历史、现状与前瞻。潘菽教授认为《中国心理学思想史》一书它为中国心理学史学科体系的建立与发展提供了一个范本；马文驹教授认为该书体系新而全，是中国心理学史发展的新里程碑。张厚粲教授主编的《20世纪中国学术大典》（心理学卷），将该书列为中国心理学31部学术名著之一。并且，其后，杨先生主编的《心理学通史》第一卷也是以《中国心理学思想史》一书为“蓝本”而成的。故在此以《中国心理学思想史》一书为主线，简要阐述杨先生在心理学史上的主要思想。

1. 确立了研究中国心理学史的指导思想

杨先生一贯强调，研究心理学史的真谛是“治史之意不在古，论古之旨却在今，通古变今，昭示明天”。这样，为了保证中国心理学史研究方向的正确性和学科内容的科学性，必须以辩证唯物论和历史唯物论为总指导思想，运用其立场、观点、方法来研究中国历史上发生的各种心理学思想，还它们以历史的本来面目，给它们以科学的评价。具体地说：第一，辩证唯物论与历史唯物论是在不断发展和不断丰富的，要注意吸收现代科学的新成果，不能停滞地、僵化地看待过去的某个论点。第二，无论是唯物论学者的心理学思想还是唯心论学者的心理学思想，都可以而且应当去研究，问题的关键是用什么观点去研究它。第三，在评价古代学者的心理学思想时，应当看到他们的学术成就与世界观既有相联系的一面，又有相区别的另一面。第四，采取面面观的慎重态度，在分析某种心理学思想的材料与观点时，必须历史地具体问题具体分析，不苛求古人。只有用唯物的、辩证的、历史的观点作指导来研究中国心理学史，才能客观地、全面地、系统地把握它的发展脉络和规律，并给以科学的评价。

2. 明确了中国心理学史的研究原则

杨先生多次提到研究中国心理学史必须遵循以下原则：一是对象维度——以心理实质为主线的原则。即用心理实质这条主线把各种心理学思想串起来，挖掘出某种心理学思想的本质特征。二是框架维度——以现代心理学概念和体系为参照的原则。即用现代心理学概念和体系为参照去整理心理学思想遗产，从而在极为丰富的古代学者的思想中挖掘出属于心理学方面的思想。三是评价维度——科学历史主义的原则。即将古代的心理学思想放在一定的时空条件下去考察，不以今日之要求为准则而进行历史的分析与评价，对某种心理学思想，既要作纵向的历时性考察，又要进行横向的共时性研究。

3. 提出了多种研究中国心理学史的方法

杨先生总结归纳了中国心理学史六种主要研究方法：(1)归类排比法。指将零散的心理学思想观点或事实材料分类归纳，然后按问题及其时间顺序进行排比叙述的方法。(2)史料考证法。指根据事实的考核和例证的归纳，提供可信的材料，得出一定结论的方法。主要包括含义考证、溯源考证和比较考证。(3)义理诠释法。包括对字句的疏注、解析和对文献义理的解释、阐发。(4)纵横比较法。指对古代心理学思想进行历史评价时，采用古今中外纵横交错比较的方法。既包括国内外前后心理学思想家的纵的比较，也包括与国内外同时期人物（或问题）的横的比较，这是一种纵横交错的比较法。(5)实证检验法。指采用现代实验、实证来验证古代心理学思想的科学性的方法。他后来又进一步提出从义理诠释到实证诠释，从哲学诠释到心理学诠释，即在实证验证的基础上，还必须进行诠释，即把整个中国古代心理学思想当作一个文本，对之进行验证、释义和理解，有时甚至还必须用现代的科学仪器或实证方法进行验证之后，证实它是有科学价值的，然后再转换成现代人所能理解和接受的知识体系，这样，才可能真正作为现代人的知识，而为现代人服务。并且，这种转换不能是简单地注释、翻译，而是要把古代的心理学思想整合到现代的心理学机体中，把古代的心理学思想和现代的科学心理学加以整合，形成新的独特的心理学体系。杨先生认为，中国传统哲学中的儒、道、墨、佛诸家都蕴涵着丰富而深刻的心理学思想，经过诠释与转换，中国传统心理学思想就能显现其积极价值。(6)系统分析法。指对中国心理学思想史这个系统内的基本问题，通过逻辑思维推理分析和综合归纳，从而得出正确结论的方法。此外，还有计量研究法，指采用计量、统计手段对某些古代心理学思想进行量的研究的方法。

4. 勾画出中国心理学思想的发展脉络

杨先生将中国心理学思想的发展脉络归纳为：一是唯物论与唯心论心理学思想的斗争与发展。认为先秦有发扬唯心论倾向的“孟氏之儒”和发扬唯物论倾向的“孙（荀）氏之儒”，至宋明“道在物中”、“理在事中”的唯物论，反对程朱理学和陆王心学的斗争，其他各家中墨家提出“惟以五路智”反对儒家的生知论，法家继承荀学的唯物论，兵家、医家以军事实践、医疗实践为基础，因而排斥唯心论和形而上学。西汉以后从印度传入中国的佛教，视一切为“虚幻”，为典型的唯心论心理学思想；二是儒墨道法释心理学思想的对立与融合发展。其一是百家争鸣，对立斗争。先秦时期关于人性问题的大论争，南北朝时期“神灭论”与“神不灭论”的大论争，宋明时期关于性理、心性的大论争，包含着儒家与其他学派、儒家内部之争交错复杂的对立与斗争、融合与发展。其二是独尊儒术，外儒内他。汉代采取独尊儒术，使得其他学派不得不以“外儒内他”的形式来求得自身的存在与发展，例如外儒内道，外儒内释等。其三是兼蓄并容，互相融合。如《淮南子》的心理学思想，以道家老子的思想为中心，融汇了道、儒、墨、法、阴阳诸家思想。三是心理学思想的哲理说与生物本体说的结合发展。哲理说是指从哲学角度，即从心理与外物、精神与形体、人性与习染、认识与行为等关系探讨心理的实质与规律。生物本体说是指人的五官、脏器与脑的机能探讨心理的实质与规律，例如胚胎说、脏器说、感官说、脑髓说等。以上两者的结合，尤其是哲理说与脑髓说的结合，揭示了心理活动的生物学基础和哲学基础。四是普通心理学思想与实用心理学思想的并行发展。如在中国古代长期的教育实践中形成的丰富教育心理思想，同时也有社会心理思想和普通心理思想。在军事、医疗、文艺等实践活动中形成了军事心理思想、医学心理思想、文艺心理思想等。五是传统心理学思想与外来心理科学影响的结合与发展。中国心理学思想是以本土传统心理学思想为主体，并在与外来心理学思想的结合中不断发展。

5. 提炼出中国心理学思想史的范畴体系

在以往研究的基础上，杨先生整理建构了一个中国心理学思想史的范畴体系表。如下图所示：

- 天道
- 人性（人贵论）
  - 形与神（脑髓说）
  - 心与物（精合感应说等）
  - 性与习（习与性成说等）

  - 知与虑（知与行）——
    - 知（见闻之知、德性之知等）
    - 虑（识、思、虑等）
  - 情与欲 ——
    - 情（情二端论、七情论、六情论、情波论等）
    - 欲（节欲论、导欲论等）
  - 志与意 ——（志功说、志行说等）

  - 质与性（阴阳五行说、物性不齐说、性品等级说等）
  - 才（才与性、才与智等）
  - 智与能（知与智、智与德、才与能等）

中国古代心理学思想的范畴体系示意图

杨先生将中国古代心理学思想概括为五种，即人贵论（含人性论和天人论）、形神论、性习论、情欲论（含情二端论和节欲论）和知行论，认为中国古代心理学思想史以人性为元范畴，在元范畴下有三组亚范畴，第一组是关于心理实质的，第二组是关于心理过程的，第三组是关于个性心理的。并且，中国古代心理学思想与现代普通心理学的范畴体系基本相对应，与西方国家揭示的心理规律既有共通之处，其差异又显示出中国传统心理学思想的独特性。

6. 建构出中国心理学史论

《中国心理学史论》一书阐述了中国心理学史的价值论、方法论、范畴论、专题论、体系论、文献论、学史论及作者与心理学史研究等内容。方法论介绍了“一导三维多元”的方法学，即坚持一个指导思想，用唯物的、辩证的、历史的观点作指导来考察历史上的心理学思想；遵循多维研究原则，即通过三个维度去建构：对象维度——以心理实质为主线原则，框架维度——以现代心理学概念和体系为参照原则，评价维度——科学历史主义原则。研究方法包括归类排比、史料考证、纵横比较和系统分析、实证检验法、义理诠解法、计量研究法等。范畴论对以往范畴体系进行了再建，认为中国古代心理学思想史以人性为元范畴，作为其范畴体系的逻辑起点，人性与天道并列。在元范畴之下有三组亚范畴，第一组是关于心理实质的三对范畴：形与神、心与物、性与习。第二组是关于心理活动过程的三对范畴，包括知与虑、情与欲、志与意，这跟现代心理学心理过程的知、情、意三分法相一致。第三组是关于个性心理的范畴，即质与性、智与能，并都跟才关联。体系论总结了五种体例类型：按历史时期分人头编写的体例；范畴、专题、分支结合又按历史顺序论述的体例；专题、人物、著作综合的体例；系统专题研究的体例；按历史时期分专题分支的通史体例。价值论则认为中国心理学史研究能促进中国特色心理学的建设，丰富心理学教学内容，促使我们学习古人严谨治学、追求真理的精神，弥补西方心理学史的不足，为中国心理科学提供有力的根基，有助于揭示中国人心理的深层内涵。邹大炎教授评价该著作为杨鑫辉教授学术生涯炉火纯青时的精品，具有继往开来的意义，是“中国心理学史”学科发展道路上的一个里程碑。

7. 主编出通古今贯中外的心理学通史

《心理学通史》共分五卷：卷一为中国古代心理学思想史；卷二为中国近代心理学思想史，将中国近现代心理学史划分为启蒙时期、发端时期、创立时期和发展时期；卷三为外国心理学思想史，论述了西欧各主要国家，自古希腊、罗马时代至19世纪末实验心理学诞生之前的心理学思想发展史；卷四和卷五为外国心理学流派介绍，分流派评介了意识心理学、行为主义心理学、精神分析心理学、认知心理学、人本主义心理学、苏俄心理学等。《心理学通史》囊括了世界心理学发展的主要范畴和精神实质，资料翔实、视角独特，一些观点具有一定的原创性，是中国第一部通古今贯中外的心理学通史，具有填补空白的重要意义。

二、立地：杨先生在心理技术学与教育学领域的主要贡献

（一）杨先生在心理技术学领域的主要贡献

杨先生认为，任何一门科学如果同社会生活实践脱离，便没有生命力。这表明，心理学的生命力在于应用。于是，他在注重心理学理论与史研究的同时，同样非常重视和推进心理技术在社会生活中的应用与普及。

1. 提出心理学应用与普及的思路

早在1980年，杨先生就在《江西师范学院学报》第1期上发表了《略论心理学的应用与普及》一文，认为心理学的应用与普及需要做到：一是必须有一个明确的指导思想，正确处理理论与应用、提高与普及的关系；二是要加强应用心理学的研究；三是加强心理学的科普工作；四是改进心理学教学工作，增加心理学的学时，逐步创造条件让高等学校某些专业的学生也学点同他们的专业有关的心理学知识。其后，杨先生又于1990年在《心理学探新》第1期上发表了《心理科学应当面向社会生活》一文，主张加快心理学的应用研究的教学改革：首先，要设置应用心理学专业，培养这方面的本科生与研究生，因为现有心理学系和心理学专业主要是教学型和研究型的，今后应转向以应用型为主。其次，要加强心理技术的应用与普及工作，心理学科学普及工作应从解释原理转向实际应用，要帮助解决社会生活中提出的问题。必须克服那种玩弄心理学名词、迎合社会上某些人的不良心理状态的低级庸俗的倾向。第三，加强应用心理的科研工作，使心理学从过去偏重于教材建设、工具书建设转向应用课题的研究方面。例如，针对当前社会实际，开展思想政治工作的心理研究、民主与法制问题的心理研究、计划生育与独生子女教育心理研究、商品经济条件下人的动机与价值观心理研究与组织变革中的心理研究等。

2. 总结出具有中国文化特色的心理咨询与治疗技术

杨先生在系统挖掘中国古代医学中蕴涵的丰富心理治疗思想的基础

上，根据中国古代阴阳平衡理论和心身思想，结合现代心理学知识，融合中西提出了“文化—养形调神的心理健康理论与心理咨询、治疗模式”。该模式强调在心理咨询与心理治疗中，帮助求询者与求治者将其心理调整到平衡状态，在心理健康与心理咨询、心理治疗的实践中，应当遵循文化指导原则，养形调神原则，辨症论治原则，中西结合原则，心疗与食疗、体疗、药疗结合原则。杨先生还通过一些咨询治疗实践案例证明该模式在理论上的合理性以及在实践上的有效性。

3. 建构出现代心理技术学的学科体系

早在1988年，杨先生便在中国心理学会基本理论专业委员会1988年学术年会上正式提出重建中国现代心理技术学的主张，此见解后以《心理科学应当面向社会生活》为题发表在《心理学探新》1990年第1期上。在杨先生看来，现代心理技术学是应用现代心理学原理、方法及心理测验、测量、统计等技术手段，研究社会生活实际部门中个体和群体心理问题的综合的应用理论学科。并主张将重建后的现代心理技术学内容体系概括为四个主要方面，它们共同建构成一个整体：就个体说，是人员心理素质测评技术；就群体说，是社会心理测查技术；就个体和群体的心理失常说，是心理咨询与治疗技术；就经济是个体和群体的社会活动中心说，是经济心理技术。同时，作为新兴的中国现代心理技术学，其未来还需要：在学科建设方面有所前进，不断提高其学术水平；将研发新的心理技术产品与培养新生力量结合起来；进一步面向社会，更广泛地开展心理技术的实际应用。

在上述理念的指导下，经过多年努力，2005年杨先生所著《现代心理技术学》由上海教育出版社出版，全书主体内容共分五章：在第一章“现代心理技术学概论”中，第一节简要阐述心理技术学在西方国家、苏联和中国的发展简史；第二节从“每门科学都有技术科学层次”、“理论与应用的关系”、“社会生活需要”、“经典心理技术学的局限性”与“现代与后现代的对立倾向”等五个方面阐述重建心理技术学的必要性；第三节勾画出现代心理技术学的内容体系，认为它包括人员心理素质测评技术、群体社会心理测查技术、心理咨询与心理治疗技术和经济心理技术等四大方面。在第二章“人员心理素质测评技术”中，第一节主要探讨人员心理素质测评的界说、人员心理素质测评的发展脉络、人员心理素质测评的理论模式与人员心理素质测评的工作原则等四个基本理论问题；第二节主要剖析了面谈技术、履历表分析技术、问卷测验技术、投射技术、客观操作测验技术与评价中心技术等六种常用的人员心理素质测评的主要技术；第三节以四个实例——女子步枪和手枪运动员的心理特征及心理选材模式的研究、驾驶员的选拔、医药销售人员的选拔和小学教师人格特征的测评——为样本详细阐述如何开展人员心理素质测评的应用研究。在第三章“群体社会心理测查技术”中，第一节先对社会心理进行界说，并界定了社会心理的内容范围；第二节主要阐述了人际关系测查技术、群体解决问题效率测查技术与群体士气测查技术等三种社会心理测查技术；第三节以“大学生批判性思维倾向测查”、“一般工作社会心理测查应用技术”与“特异境遇社会心理测查应用技术”为例阐明社会心理测查应用技术。在第四章“心理咨询与心理治疗技术”中，先阐述“全面的心理咨询、治疗观”和具有中国传统文化特色的“文化——养形调神咨询治疗模式的机理、原则与案例”；然后总结出各国心理咨询领域的八种基本理论模式，即特质指导模式、矫正导向模式、发展导向模式、构造—发展模式、化焦缓冲模式、启发式模式、教育导向模式、社会影响模式，并对各模式作了分析和评价评价；同时，介绍了中国传统心理治疗的开导劝慰法、以情胜情法、习见习闻法、以欺制欺法、消愁怡悦法、气功导引法与移精变气法等，精神分析技术，行为治疗技术，认知治疗技术与人本—存在主义疗法等。在第五章“经济心理技术”中，认为经济心理学是以消费行为为中心，融会经济学、心理学、社会学、文化人类学多学科的一门综合性科学，随后重点介绍了广告心理技术（主要包括广告制作心理技术、广告创意技术与广告心理效果评价技术）、消费行为心理技术（主要包括消费行为测查技术与消费行为预测技术）和企业形象塑造技术（如CIS技术）等。最后是附录，收录了中国古代心理测验技术、《孙子兵法》与企业管理心理和燕国材教授撰写的《鬼谷子》的心理技术刍议。由此可见，该书是中国现代心理技术学领域的一项标志性成果，杨先生的这部力作初步奠定了现代心理技术学的学科体系。

4. 开展了系列示范性应用研究与工作

杨先生早在1991年率先在江西师范大学创办了中国第一家心理技术应用研究所，开展了“汽车驾驶员适性心理素质比较”、“射击运动员心理选材”、“离退休干部心理反应差异性”与“洪涝灾害中情绪反应的调查研究”等多项研究。同时，开设心理咨询室，面向广大师生和社会人士开展心理咨询与治疗活动。在积极呼吁与倡导心理技术应用的同时，杨先生身体力行，积极奔走，于2000年成立“全国心理技术应用学术研讨会”，又于同年在南京师范大学召开首届大会，会议的主题是“应当重视心理技术应用”，此后每年都召开一次会议，并于2003年将全国心理技术应用研究会更名为“全国心理技术应用研究论坛”，至2013年已连续召开了14届会议，杨先生亲自主持了每届会议。并且，从2002年起，该论坛集结与会者的部分论文，由杨先生任主编，每年正式出版“心理技术应用研究”论丛，进一步推动了心理技术的应用与推广。支持北京开明出版社2013年创刊《心理技术与应用》杂志，担任顾问并题词。

（二）杨先生在教育学领域的主要贡献

作为一名一线教育工作者，杨先生对教育与教学改革也做出了深刻思考。在杨先生看来，现代教育改革的核心是要进行教育观念的变革，即要开拓视野，树立大教育观念；明确目标，树立全面素质教育观念；运用科技手段，树立现代教育技术观念。只有树立现代教育的三大基本观念，才有可能真正实现教育现代化。

1. 提出现代教育改革的视野是构建现代大教育观念

现代大教育观念是20世纪出现的一种新颖的教育理论，它将教育看成社会巨系统中的一个大系统来研究，突破了传统的就教育而论教育的小教育观；它采取全方位、系统论的观点，从哲学、政治学、经济学、社会学、文化学、心理学、传统教育学、管理学、传播学、未来学等角度综合考察研究教育的本质和规律，而不是孤立地将教育哲学、教育经济学、教育社会学、教育心理学、教育传播学、教育未来学等分支学科一门一门地做静态研究。杨先生提出的现代大教育观的核心观点有五：首先，现代大教育观是一种全方位考察的系统教育观，它将教育看作社会大系统中的一个亚系统，多学科全方位综合地考察教育的本质和规律；第二，它是宏观与微观相结合的教育观：第三，它是包涵了学校教育、家庭教育、社会教育的广泛教育观；第四，它是一种从生到死的终身教育观，甚至还包括了胎教和临终教育；最后，它是一种突破滞后力图超前的未来教育观。这样，未来教育应包括三方面内容：（1）对受教育者进行有关未来社会的基本理论教育，提供未来社会的形象和信息；（2）向受教育者灌输未来思想，帮助他们培养未来意识、树立未来观念和养成预想未来的习惯；（3）对受教育者进行有关未来研究、预测方法的教育。

根据上述理念，他吸引和组织了全国多学科的许多中青年学者共同研讨。杨先生主编了最能体现其现代大教育观理念的《现代大教育观——中外名家教育思想研究》一书。该书共八编：第一编分别阐述了列宁、斯大林、毛泽东、刘少奇、周恩来、邓小平与孙中山等7位著名政治家的教育思想以及"'阿波罗'的驱动力——美国的'国防教育法'"、"'教育立国'与'经济强国'——战后日本教育立国的战略"、"经济发展的支柱——联邦德国发达的职业教育"与"教育提高国民素质——新加坡经济发展的秘密"。第二编共分11个主题，分别探讨了厉以宁、邱渊、布劳格、鲍尔斯、金迪斯、鲍曼、王善迈、斯特鲁米林、丹尼森、萨卡罗普洛斯、舒尔茨、卡诺伊与列文等经济学家的教育思想。第三编共分9个主题，依次总结了杜威、涂尔干、帕森斯、鲍尔斯、华勒、米德、波普诺、曼海姆与费孝通等社会学家的教育观。第四编共分12个主题，逐一探讨了弗洛伊德、埃里克森、斯金纳、马斯洛、罗杰斯、皮亚杰、布鲁纳、布卢姆、班杜拉、赞科夫、陈鹤琴与潘菽等心理学家的教育观。第五编共分12个主题，依次叙述了钱学森、爱因斯坦、卢瑟福、巴甫洛夫、贝尔纳、杨振宁、迪·博诺、玻尔、希尔伯特、李四光、茅以升与玛丽·居里等科学家的教育观。第六编共分4个主题，概括了宣伟伯、余也鲁、坂元昂与南国农等传播学家的教育观。第七编共分11个主题,依次阐述了杨秀峰、蒋南翔、竺可桢、陶行知、黄炎培、王亚南、段力佩、程今吾、成仿吾、马卡连柯与欧内斯特·博耶等教育实践家的教育观。第八编共分5个主题,分别提炼了阿尔温·托夫勒、佩切伊、博特金与奈斯比特等未来学家的教育观。全书认为,政治家的教育观的核心是:主张经济竞争与科技竞争等归根结底是人才竞争、教育竞争,从而视教育为立国之本,兴邦之基;强调教育立法,把国家的教育方针、政策以法律形式固定下来,作为现代国家管理教育的基础和基本依据;根据各国政治、经济、文化科学、军事发展等各方面情况,制定适合本国国情的教育发展战略和教育体制;提高教师的社会地位和经济地位,吸引优秀人才充实教师队伍,以保证教育质量的提高。经济学家的教育观认为,教育与经济是相互促进的,一定的经济是教育事业发展的基础,教育对经济的发展起着重要促进作用,而且生产技术水平愈高其作用也愈明显;教育具有经济性能,教育劳动能够节约社会劳动,发展教育不只是一种消费,同时也是一种投资,一种比物力投资更重要的智力投资,教育的投资及其经济效益是应当而且可以精确计算出来的,应当科学地确定教育投资占国民经济的比例,并使教育投资得到合理的分配和有效的使用,从而适应国民经济发展的需要,进而促进经济发展。社会学的功能主义者认为,教育就是将年轻一代社会化,通过社会化过程把人从个体人转化为社会人,让年轻一代逐步掌握所处社会的行为规范;教育不仅能实现人的社会化,而且可以调节社会关系使之和谐统一。社会冲突论者认为,学校作为社会的重要组成部分,处于社会冲突的焦点,它在社会冲突中却能起调节作用。教育既是社会变迁的一种动因,又是社会变迁的一个潜在条件。解释主义者则着重对教育现象的社会分析,解释教育机构中的社会组织,着眼于课堂、学校、学生群等微观社会的研究。心理学家从心理学角度分析教育学,心理学的各个流派都为教育、教学工作提供了各自的理论。如行为主义的刺激—反应理论,运用强化进行学习和塑造人的良好行为,并提出了程序教学法。精神分析强调早期经验对个性发展的影响,新精神分析提出了人的心理社会性发展阶段，认为人格发展是终生的。皮亚杰学派提出发生认识论，将儿童思维发展划分为四个阶段，为儿童教育提供了儿童心理学基础。人本主义心理学强调行为和学习中人的因素，认为情感、情绪、价值观和人际关系在学习和人格发展中起重要作用。认知心理学从认知结构出发，强调学习知识结构，主张在教学中采用发现法。科学家本身的求实、教学、科研实践与培养年轻科学家的工作对教育的理论与实践都有特殊的意义。许多杰出的科学家同时也是教育家，具有独特的教育思想，科学家们严谨的治学态度、科学的治学方法、独特的思维方式、艰苦的成才道路，以及在此基础上形成的教育观念，理所当然地应纳入现代大教育观的体系中去。教育实践家通过他们的教育实践，一方面可以检验现有的教育理论，另一方面又产生新的教育思想，特别是经过教育实验产生的教育理论尤为可贵。他们的教育思想较之教育理论家，更具政策性、实践性和可行性。教育的未来观是对现代教育观的发展和完善。现代社会的政治、经济、军事、科学技术等都在急速变化，要求人们对未来世界进行探索和预测。教育既是为当前需要培养人才，也是为未来社会培养人才。教育必须面向未来，应将未来观念引进教育，灌输未来思想，培养未来意识，养成思考未来的习惯。现代大教育观应当包括这种教育战略思想。

2. 倡导现代教育改革的目标是全面素质教育观念

杨先生提出，素质教育是全面发展教育的具体化和深化，创新教育是素质教育的核心和关键。注重培养学生创新精神和实践能力的素质教育必须是科学地进行教育，即通过开发人脑的潜能来发挥人的创造性，必须借助脑科学、生命科学、心理科学、思维科学等多学科的研究成果，将潜能开发贯穿于教与学的各个方面，甚至是贯穿于人的毕生教育之中，这就要重视五点：① 合理营养与运动锻炼，健脑益智；② 多设问勤实践敢探新，动脑增智；③ 抓住儿童少年关键期，早期开发；④ 按照左右脑互补原则，全面开发；⑤ 左右脑性别差异不大，男女齐飞。杨先生还提出，心理素质教育是素质教育的重要方面，必须重视学生的心理素质教育和心理健康教育，为此，首先，必须在人的实践活动中发展、提高心理素质；其次，要发挥自觉积极性，有意识有目的地提高心理素质；第三，提高心理素质就是要培养良好的心理品质；最后，要将提高心理素质与提高身体、政治、品德、文化、技能、业务等素质结合起来。

3. 主张现代教育改革的手段是树立现代教育技术观念

教育现代化包括教育体制、教育结构、学制、专业、课程、教材、教法、教学手段、教育管理等方面的改革。其中，教学内容的改革是根本，教学手段的改革是关键。现代教育技术手段是一项革命性的内容。教育统计学、教育测量学、教育传播学、各种教学法以及教育经济学、教育未来学中的计算与预测等都可归之于教育的技术操作部分。教育科学作为一门科学，必须有坚实的理论基础，对各种教育现象做出科学的理论解释，同时还必须有将这些理论直接应用于教育实践的工程技术层次，以保证在实际教育工作中的成效。

三、结语

简要总结杨先生从教与科研56年的经历，可以发现他同时做到“一身兼五任”，并且在履行每一种角色时都取得了显著成绩：

作为一名理论心理学与心理学史的研究者，杨先生从事中国心理学史与理论心理学的研究工作已经56年，将大部分时间与精力都奉献给了中国心理学史与理论心理学的研究，并做出了两个重要贡献：一方面，作为中国心理学史学科的主要创建者之一，杨先生在对中国传统心理学思想进行整理的同时，对中国心理学史的价值、方法、范畴、专题和体系等问题进行了深入探究与思考，确立了中国心理学思想史的研究范畴、方法论及学科体系，为中国心理学史学科的建立与发展做出了重要贡献。另一方面，作为一名心理学理论工作者，杨先生沿着潘菽教授提出的“建立有中国特色的心理学”的方向，积极探索心理学研究中国化的原则与方法等问题，为建立中国特色的心理学理论体系作出了积极贡献。

作为一名心理技术学的倡导者、笃行者与推广者，一方面，杨先生指明了应用心理学教学改革的方向，提出了心理技术应用研究的指导思想，建构了现代心理技术学的学科体系，为现代心理技术学的学科发展奠定了基础；另一方面，杨先生致力于将心理学理论与技术应用于社会实践，力倡心理学为社会生活服务，并且身体力行，在创建全国心理技术应用学术论坛、搭建心理技术应用与普及的交流平台的同时，又亲自开展各项心理技术研究，进行各种心理素质测评，为促进心理学在日常生活中的应用与普及做出了重要贡献。

作为一名教育者，杨先生一向“笃学敏行”，不但建构出吻合21世纪教育科学发展客观要求的现代大教育观，而且身体力行现代大教育观理念，注重全面发展学生的素质，为中国培养了一批心理学教学与科研人才。

参考文献

车文博，杨鑫辉.中外心理学比较思想史（第二卷）.上海：上海教育出版社，2009.

潘菽.建立有中国特色的心理学.文汇报，1983-01-10.

潘菽.潘菽心理学文选.南京：江苏教育出版社，1987：219-220.

潘菽.潘菽全集（第九卷）.北京：人民教育出版社，2007.

杨鑫辉.略论心理学的应用与普及.江西师院学报，1980（1）.

杨鑫辉.研究中国心理学史刍议.心理学报，1983（3）.

杨鑫辉.心理科学应当面向社会生活.心理学探新，1990（1）.

杨鑫辉.现代大教育观论.江西师范大学学报（哲学社会科学版），1990（3）.

杨鑫辉.现代大教育观——中外名家教育思想研究.南昌：江西教育出版社，1990.

杨鑫辉.中国心理学思想史.南昌：江西教育出版社，1994.

杨鑫辉.中国传统心理治疗探讨.南京师范大学学报（社会科学版），1995（4）.

杨鑫辉.心理素质教育是素质教育的重要方面.江西教育科研，1997(2).

杨鑫辉.现代教育的三大基本观念.南京师大学报（社会科学版），1999(3).

杨鑫辉.当代心理学的发展趋势.萍乡高等专科学校学报，2000(1).

杨鑫辉.素质教育·创新教育·潜能开发.教育理论与实践，2000(3).

杨鑫辉.大力推进心理学的中国化研究.南通师范学院学报（哲学社会科学版），2000(4).

杨鑫辉.诠释与转换——论中国古代心理学思想史研究方法的新发展.南京师范大学学报（社会科学版），2002(4).

杨鑫辉.诠释与转换：中国传统心理学思想的积极价值.南昌大学学报（人文社会科学版），2002(2).

杨鑫辉.中国心理学史论.合肥：安徽教育出版社，2002.

杨鑫辉.文化——养形调神的心理健康理论与实践.南通大学学报(教科版)，2005(2).

杨鑫辉.现代心理技术学.上海：上海教育出版社，2005.

杨鑫辉.中国现代心理技术学的回顾与展望.宁波大学学报（教育科学版），2007(2).

杨鑫辉.中国心理学史60年.教育学术月刊，2009(9).

杨鑫辉.心理学通史，济南：山东教育出版社，2000.

杨鑫辉.医心之道——中国传统心理治疗学.济南：山东教育出版社，2011.

杨鑫辉.文化·诠释·转换——中国传统心理学思想探索系列·总序.萍乡高等专科学校学报，2012(2).

杨鑫辉等.危机与转折——心理学的中国化问题研究.哈尔滨：黑龙江人民出版社，2002.

邹大炎.佳作应运而生，学术炉火纯青——评介杨鑫辉教授新著《中国心理学史论》.赣南师范学院学报，2004(5).

郭斯萍：三本著作·三座高峰·一杆标尺*

——跟随杨鑫辉先生学习中国心理学史散记

欣闻我的导师杨鑫辉先生即将出版心理学研究文集，一些学生在写相关文章，我原本准备10月份交稿。由于没有具体命题，我又总是瞎忙，于是拖到了现在。此时心里顿生一种紧张的情绪，不由得想起过去做学生时，因为拖沓而不能及时完成先生布置的作业任务，或者上先生的小课无缘由迟到时，也常常会有这种紧张的心情。虽然先生每次都没有责备之语，但我们做学生的都知道，先生一向都以严谨勤奋一丝不苟著称，因此面对先生一次一次的宽容，那些紧张之情最后往往都无例外地化成了惭愧。

岁月如水，过去当学生的我现在也成了老师，虽然我的学生和我不能像我与先生那样“仰之弥高”，但我对学生自然平和的态度却是先生身教的结果。不过，这一次久违而又熟悉的“紧张心情”，却激起了我跟随先生学习中国心理学史的往事的亲切回忆。虽然我不敢冒称先生的得意弟子，但对先生的学术追随我却敢说绿水长流青山不老。

先生以治中国心理学史著称，在我本科高年级时，先生授课心理学

* 广州大学教育学院心理系，2013年。

史。当时先生正积极参与中国心理学史学科的创建，于是在课堂上率先大胆试讲了有关知识内容，这种敢为天下先的精神也受到我们学生的欢迎。先生后来也曾袒露过彼时的心迹："80年代初期我首先在大学开设中国心理学史课程，有人担心并怀疑地反问：北京大学开了这门课吗？我没有动摇，并且暗自回答说：'走自己的路。'"[1] 80年代的大学生求知若渴，热衷学术，很快我们班上同学就被先生的学术热情与勇气所吸引，组织成立了中国心理学史兴趣小组，邀请先生做我们的指导教师，我也是其中积极的一员。有一年暑假我还借了一本《王廷相集》回去阅读，虽然不求甚解，却记得当时很是吸引了家人与同学的眼球。

我的本科专业是学校教育，但我的气质与阅读兴趣偏向文史哲。在接触中国心理学史学科之前，吸引我的课程曾有中国古代教育史、马列论教育等。毕业考研时由于还没有中国心理学史方向招生，犹豫之下报考了高等教育学，这种无益的徘徊使我在竞争中败下阵来。大学毕业后分配到某高校讲心理学公共课，于是准备考心理学专业的研究生，但又忧虑自己的心理学基础薄弱。由于难以解决的学术方向犹豫，加上当时单位也要求我们工作期满三年才能考研，于是等到1988年才重拾考研之梦。恰巧那时先生的中国心理学史研究已经正式招生，于是很自然地我就选择了这个颇为契合我工作性质与阅读兴趣的方向。

说起来在所有的杨门弟子之中，我恐怕属于亲炙先生之门最长时间的学生。从本科到硕士到同事到高访最后到博士，是先生一步一步引领我从一个学术的门外汉到现在的爱好者。这其中的每一步都耗费过先生的心血，体现了先生对我这个一直不太懂事的学生的无尽关爱。

记得考先生的硕士研究生时，是先生向学校申请增招指标录取了我。三年学习时光，由于先生的学术熏陶，我对于中国心理学史研究不仅有了兴趣而且有了决心。1991年夏我硕士毕业，希望能留在先生身边继续学习。但留校一直没有着落，迷茫之时先生为我而奔忙，温文尔雅的他为此竟与校长动了情绪，这是我事后才知道的。留校后不久，我也有了家室。那时大学教师生活清苦，可谓教书难为稻粱谋，于是四处兼职，加上先生去了南京师大，我的中国心理学史研究也就抛到乌有之乡了。

1996年先生正式开始招收博士研究生，我本来托好友报了名，但碰巧我研究生时的一个同学拉我“下海”。当时正是经商热，学校也有停薪留职的政策，而且待遇也不错，于是就放弃了考博。我当时以为从此就要告别学术之路，就要离开先生了。但世事难料，后来学校的政策发生变化，不能停薪留职了，要么回去，要么离职。权衡之下，我回到学校重操旧业。现在回想那时的决定，应该说我的中国心理学史研究之梦肯定起了作用。回来后一时没有课上，这时我又想起了先生，于是申请去做先生的访问学者。困难之时，先生收留了我。访学之后我又一次决定考先生的博士。

1999年，我参加了南京师大的博士考试，专业和总分都不错，但是指标有限。开始的消息非常不利。我几乎不抱希望了，开始准备新学期的教学工作。没想到，临开学前不久的一个晚上，家里的电话铃响了，听筒里是先生兴奋的声音，告诉我南京师大追加了指标，我被录取了。这个突如其来的喜讯带给我及我的家人巨大的幸福！当然后来我才知道，为了给江西师大培养后继人才，为了我的录取，先生以他不太方便的行走，一次一次去找当时主管副校长宋永忠教授，我相信宋校长也一定被先生感动了。这里我要真诚地谢谢宋校长的帮助，但先生的大恩又岂是一个“谢”字可以报答！

记得我曾经在给我的另一位尊敬的老师写信时发过这样的感叹：像我这样没有家庭背景、没有社交能力、没有社会经验，手无缚鸡之力却壮怀激烈理想冲天的文弱书生，能够在大学里有一席安身之地，已经非常幸运了。但是，如果不是先生每一次的鼎力支援，我又何来如此的“幸运”呢？或者说，我的幸运就是在我的人生中遇到了先生！

现在回想起来，如果没有先生以及先生参与开辟的中国心理学史学科的收留，我还真不知道自己能否找到更适合的学术家园。彷徨之人自有天佑，先生以及他参与建立的中国心理学史就这样冥冥之中与我结下了人生情缘。后来的学术之路虽然也有些坎坷，但由于大方向没问题，我与先生的来往就从学术到生活而越来越紧密起来。确实，杨门弟子在一起谈论先生时，总会情不自禁说到慈祥的师母，怀念师母习以为常辛劳烹饪而我们念念不忘的带有辣味的萍乡口味饭菜，以及师母难懂的萍乡土话，当然作为先生的家乡邻居，我是可以做翻译的。

从本科生时期被激发的朦胧兴趣，到近距离追随先生的读研时光，先生带我走上中国心理学史的学习与研究之路，我也有了一个稳定的学术发展方向。作为追随先生颇久的“老”学生，我珍藏着先生送给我的三本中国心理学史研究专著。先生在创建中国心理学史学科历程中的功绩，学界固有公论。但我以为，这三本著作不仅记录了先生研究中国心理学史的学术轨迹，而且也代表了先生在中国心理学史的“创建—巩固—发展”等不同阶段的卓越成就。

第一本是先生于1990年10月出版的《中国心理学史研究》论文集，当时我还是在读的研究生，先生的题字在扉页上，从右到左竖写：赠研究生郭斯萍　导师杨鑫辉　1990年11月22日。虽然我还不能体会出这部著作的学术价值，但能够得到老师亲自题赠的著作，自然是喜出望外，受宠若惊。

现在看来，这本23年前出版的论文集，一方面总结了先生从1980至1990近十年来研究中国心理学史的累累硕果，另一方面充分反映了先生在中国心理学史学科“拓荒”时期的“出色贡献”[2]。该书收录了先生10年间公开发表的24篇论文，共分为“总论、学史研究”，“范畴、专题研究”，“古代人物研究”，“古代专著研究”和“现代心理学家研究”五个部分。我国已故著名心理学家刘兆吉教授在序言中评价道：“《中国心理学史研究》是我国近十年来研究中国心理学史成果中另一本具有特色、富有开拓性的学术著作。”[3]“是作者十几年来，在研究中国心理学史的长途中，又一次取得的辉煌的成果。”[4]限于篇幅，这里不能逐篇介绍这部著作的内容，但其中先生置于首篇与次篇的两篇论文，即“研究中国心理学史刍议”与“草拟中国心理学史编写大纲的初步意见”却不能不提，因为它们与我国第一部中国心理学史教材的编写关系密切。

1982年春，国家教育部发文成立了我国第一部《中国心理学史》教材编写组。在教材编写的大约三年时间里，编写组前后召开了五次工作会议。第一次会议于1982年12月23日至28日在烟台召开，讨论制定“中国心理学史编写大纲”的有关问题。正是在这次会议上，先生作了题为“研究中国心理学史刍议”的专题报告，“受到了与会领导和该书撰稿人的重视和赞同”[5]。《刍议》在确立辩证唯物主义与历史唯物主义这个总的指导思想的基础上，着重讲述了研究的基本原则与方法，即“抓住心理的实质这条主线”、“以现代心理学概念为框架”、“联系历史条件研究心理学思想”、“采用比较法，历史地进行评价”，并且就加快工作提出了4点意见和建议。“这些真知灼见，经过实践证明是切实可行的。”[6]这篇重要论文后来发表于1983年第3期的《心理学报》，并荣获江西省政府社科类科研成果一等奖。

第二次会议于1983年5月16日至20日在南京召开，该年上学期先生被借调到南京师大高老身边，协助《中国心理学史》编写的准备工作。先生提交了《草拟中国心理学史编写大纲的初步意见》一文，“对于草拟大纲和同年8月在庐山讨论通过‘编写大纲’，也起了良好的作用”[7]。第三次会议于1983年8月4日至10日在庐山举行，讨论通过了《编写大纲》，并确定各章节编写的分工问题。第四次会议于1984年11月6日至12日在曲阜召开，讨论教材初稿，并确定各编统稿的分工问题。第五次会议于1985年7月1日至20日在南京举行，这是最后的一次定稿会议。由此，《中国心理学史》这部“首创之作”[8]便横空出世了，并被公认为中国心理学史学科创立的最主要标志。如果说，《中国心理学史》对于促进具有我国特色的心理科学的建立具有“首创之功”[9]的话，那么，先生在这个历史进程中的首创之作与首创之功也是值得大书特书的。

先生送给我的第二本著作是《中国心理学思想史》。扉页同样是先生从右至左的竖写题赠：赠　郭斯萍同志惠存　杨鑫辉1994年11月21日。那时候我已留校工作，先生于是视我为同事。这是一部中国心理学史研究鼎盛时期的鼎盛之作，是先生完全根据自己在“刍议”中提出的研究原则与方法所取得的成果。

本书的内容包括九个部分，即：序；对象、意义与方法论；心理学思想发展脉络；心理实质探索；心理实验与测验追源；普通心理学思想；应用心理学思想；学史、现状与前瞻；后记。从中可以看出此书代表了与以往中国心理学史完全不同的体系特点，即打破纵贯而下以历史朝代为脉络的哲学史式的传统写法，按照以心理实质为主线的原则组织材料。这种全新的体系与结构写起来难度极大，既要求作者有很高的理论思维水平以便能从宏观上把握隐藏于各种纷繁史料中的心理学史内容与逻辑，又必须具有微观的挖掘与整理材料时的极端耐心与细致。故我国著名心理学家、中国心理学史学科的领军人物潘菽教授在与先生的通信中既支持且勉励说："你想从另一个角度写一本中国心理学史，这是一种雄心壮志，可敬可佩。这是一项很艰苦而费时的工作，估计要做大量的研究工作。预计完成你这项写作计划要花四五年的时间。但写出来了，也就是一项大的学术成就。预祝成功！"[10]实际上先生花了六年时间才基本完稿。该书的成功问世标志着中国心理学史学科建立后进一步稳固了地位，获得了更多学术界同行的瞩目与肯定。而这对于一个新生学科而言，确实是弥足宝贵的。

潘老的估计是对的，该书"是一项大的学术成就"，因此获得了很多荣誉，如中国图书奖、华东地区教育图书一等奖、江苏省政府社科成果二等奖、教育部人文社科成果三等奖。同时受到了同行的广泛称赞。马文驹教授写道："此书对后者继承前人优秀遗产大有裨益，这是中国心理学思想史研究的新里程碑。"[11]刘兆吉教授也在《序》中说："这是一本独出心裁的心理学史专著。……是当前中国心理学史著作中又一颗璀璨明珠。"[12]许其端、邹大炎教授等先后在《新闻出版报》、《江西日报》、《博览群书》、《江西师大学报》、《心理学探新》、《大众心理学》、《教师博览》等报刊上发表文章并给予高度评价。尤其值得重视的是：2012年出版的《20世纪中国学术大典》中由张厚粲教授主编的《心理学》卷，将杨鑫辉先生的《中国心理学思想史》列入20世纪中国31部心理学名著之一。

第三本书是2002年11月出版的《中国心理学史论》。先生的扉页题赠款式同前两本著作一样，只是语气愈加亲切：赠　斯萍惠存　杨鑫辉2003.5.16。这本书无论是对先生本人还是对中国心理学史学科而言，都是非常重要的。因为它不仅是先生研究中国心理学史的收宫力作，而且也是中国心理学史学科取得重大发展的标志之作。

什么是中国心理学史论呢？通俗点说，就是关于中国心理学史学科的概论，或者说就是有关中国心理学史这门学科的知识。欲掌握中国心理学史的知识内容与体系，就必须先学习认识中国心理学史论这门分支学科。通过中国心理学史论的学习，我们就能更好地了解并掌握中国心理学史的基本内容以及学习乃至研究它的方法。过去只有西方心理学史论，现在先生在长期艰苦钻研与传授学生的基础上，从研究中国心理学史的实际出发，正式提出了中国心理学史论的内容体系。先生于1987年开始就给研究生开设了相当于史论前身的“中国心理学史概论”课程。1996年，正式招收中国心理学史博士生后，便改名为“中国心理学史论”，内容也大为改观，这本书的出版标志着其结构与内容的基本定型。

本书具体由十部分组成：总论；中国心理学史的价值论；中国心理学史的方法论；中国心理学史的范畴论；中国心理学史的专题论；中国心理学史的体系论；中国心理学史的文献论；中国心理学史的学史论；余论；后记。由此，通过中国心理学史论的出版，中国心理学史这门学科就从形式上完全建立起来了，或者说就有了一个完整的结构、架子。也许该学科的建立永远不会有完成时，不断需要后来者添砖加瓦。但如果没有先生和其他前辈打下的坚实基础，就不会有中国心理学史大厦的真正竣工。

已故著名心理学家朱智贤教授曾这样评价过先生以及其他同行的中国心理学史研究：“您在中国心理学史方面，作了开创性的工作，是非常可贵的。您和其他同志一起为建立中国心理学史，筚路蓝缕，锐意开拓，对你们已获得的成就，谨表示衷心的敬佩。”[13]我想，先生的三本著作不正是中国心理学史学科从创建到巩固再到发展的最好见证吗？

先生于我的恩情以及先生对中国心理学史研究的贡献，以我的拙笔，即使再写千言万语也是不完整的。先生即将迎来八十华诞，我也到了知天命之年。先生老矣，我也不再年轻。然而，学术之火总是要薪火相传永不熄灭的。虽然我心智愚钝醒悟太迟，往去的荒费岁月已无法追回，但亡羊补牢来者可追。先生就是我学术研究的一杆高高的标尺，包括现在和以后。

2013年11月28日

参考文献

[1] 杨鑫辉.中国心理学史论.合肥：安徽教育出版社，2002：233.

[2][3][5]杨鑫辉.中国心理学史研究·序.南昌：江西高校出版社，1990：1.

[4] 杨鑫辉.中国心理学史研究·序.南昌：江西高校出版社，1990：1.

[6][7] 杨鑫辉.中国心理学史研究·序.南昌：江西高校出版社，1990：2.

[8][9] 高觉敷主编.中国心理学史·序.北京：人民教育出版社，1985：5.

[10] 杨鑫辉.中国心理学思想史·后记.南昌：江西教育出版社，1994：2.

[11] 杨鑫辉.中国心理学史论.合肥：安徽教育出版社，2002：236.

[12] 杨鑫辉.中国心理学思想史·序.南昌：江西教育出版社，1994：3.

[13] 杨鑫辉.中国心理学思想史·后记.南昌：江西教育出版社，1994：3.

罗清旭：勤奋耕耘二十年，咬定青山不放松，终圆心理技术梦*

——兼论杨鑫辉先生对心理技术学发展的贡献

1983年7月，我从华东师范大学心理学系本科毕业，分配到江西师范大学教育学系工作，有幸认识了先生。因有缘，一随就是三十年。刚工作时，自己只有21岁，一踏上工作岗位，就得到先生的精心指导，在各方面关爱有加。工作两年后，作为江西师范大学的委培生，回到华东师范大学心理学系攻读硕士研究生学位，此时先生已担任江西师范大学教育学系系主任和教育科学研究所所长。在读书期间，先生对我的学习和生活给予了大力的支持与帮助，有力地促进了我的成长。1988年2月，硕士研究生毕业后，回到先生身边工作。1992年，因故调离江西师范大学，调离时先生一直苦心挽留，尽力帮助解决遇到的困难。之后一直联系不断。到广东工作多年后，感到学力提升不大，知识开始老化，于1998年先到南京师范大学跟随先生做访问学者半年，后又于1999年9月考上博士研究生，在先生指导下学习，直到2002年毕业离开。自此一晃又过了11年。期间与先生虽是电话联系不断，时时聆听先生的谆谆教诲，但每次相见，

*广东五邑大学，2013年。

因为工作关系，都是匆匆忙忙，总感觉不能尽述师生情谊。

三十年弹指一挥间，先生在我脑海中留下了永远不会退却的记忆。作为系主任，先生是一位优秀的管理者，在课程建设、学科建设、硕士点建设、师资队伍建设等方面均有超前的眼光，敢为人先；作为教师，先生是一位敬业爱生的好园丁，不断提高自己的学识涵养，修德笃学，甘为人梯；作为学者，则是奋发进取，组织团队，埋头苦干，硕果累累……值得学习的地方真是太多，一时难于言表。

但细细想，三十年来，先生给我留下深刻印象的还是在他的身上，有一股值得学生永远学习的"精"、"气"、"神"。"精"就是有理想、有信念，不畏条件和艰苦，深信"星星之火可以燎原"，看准的事一做到底，不言放弃；"气"就是大气，总是从学问的大方向入手，容得下不同的学术意见，宽容学生的不足与缺点；"神"就是有梦想、有自信，不断追梦、筑梦、圆梦，创新学术研究，笔耕不辍。事例很多，且不论他在开拓中国心理学史学科和在国内首创现代大教育观理论的贡献，仅从促进我国心理技术学发展这一方面，就可以清楚地看到这一点。

中国现代心理技术学的发展，我是亲历者之一。1989年，先生开始单独招收心理技术应用硕士研究生。我作为讲师，协助先生开设了两门硕士研究生课程。其中一门就是心理技术学。在讨论硕士研究生培养计划时，先生对心理技术学情有独钟。他把我叫到家里，详细地讲了他的构想。先生在1979年时就产生了构建心理技术学的思想，他在当年提交中国心理学会天津会议的论文《略论心理学的应用与普及》时就提出应用与普及是心理学发展的生命力，其后就一直萌生着在中国重构心理技术学的想法。在交谈中，先生反复强调做好这项工作的必要性。一是从科学理论看，每门学科都有技术科学层次，心理学如果没有心理技术学，就违背了具有普适性的科学层次的划分，从当时中国心理学的现状分析，预见性地提出发展心理技术及其应用，将是心理学的一个重点。其次，从心理学理论与应用的关系看，必须发展心理技术学，发展心理技术学是心理学摆脱危机与困境的重要出路。第三，从社会生活需要看，要求心理技术提供帮助与服务。心理学不能满足于解释和说明心理现象，更重要的是需要通过发展心理技术去帮助人们解决生活、工作中的实际问题。第四，经典的心理技术学存在局限性，需要重建与发展。重建的现代心理技术学要以辩证唯物论作为哲学基础，要重视为人服务，促进和改善人的生活。先生对心理技术学课程的开设提出了具体要求，从课程名称的确定，到现代心理技术学的初步体系，一一进行了描述。指出现代心理技术学，应是应用现代心理学原理、方法及心理测验、测量、统计等技术手段，研究社会生活实际部门中个体和群体心理问题的综合的应用理论学科。它不是心理实验室的技术问题，而是介于基础研究和实际应用之间的中间层面，一方面是心理学基础科学的应用，一方面又是许多具体应用技术的理论基础。心理技术学的课程内容可以从两大类进行区分，一是可以按人进行划分，分为个体心理技术和群体心理技术，如人员素质测评技术等；二是可以按人的社会活动进行划分，划分成经济心理技术等。2004年上海教育出版社《心理学大辞典》（林崇德、杨治良、黄希庭主编）“心理技术学”词条中称：“中国学者杨鑫辉于20世纪80年代中期提出要重建心理技术学，并称原先的为经典心理技术学，要重建的为现代心理技术学。”

先生的上述观点非常新。当时，能够查到的文献资料非常少。能清楚地知道的就是1903年德国心理学家斯腾提出过心理技术学的名称。侨居美国的德国心理学家闵斯特博格于1913—1914年间出版了两本著作《心理学与工作效率》和《心理技术学原理》，可视为西方心理技术学的开端。但是，书中究竟谈到什么并不清楚。当时的起步条件非常差，没有中文资料，没有外文资料，更没有现在的互联网、数据库。可以这样说，没有先例可以借鉴。在20世纪80年代末，我在江西师范大学算是受过系统心理学训练的少数青年教师之一，并且开始有了一定的教学经验。不要说其他一些人对这项工作心存怀疑，就是我面对先生托付的任务，心中也是完全没有底，囿于知识限制，对心理技术学的发展并没有太大的信心。但是，先生的决心是大的，目标非常明确，时时给予鼓励，寄予期望。好在先生对现代心理技术学的大致体系和未来发展方向已经有了较清晰的预见，1990年，我在先生的带领下，一边教学、一边研究、一边学习，最终将课程承担了下来。按照先生的要求，于1991年协助先生在江西师范大学创办了我国第一个心理技术应用研究所，与先生的硕士研究生一起开始了心理技术学在社会领域应用的尝试。在这个过程中，逐步认识到心理技术学有广阔的发展前景，对现代心理技术学的发展徒增信心，一路关注、参与，并于2002年以心理技术学为方向完成博士论文。

因工作对象性质的改变，我对心理技术学的研究断断续续，后来也就没有什么成果。但先生则不一样，对促进现代心理技术学的发展不遗余力，对构筑现代心理技术学的追求孜孜不倦。在先生的引领下，经二十多年众多研究者的共同参与和不懈的努力，目前，中国心理技术学发展一片繁荣。

第一，会务兴盛。全国心理技术应用论坛一办就是十四届。2000年，先生在南京师范大学发起召开首届全国心理技术应用学术研讨会。来自北京、上海、江苏等十多个省市的心理学工作者和军事、人事、经济、交通等实际部门工作者参加了会议。会议喜气洋洋，一派生机，揭开了心理技术学全国性研讨会的序幕。之后第二届于2001年在上海召开，会上成立了全国心理技术应用研究会。第三届于2002年由湖南师范大学举办，在张家界召开……直到2013年在江苏常州理工学院举办第十四届论坛。论坛每年一届，持续不断。每一届论坛都倾注了先生大量的汗水。每届论坛，先生都参加，发表讲话。论坛凝聚了力量，扩大了队伍，有力地促进了心理技术学的发展。

第二，专业杂志创刊。多年来，先生一直有个创办一份心理技术杂志的愿望。就这个问题与我有多次的交谈。交谈的面很广，从在江西师范大学办《心理学探新》的经验，一直谈到办一份专业与普及相结合的心理技术学杂志的意义、办刊宗旨等。2000年前后，先生多次提到他的设想，也从多方面进行了努力。但限于条件，并没有办成。2013年，欣喜地看到由中国民主促进会中央委员会主管，开明出版社主办的名为《心理技术与应用》杂志终于创刊，先生担任杂志顾问。杂志的创刊实现了先生促进心理技术学发展的另一个梦想。

第三，出版物繁荣。自2002年先生主编出版《心理技术应用研究》后，其《心理技术应用丛书》、《现代心理技术学》等著述先后问世，尤其后者是我国在此领域的第一部学术专著。受其影响，心理技术学的研究空前繁荣。通过网络，仅以题名“心理技术”进行检索，近20年发表的学术论文在不断增多。这种景象是我在1990年协助先生开设心理技术学课程时根本想不到的。

第四，学术机构增加。1991年，由先生倡导，江西师范大学创办了第一所心理技术应用研究所。之后，在先生推动下，1995年南京师范大学成立心理技术研究中心，2001年萍乡高等专科学校建立了心理技术应用研究所。受这种影响，2004年绵阳师范学院等先后成立应用心理学研究所。学术机构的成立强化了心理技术方面的研究。

第五，专业人才培养层次提高。由于先生的学术眼光超前，心理技术学专业人才的培养起点高。1990年，江西师范大学率先在全国招收心理技术应用硕士研究生，一招就是多届。到1998年，南京师范大学开始招收心理技术学研究方向的博士生。人才培养层次的提高，有力地促进了高校心理技术学的教学与研究水平，促进了心理技术学的推广应用，扩大了心理技术学的社会影响，吸引了更多的青年才俊参加到心理技术学的队伍中来，关注心理技术学的研究与应用。

第六，心理技术的产品更加丰富和完善。1991年，江西师范大学创办心理技术应用研究所后，先生就提出要加快心理技术产品的开发和心理技术的应用。第一次尝试就是与当时的南昌市交警合作，开展汽车驾驶员适应性研究并试图研究相应的测试工具，可惜没有坚持下来。当时的产品就是现在驾驶员获得驾驶证时必须通过的所有测验的雏形，几乎包括了现在测验所有的内容，只是方法停留在当时实验心理学的技术水平上。到2000年召开第一次全国心理技术应用学术研讨会后，每次会议上参展的心理技术产品更加丰富多样，素质测评技术、人才测评技术、心理健康测评技术产品相继推出，与计算机、网络相结合，产品更加现代化。

现代心理技术学起步艰难、其中也经历波折，如没有先生的上述“精”、“气”、“神”，当前的繁荣是不可能实现的。学生为有这样的老师感到无限的自豪和骄傲。

2013年12月15日

郭永玉：流畅的思想史著作*

——重读杨鑫辉先生《中国心理学思想史》

十七年前，我有幸成为杨鑫辉先生的入室弟子，成为先生的首届博士研究生。我的研究方向是西方心理学史，而中国心理学史是杨先生开设的必修课。此前我没有系统阅读过中国心理学史著作，而杨老师的授课要求每周到他家里讨论一次。为了在讨论中有话可说，必须有相当的阅读基础。这就促使我认真阅读了先生的代表作《中国心理学思想史》。这一段阅读经验出乎我的意料：原来思想史可以写得如此流畅！特别是中国古代思想史方面的著作，我之前的阅读经验或多或少有艰深晦涩之感，而读杨先生的著作竟让人感到如此清新畅快！这种感受我至今记忆犹新。今天，重读先生的著作，熟悉的气味还在，当年的感受还在！

一部古代思想史著作，如何能让人一口气读完，又回味无穷？陈寅恪先生对冯友兰先生《中国哲学史》审阅报告中写道："所谓真了解者，必神游冥想，与立说之古人，处于同一境界，而对于其持论所以不得不如是之苦心孤诣，表一种之同情，始能批评其学说之是非得失，而无隔阂肤廓之论。"杨先生之行文，正是兼顾了两方面的"了解之同情"。一方面，对于古人之学说，先生给予了"同情之态度"，总是站在时代背景、时代精神的立场来言说古人的心理学思想，因此，先生很容易把读者的思绪

---

* 华中师范大学心理学院，2013年。

带到过往的存在之中。另一方面，对于读者，先生更是抱着“同情之态度”，总是站在读者的立场，好像面对面地娓娓道来，一种清晰的思路贯穿着,读起来自然有行云流水之感。这种写作方式大大降低了阅读的难度，很平易地把读者带进一个思想的宝库并如数家珍般地解说着。

从内容上看，先生的著作是基于他对中国传统文化中蕴含的心理学思想的深入研究。有深入方能有浅出，化繁为简，将复杂的事情说简单，必定要下很大的功夫。先生在“文革”期间坚持阅读和思考，“文革”后很快脱颖而出，成为高觉敷先生的得力助手，高老主编《中国心理学史》，燕国材先生和杨鑫辉先生共同担任副主编，杨先生在此工作基础上独立撰写《中国心理学思想史》。思想何在?我以为，以专题或领域为线索写思想史比以年代为线索本身就要求在思想源流上有更大的把握，如第二章论述中国心理学思想的发展脉络，论及儒墨道法释的对立与融合，哲理说与生物本体说的结合，以及传统思想与外来文化的结合等，都很好地体现了这一点。第三章用心理实质来统领各时代对什么是心理的典型观点以及之间的内在关系，是前一章探索的深化和扩展。

今天重读先生的著作，不禁感慨万千。心理学在中国之境遇可谓命运多舛。国人接受心理学，是在国家内外交困的背景下开始的。在“救亡”与“启蒙”的百年中国现代史的二重变奏中，心理学的地位比较尴尬。从救亡的角度讲,心理学非实用之学,难以产生船坚炮利的物质力量;从启蒙的角度讲，心理学亦非能问鼎国家之文化抉择和制度建构之宏观主题。两方面的力量都不足，也都难以彰显心理学对当下中国人的意义。即便如此，仍有部分知识分子坚信心理学这门学科的价值，大力引进西方心理学，但鲜有学者兼顾中国传统文化的心理学意蕴。待“救亡”的问题解决后，又受意识形态的干扰，心理学在大陆几经折腾。而今天的昌盛，无疑得益于改革开放。在很短的时间内，中国心理学的发展突飞猛进，无疑也是得益于大力引进西方心理学。但在繁荣的景象背后，是否潜藏着某种危机?因为心理学毕竟不是纯粹的自然科学，人是自然属性和文化属性的统一体，如果不对我们自己的文化怀有深深的观照并勤奋地挖掘，那么中国的心理学必然失去自我，不可能产生适合描述、解释、预测和改进中国人的心理行为的原创性理论建树。为此，杨先生的著作给我们的警示是：做心理学研究不能忘记我们来自哪里，又该去向何方。

正如先生为另一著作《中国心理学史论》的题词所言：治史之意不在古，论古之旨却在今，通古变今，方能昭示明天。

2013年10月26日

王光荣：亦师亦友，我心目中的杨鑫辉教授*

1998年，我有幸考取了南京师范大学苏俄心理学方向的博士生，这是国内唯一设此专业方向的博士点，也是该博士点第一次在此方向上招生，我因此也成了该专业国内第一个也是唯一一个博士生。三年后于2001年夏通过了博士学位论文答辩。可以说，在南京师大的三年是我一生中最美好、最充实的三年，为我以后专业的发展奠定了坚实的基础，特别是导师杨鑫辉教授的为人治学之道使我受益终生。

光阴似箭，一转眼我从南京师大毕业已有十二年的光景了。这十余年我个人也有些许变化，眼界也开阔了。先去英国曼彻斯特大学，后赴俄罗斯莫斯科国立师范大学做访问学者，圆了从大学时代就萌发的留学梦想。2008年，我作为"萃英—人才建设计划"学者被调入兰州大学工作。这些进步都离不开母校南京师大对我的熏陶与培养，更离不开杨鑫辉教授对我的教导与栽培。今天当我坐在电脑前着手为导师文集的出版撰写一篇短文时，望着窗外滚滚流淌的黄河水，想起十二年前跟随导师学习的情景，思绪万千，和杨老师有关的点点滴滴随记忆的闸门顿时打开。

* 兰州大学教育学院，2013年。

一

1987年9月，我第一次在杭州大学见到杨老师，当时我是河南大学二年级在读研究生，王丕老师带着我们几个学生南下参加在杭州大学举办的第六届中国心理学大会。记得我们是晚上到杭州大学的，正好杨老师也风尘仆仆从江西赶到，在校园里他和王丕老师相互问候。当时杨老师五十出头，看上去很年轻，很精神，穿戴整齐，说话刚劲有力，虽然是第一次见到杨老师，但早闻他在中国心理学史研究领域的大名，所以，当时对他很是崇拜。然而我做梦也没想到，以后我会成为杨老师的学生，这可能就是人们所说的缘分吧。

时隔9年后，师兄郭永玉早我两年投到杨老师门下攻读西方心理学史专业博士学位。有一天我意外收到他从南京师范大学寄给我的信，说浙江大学的龚浩然教授在访问南京师大期间曾向鲁洁教授提到，鉴于我国苏俄心理学研究后继乏人，建议南京师大在招收西方心理学史和中国心理学史专业博士生的同时，是否也考虑能够招收苏俄心理学方向的博士生。据说鲁洁教授很重视龚先生的提议。当获知这个信息后我着实兴奋不已，似乎看到到了读博的一丝曙光。后经郭本禹教授与学校研究生部门多次交涉，最终南京师范大学决定于1998年第一次招收苏俄心理学方向的博士生。得知这个消息后我便认真备考，并与杨老师开始书面联系，很快就得到了回复，他鼓励我认真复习。考试时算是第二次见到杨老师，他没有大牌学者的架子，也不大注重师道尊严，人非常的热情、随和。考试结果出来后，我的专业成绩还不错，外语成绩73分，算是高分了。最终我顺利地进入南京师范大学，有幸成为该校的一名博士生，自此迈出了专业成长的第一步。记得当时接到南京师大大红色的录取通知书时我激动万分，因为当年全国招收博士生的总人数仅有14 962人！

在以后和杨老师相处的日子里有许多事让我感动不已，至今难以忘怀。

因为我是在职攻读研究生，考虑在学生食堂就餐可能不太习惯，吃不好，杨老师和师母就常邀请我周末去他家改善伙食。最初我有些不好意思，后来发现有学生来做客时杨老师和师母都非常欢迎，也非常开心，渐渐我也就成了老师家的常客，少了些拘束，多了些自然。每次去杨老师家聚餐，都能吃到师母做的拿手的江西老家菜，至今我还清楚地记得师母亲手腌制的红辣椒酱和醋泡蒜片，味道很好。说起师母，她是一位典型的贤妻良母，我们学生私下讲，没有师母在后台的默默奉献，也许杨老师难以取得今天的成果。师母对我也很好，如慈母一般，常叙寒问暖。只是她讲一口地道的江西老家话，刚接触时我基本上听不懂她讲话的内容，每次听她说话时都很吃力，只有不停地点头以示礼貌。有一次她开我的玩笑，“你根本就没听懂我在说什么”。时间长了我慢慢习惯了她的江西方言，再后来我和师母的交流没任何问题。

1999年国庆节期间，我爱人携小女赴南京看我，在宁逗留期间她们母女受到了杨老师全家的盛情款待。记得那天杨老师要请我们全家去他家做客，正好遇到强台风袭击南京，风很大，街上行人稀少，树枝被吹落了一地。在这样的恶劣天气下，杨老师和师母还是顶着大风上街买菜，这让我们全家非常感动，每当讲起杨老师，我爱人就会提起这件事。杨老师待我如慈父一般，就像他常说的“弟子弟子，如弟如子”。

杨老师对学生爱护有加这是大家都知道的，很少看到他有正颜厉色的时候，即便有时学生做得不妥，他也会以宽容的态度对待之。从南京师大毕业后，和杨老师联系相对较少了，偶然也会在学术会议上相遇，这应该是我们师生很开心的时刻。平时逢年过节我也会打电话问候老师和师母，让我感动的是在结束通话时，杨老师总是忘不了送上对我本人及我家人生活和事业上的美好祝福。虽然我们相隔遥远，但杨老师一直在默默地关注着我的发展。记得2003年年底，我的开门弟子去南京找工作，学生初到南京人生地不熟，杨老师得知后，亲自接待了我的这位学生，并托熟人找了一张南京市人才市场的入场券，后来这个学生在南京某高校顺利就业，现在工作很有起色。

一般情况下，只要学生找杨老师帮忙，他都会热情相助，从不端架子。我的另外一位学生曾报考南京师大的研究生，成绩很不错，由于考生多，录取线高最终还是没能考取，无奈之下这个学生就去找杨老师指教。杨老师便立刻与我联系，并亲自写了推荐书传真到西北师大，后来这个学生成了我的研究生。她上学后学习很用功，在读硕士研究生期间就在专业核心刊物上独立发表了学术论文，毕业后夫妻双双到了广州一所重点高校工作。可以说，是杨老师改变了这个学生的命运，当然在杨老师的扶掖下改变命运的何止她一人呢！欣慰的是，这个学生毕业多年一直和杨老师保持着联系。她经常向我提起杨老师的知遇之恩。跟随杨老师不仅使我本人获益终生，而且连我的学生也受益匪浅。

“一日为师，终身为父”。正因为杨老师给予学生的很多，所以我们当学生的总想找机会报答他，或者至少能为他做点什么。然而，只要是学生为杨老师做了什么，哪怕是小小的一点事，他都会感激，珍惜，记挂在心。2002年秋，全国维果茨基研究会第四届学术年会在哈尔滨师大召开，会议主办方有意组织大家赴俄罗斯远东海参崴旅游，报到时他们先征求每位参会者的意见。因为我早于杨老师报到，当他们问到我时，我不假思索地告诉他们，“如果我的导师杨鑫辉老师去，我就去”。当时出于两种考虑：一是毕竟是出国，杨老师行走不方便，一定得有人照顾才行；二是杨老师这代人是从50年代过来的，他们中的大多数人直接或者间接地受过苏联的影响，对苏联有着一种特殊的情结，而这是一次去俄罗斯难得的机会，距离又近又方便。可让我没想到的是，就在杨老师报到时，会议组织者将我说的话原原本本地告诉了杨老师，他听到后非常激动。后来杨老师、龚浩然老师夫妇、刘华山老师、张粹然老师和我一行六人去了海参崴，并参观了俄罗斯国立远东大学。这应该是杨老师第一次踏上俄罗斯的土地，也是唯一的一次，能想象得出他当时有多高兴！本来我做了一件很平常的事，对我来说也就是举手投足之便。但杨老师却不这样认为，在以后和他的交往中，他每每提到这件事无不充满感激，反倒让我做学生的有些不好意思了。这件事对我触动很大，学生对老师感恩自然不用说了，而老师对学生心存感念就不容易了，现在我也是这样对待我的学生。

杨老师的学问有口皆碑，但在生活中他并不是个老夫子，他性格开朗，具有一种天然的亲和力，且多才多艺，能拉二胡，会唱歌。有时候我们师生联欢时，杨老师也会充满激情地高歌几曲，他不仅会唱50年代的老歌，而且也能演唱80年代后的流行歌。由此也可以看出他的心态是多么年轻，是多么热爱生活，这也是他人格魅力所在！

岁月如歌，我和杨老师之间的师生之情就像一首从内心流淌的歌，它将永远伴我同行。

二

在读博士之前，我也读过一些有关苏俄心理学的文章和著作，这方面的知识虽有一些涉猎，但毕竟零散、不系统。进入南京师大后，杨老师为我专门开设了几门专业课，尽管只有我一人听讲，可杨老师每次上课前都会查阅大量资料，认真准备，授课时有提纲、有卡片。当我翻阅当年的听课笔记时，从中可以看出杨老师所讲的内容不仅系统，而且很深入。在杨老师的精心指导下，我很快就明确了研究的方向。当时恰逢国际上掀起“维果茨基研究热”，国内有识之士正在筹建“全国维果茨基研究会”，1998年下半年全国维果茨基研究会正式宣布成立，并在浙江省的普陀地区召开了第一届学术研讨会，我和杨老师都参加了此次会议。在会上杨老师作了《应当加强苏俄心理学的研究》的专题学术报告。他的报告分三个部分：（1）关于当前心理学界忽视苏俄心理学的反思。他认为，在学习外国心理学的问题上，应当博采众长和克服摇摆现象。这种摇摆就在于没有坚定地坚持立足于本国的思想，也就在于不是辩证地看问题，是一种形而上学的思想方法，好就一切都好，坏就一切都坏。缺乏对具体问题的具体分析。从总的方面来说，苏联心理学的理论体系强些，西方心理学的方法技术先进些，它们都有值得我们学习研究的东西。然而就当前只重西方心理学的倾向来说，更应当亟待加强苏俄心理学的研究与学习。(2)关于加强维果茨基心理学理论的研究。杨老师认为，加强对苏俄心理学的研究，首先应当加强对维果茨基心理学理论的研究。他对强调研究维果茨基的认识是：① 维果茨基的方法基础与我们坚持的辩证唯物论与历史唯物论是一致的；② 维果茨基既重视心理学的理论建设又重视实践的思想，对我国心理学的发展有重要启示作用；③ 对维果茨基心理学的研究，有助于我们抓住研究苏俄心理学的关键，他既吸收和发展了苏联前期的马克思主义心理学，又对后来的苏俄心理学有着重大影响；(3)关于加强苏俄心理学研究的建议。首先，应当在心理学界对加强研究苏俄心理学的问题取得共识，让广大心理学工作者认识其重要意义，而不只是专门研究苏俄心理学的部分心理学工作者的事情。其次，要动员和组织一批心理学工作者开展对苏俄心理学的扎实研究工作，出一批研究成果以影响整个心理学界。再次，全国维果茨基研究会，应在学术交流中发挥作用。最后，一个很重要的问题是，以维果茨基的研究促进整个苏俄心理学的研究，并成为全国心理学研究中的一个不可或缺的组成部分。可以说，杨老师的这个报告对以后我国维果茨基研究会开展研究工作具有重要的指导意义，即便在今天仍然具有重要的价值。在这次会上杨老师还当选为全国维果茨基研究会顾问，我则当选为研究会的理事。以后杨老师和我一起参加了在浙江上虞（1999）、武汉（2000）、哈尔滨（2002）、连云港（2004）召开的第二、第三、第四、第五届维果茨基研究会的学术年会。在杨老师的言传身教下，我慢慢走上了苏俄心理学以及维果茨基研究的道路。2001年，我以《维果茨基发展与教育心理学思想研究》为题通过了博士论文的答辩。毕业后我的研究方向依然指向苏俄心理学和维果茨基心理学，在这方面发表了若干篇学术论文，有的论文被其他作者广泛引用。另外，先后参编由杨老师主编，暨南大学出版社出版的《新编心理学史》中“第十四章　社会文化历史学派”的撰稿任务。参编杨老师任主编之一的由上海教育出版社出版的三卷本的《中外心理学比较思想史》中若干章节的编写任务，参编由杨老师主编，由福建教育出版社出版的《什么是真正的心理学——50位现当代心理学家思想精粹》中有关苏俄心理学家思想的撰稿任务。参编书籍的撰稿总字数大约为20万。2009年，在博士论文的基础上，经过三年多的努力，我终于完成了自己的第一本专著《文化的诠释——维果茨基学派心理学》，此书由山东教育出版社出版。目前正在参与《维果茨基全集》的翻译出版工作，有十余位国内心理学界、教育学界、俄语界著名的专家学者参与翻译工作，其中不乏资深的翻译家。如，山西大学的吴长福教授，他是《列宁文集》的译者之一；浙江大学的龚浩然教授，任20世纪50年代苏联顾问及教育学、心理学专家的翻译。安徽教育出版社承担了《维果茨基全集》的出版工作。历经五年的努力，《维果茨基全集》即将在中国问世。这是我国学术界一件大事，此书的出版不仅填补了中国没有中译本《维果茨基全集》的空白，而且对今后我国维果茨心理学思想研究会产生更为深远的影响。

杨老师对学术的执着也是我前行的动力。他退休已经十个年头了，如今已是78岁的老人。一般情况下，这个年龄的大部分人都会赋闲在家，含饴弄孙，颐享天年，可杨老师一刻也没闲着，这些年他一直活跃在学术界，每年都会去各地作报告，不时地还有著作问世。值得一提的是，2000年由杨老师发起，由南京师范大学组织的“全国心理技术应用研究论坛”，首届学术研讨会在南京师大召开，它得到了全国心理学界同仁和社会各有关部门的广泛重视与支持。此后每年举办一次，至今已在上海、湖南、江西、四川、河南、云南、辽宁、北京、湖北、南京、常州等地共举办了十四届学术年会。出版了6本《心理技术应用研究》文集，总计150余万字，展现了历年与会者的许多心理技术应用研究成果。在当下中国学术界普遍浮躁的情况下，一个学术论坛竟然能够坚持14年之久。每年都举办会议，年年都有成果出版，实属不易，其精神令人称道。惭愧的是，我虽然两次参加了该论坛的会议，却没有提交一篇这方面的论文。本来我是有条件写的，早在20世纪30年代苏联就已经开展了心理技术应用的研究，我手头上也有这方面的资料，可由于平时工作繁忙，一直未能整理出一篇像样的东西来，为此心里一直感到愧疚！

这些年，虽然我取得了一点小小的成绩，但离老师和自己的要求相差甚远。因为要写此文，要向老师汇报自己的工作，所以才有了上述文字。

师恩难忘，作为一位普通的大学教师，我既没有显赫的地位，更没有值得炫耀的财富，只有以更加勤奋的工作态度，以更优异的工作业绩来回报老师对我三年的辛勤培养。

最后，衷心祝愿我的老师身体健康，生活幸福！

2013年8月21日

王国芳：为人与治学，相得益彰*

得悉导师杨鑫辉先生要出文集，作为一个并没有紧随导师走“中国心理学史”研究道路的学生，还可以在他老人家的文集中书写一笔，激动之情难以自抑。跟随杨老师学习的点点滴滴重又浮上心头。

在杨先生的书房中悬挂着一幅字，“志坚当高远，情真贵久深”。这两句话曾出现在采访先生的刊物上，也题写在他给学生的赠书中。这两句朴实无华但意味深长的话，既是他的座右铭，是他一生为人与治学的真实写照，也是他对学生的教诲：做学问要“志坚当高远”，不断进取，做人要“情真贵久深”，始终如一。

初识杨先生是我人生的机缘，也是我对先生为心理学事业呕心沥血、矢志奉献的见证。大约是在1994年秋季，我作为一个南京师范大学新入学的西方心理学史方向的研究生，在学长的带领下去南山专家楼首次拜访了学长口中的“神秘的”中国心理学史专家杨鑫辉教授。之所以说神秘，是因为当时杨先生并非南师的专职教师，而是江西师范大学教科院的教授，每学期来南师进行为期一个月的讲学。后来得知，1983年上学期杨先生被借调南师起草我国第一部《中国心理学史》编写大纲以后，南师一直想将杨先生作为人才“挖”过来，以继承高觉敷先生开创的“西方心理学史”博士学位点。1993年高老病逝前仍写信给学校领导推荐引

* 中国政法大学社会学院，2013年。

进杨先生来南京。但江西师大也不愿损失大将伤了元气，因为当时杨先生不仅是心理学学科带头人、专业期刊《心理学探新》的主编，而且是江西省人大代表，享受国务院颁发的政府特殊津贴的专家。于是杨先生只好每年数次往返于南昌和南京之间。我作为一名小小研究生，结识这样大腕级的专家自然倍感荣幸。同时，在以后的接站与送站过程中，也有幸了解了先生的为人和学识，更深深体会到先生对心理学事业的执着，为南师心理学学科的发展所做出的巨大奉献。大约一年多之后，杨先生正式调入南京师范大学，我与先生的师生缘也得以进一步延续。

在读研期间，杨先生给我们上了两门课，一门是《中国心理学史》，另一门是《心理技术与应用》。两门课性质悬殊，内容迥异，先生却以自己的智慧和创造性将二者有机地结合起来。20年之后，当我再回顾这一历史片断时，才意识到，那时先生的思想探索，今天已结出丰硕的果实。就前者而言，先生出版专著《中国心理学思想史》，主编5卷本《心理学通史》及《中国传统心理学思想探新系列丛书》。就后者而言，先生不仅出版专著《危机与转折：心理学的中国化问题研究》、《现代心理技术学》，而且自2000年起创建全国心理技术应用学术研讨会（后称论坛），并且每年主编出版会议论文集《心理技术应用研究》（第1辑称《心理技术与应用论丛》）。更值得庆贺的是，以林崇德先生和杨先生为顾问的刊物《心理技术与应用》于2013年正式创刊。这是对先生几十年来坚持心理学的应用研究的最好回报，也是先生“志坚当高远”不断进取的必然结果。

在学习期间，我和同学们常常困惑于基础与应用的统一，困惑于学习心理学历史的意义。先生总是不厌其烦地给我们分析、举例，并以他自己的切深经历指点我们。记得在学习《中国心理学史》这门课时，先生对学习历史的意义作了精辟的总结：“懂得了心理学的昨天和今天，才可以正确地预见和迈向心理学的明天。我们研究心理学史绝不是钻心理学的故纸堆，而是站在今天研究过去，展望未来，古为今用，洋为中用。”经过了十几年的学术历练之后，才逐渐明白了这段话所蕴含的深意，恰如欧阳修的诗句“醉翁之意不在酒，在乎山水之间也”。学习心理学的历史，不应该仅仅局限于历史之中，应该以史为鉴，理解当下的心理学形势，预见心理学的未来发展，为心理学研究者提供方向和理论指导，这样才能真正实现心理学史的现实价值。如今，先生的这段话也成为我为本科生和研究生上《心理学史》课时必传达的一种心声。此外，先生还指出，历史与心理学的技术与应用是密不可分的，所有的心理技术与应用均在心理学的发展历史中展现。比如，中国古代没有"心理技术学"这一专门术语，但有丰富的心理技术思想，如用于识人知人的"八观六验法"、诸葛亮所用的"知人性"七法等。再如测验人的智力和创造性水平的"九连环"、"七巧板"等。为此，先生在他所著的《中国心理学思想史》一书中专列一章"中国古代心理测验技术"。

先生在做学问上有创新但无霸气，在做人上，也极其谦和。他总是平等地尊重每一个人，并能公正地处理每件事，对待晚辈随和、包容。这使他不仅有极好的人缘，也赢得了大家的尊重和爱戴。

杨先生是江西人，个子并不很高，身材也不魁梧，但却有着海纳百川的胸怀。记得在跟随先生参加学术会议期间，发现他的学术朋友不仅来自五湖四海，更是来自各行各业，有高校和研究机构里的学术达人，也有来自军队不同兵种的将官，甚至还有政界和商界的人士，无论对方是志同道合者，还是性格迥异、观点相左者，先生都能和对方平等对话，赢得对方的尊重。

先生不仅平等、公正地对待同行，而且对待学术晚辈更是竭力扶持。先生名声远播，拜访者和求学者络绎不绝，先生总是热情相待，细心指点。对于不同专业方向的研究生，也是有求必应。至今，和我同级的一些其他专业方向的研究生，虽然现在自己已是高校的硕导或博导，但每到教师节和春节必给先生发去贺卡或电话问候，感谢先生在他们求学期间给予学术上的指导和生活上的帮助。我在读研的第一年就有幸结识先生，并于三年后的1997年荣登师门，成为先生的一名西方心理学史方向的博士生。此后从博士论文的写作，到任教之后的发展，无不得到先生的帮助和提携。直至2005年调动工作，先生还推荐我去找他在北京的朋友，给予我关照。离开熟悉的学术圈子，在新的学术领域打拼，开始有许多的困难和不适应，每每向导师倾诉，得到的都是支持和鼓励。导师的座右铭“志坚当高远”也成为我进取的动力。

即使对待素未谋面的来信咨询者，先生也是亲笔回信，耐心地答疑解惑。记得在90年代末期，心理咨询在国内已开始流行，先生作为这一领域的早期开拓者，在学界和大众中有一定的影响力。一位河南籍的男孩因减肥而导致厌食并休学，男孩的父亲慕名给杨先生打来电话寻求帮助。先生以通信和电话两种方式对男孩进行心理指导，半年后男孩恢复正常。这期间，我们看到先生字斟句酌地回信，一次次地让我们替他去邮局发信。作为一位学术威望极高的博士生导师，却能对陌生的求助者给予如此多的关心和付出，用“大爱无疆”来形容，该毫不夸张。

在我们学生的心目中，先生既是严师，更是慈父。读书生活是清苦的，因此，去导师家里上课或开会时顺便打牙祭也成为常事。每到此时，善良、能干的师母便早早地悄悄地做着准备，等开会完毕，一桌丰盛的江西特色菜已摆在我们面前。师母是令我异常敬重的女性。她在杨先生调动工作一事上，也做出许多的牺牲。为了杨先生调往南京，师母离开了在江西师大的工作岗位。初到南京时，言语不通，还要忍受南京夏天的炎热气候和饮食上的不适应。但师母很少有抱怨，总是乐呵呵的，见到我们学生总是热情地用我们听不懂的方言和我们聊天。至今，师母的方言我也听不懂多少，但师母的热情和善良却总能被暖暖地感受到。写到此，真诚祝愿先生和师母都身体健康，平安幸福！

勤奋和认真似乎是先生这一代人的共同品质。在求学期间，就看到先生常常是今天刚落地，明天又要赶火车，开会、讲学，奔波于全国各地。在春天，常常是评阅博士论文的高峰期，看着先生拿着厚厚的一摞论文，一页一页地看，一字一字地改，然后再将评阅意见寄走。2004年春天，杨先生退休了。我们想，老师终于可以休息了。可以到处走走玩玩。但在退休后的十年中，先生不仅一如既往地讲学、开会，还笔耕不辍，出版了一系列的著作。其勤奋程度，令我们这些在职在岗的人都汗颜。

心理学，已经融入先生的生命之中。

杨先生丰富的阅历、对心理学的热爱以及深厚的心理学功底，使他在心理学的学术探索中时时迸发出惊人的远见卓识，并具有创建新学科、新理论的勇气和胆识。这种创新精神将激励着我们晚辈去求索，去推动心理学的发展。

2013年10月初

曾红：青山在　人未老*

杨鑫辉教授是我的硕、博导师，我跟随他进行了六年的专业学习。读大学时我学的是历史，可以说是杨先生一手把我带入心理学的领域。在这六年的时间里，我也从一个不谙世事、好高骛远的小年轻蜕变为可以脚踏实地做事、知道自己目标在哪的人了。这都和杨先生的教诲及言传身教不无关系。

先生以研究中国心理学史著称，而我之前学的是历史，对心理学感兴趣，这成为我投到先生门下的重要原因。初入心理学大门，我是跨学科跨学历的门外汉，杨先生从最基础的心理学知识，学术研究的基本途径与方法入手，循循善诱，一步一个脚印，帮我把缺失的一课补起来。最为难能可贵的是，先生不仅鼓励我们多读书，读好书，更鼓励我们读万卷书，行万里路。他总是说，要走出去，向那些大家们学习。所以，硕士的三年学习中，我们不仅跟随先生参加各种学术会议，还到各地大学拜访名师。单就写硕士毕业论文，先后赴四川、重庆、武汉、上海、南京、北京等地拜访了西南师范大学、华中师范大学、上海师范大学、中国人民大学等名师，如刘兆吉、燕国材等老先生和沙莲香教授，请他们就我的硕士论文提意见和建议。现在想来，我一个初出茅庐的研究生，在这些名家面前，大谈自己那些浅薄的想法和观点，实在是贻笑

* 广州大学教育学院心理系，2013年。

大方。这件事放到现在，是不可思议之举。但，那时的先生们，一心向学，爱护学生，以真正学者之心，对待学术，对待求学。他们的行为不仅是谦虚自律的表现，更是其高贵品格的反映。当然，这也更体现了杨先生不遗余力培养学生、善待学生的心理。这些老先生、学者教授，大都是他的老朋友，为了我们的学习，他一一请求他们，对我们进行指点教育，才让我们有机会接触外面的世界，打开眼界，扩展思维。

硕士毕业，我被分配到机关性质的单位工作，杨先生一直鼓励我，使我即使在远离学术的地方，仍能保持求学求真的心境和力量。也正是这样的力量，让我在几年后，重入学术圈，做自己喜爱的研究工作与专题。

博士的学习与硕士完全不同，无论研究的深度还是学习的强度。恰逢那时又遇到自己人生的关键期：孩子即将诞生。先生不仅通情达理，全力支持已经三十岁的我生下孩子，还帮我巧妙安排学习、科研时间，最后，学习、生孩子两不误，在三年的时间里，既有了“博士后”，也圆满完成了博士期间的学习和研究！对此，我一直心怀感恩！如果不是杨先生的宽厚、仁慈，我无法做到这一点，也许，人生从此就会留下遗憾！

读博期间，远离家乡，先生不仅对我们的学习督促、鼓励，对我们的生活也不无关心。常常和师母一起，邀请我们去他家聚会，师母做上一桌美味的萍乡菜，我们春聊风雨，秋思落叶，冬围暖炉，夜话家国，在杏花烟雨的南京畅谈学业、理想与人生。现在想来，是多么令人难忘而又惬意的一件事情。那样的感觉，就像冬夜里，从凛冽的寒风中走入浓浓暖意的家，沁人的温暖，一直萦绕心头。

杨先生主攻中国心理学史和理论心理学，主张发扬中国传统文化，挖掘、应用中国文化中自身的心理学思想，建立有中国特色的心理学理论，是中国心理学史学科的主要开拓者之一。作为研究学科史特别是中国心理学史的学者，容易陷入“述而不作，信而好古”的境地，但杨先生显然没有，自开始研究中国心理学思想史，他便秉承既述且作，古为今用之宗旨，著书立说，指导学生。由于他对西方心理学理论的熟知，可以站在理论的高度，对中国传统的心理学思想进行归纳、概括。因此，在他的研究中，既有对史料的认真研读、挖掘，又有相应而生的新观点、理论。用刘兆吉老先生的话，即是“述所当述，弥补缺漏”[1]。这一点，在他的几部代表作当中，都得到了充分的体现。他所著的《中国心理学史论》[2]可以说推动了“中国心理学史”学科的发展，启迪人们对中国心理学史的许多基本问题进行深刻的思考。观点明确、含义深刻，具有广泛的包容性和实用性，该书在中国心理学史的发展中具有重要的理论意义与现实价值。

杨先生主编的另一著作《心理学通史》[3]（五卷本），囊括了中外心理学发展的主要范畴和精神实质:采取了大量的新观点新材料，内容丰富、全面。整套书可谓纵贯古今，横括中外，并将其史实材料与理论思想整合为一个完整的系统，突出其“通”的特点。既反映了心理学从哲学中分化独立出来成为科学的历史发展，又使通史的知识体系更系统化。

《心理学通史》一书，在方法论上也进行突破，创造性地提出了“一导三维多元”研究原则；科学而丰富的研究方法：如“归类排比法”、“义理诠释法”、“实证检验法”等[4]。同时，在编写体例上灵活多样，充分体现了主编及其他作者们的创造性。使向来壁垒森严、互不相关的中外心理学第一次统一在《心理学通史》一书中。因此，该书无论在学术的深度还是广度上都达到了推陈出新、力求最佳的目的，是一部在我国心理学史研究方面具有较高价值的代表性的著作。[5]在当时,可谓应时而生，填补空白。

这些学术思想对他的学生们产生很大的影响，使他们也能花开各枝，并在自己的领域推陈出新，竞相争艳，为中国心理学史的发展贡献各自的力量。

杨先生的学术成就不仅仅在中国心理学史方面，其他的学术思想和成就也颇为丰富。方法对任何研究来说都是极其重要的，很大程度上可以决定研究的成功与否。所谓“工欲善其事，必先利其器”，科研要有所创新，首先必须在方法上有所创新，才可以在成果上有创见。他十分重视方法论，对国内外各种新型的研究方法常常能敏感地捕捉，并进行分析；

批判性地学习和采用西方心理学中有价值有意义的东西，特别是其中先进的心理学方法和现代化手段。在此基础上，他提出了重建现代心理技术学，在重视方法论的基础上，将各类心理技术方法应用于教育、医学、司法、人事、经济等领域，取得了显著的成就。心理技术应用论坛是杨先生一手创立的全国性心理技术会议，至今已经召开到第14届。此外，还培养了一批心理技术学方面的人才。

除此，先生在许多领域都颇有建树，著述丰硕。因此，也为他赢得了许多荣誉和奖励。他是国务院政府特殊津贴专家、国家级有突出贡献的中青年专家、全国优秀教师，同时还担任过中国心理学会常务理事、中国心理学会理论心理学与心理学史专业委员会主任、江西省心理学会理事长等职务。作为杰出学者，被收入《当代中青年社会科学家辞典》、《当代世界名人传·中国卷》、英国剑桥国际传记中心《20世纪杰出人物传》等辞典。

美国一位心理教授评价道："杨鑫辉先生是中国内地研究中国心理学史的杰出的一位。"[6]尽管他可能生不逢时，从华中师大教育系毕业出来，只能在中学任教。但却在艰难的岁月中，通过自身的努力，一步一个脚印，从中学语文教师走向中国心理学史学科创始人之一。在这条艰辛的学术之路上，他不仅专心研究学问，还主张最大地发展学生、最好地服务社会，率先招收中国心理学史、心理技术学和思维科学的研究生，并倾其所长，指导学生。他孜孜求学的学者精神，宽厚仁慈的长者之风，感染了许多好学青年，他们在先生的帮助下，在各自的道路上迅速成长。

杨鑫辉先生今已78岁高龄，当年一头黑发已然白雪飘飘。然而，先生依然精神矍铄，思维严谨而清晰。在种花养草，颐享天年之余，仍然不辍笔耕，勤于世事。每年积极主持全国心理技术论坛会议，并不遗余力地号召大家从事相应的研究，其拳拳之心，令人感动。同时，又在近年担任了《心理技术与应用》杂志的顾问，将其智慧与才华贡献给后生们。

杨老师已从教56年。56年，青丝白发，硕果累累，56年，风雨兼程，岁月如歌。然而，"东方欲晓，莫道君行早，踏遍青山人未老"。祝愿杨先生，未来的岁月，一切安好！

2013年11月18日

参考文献

[1] 杨鑫辉.心理学的历史·理论·技术.广州：暨南大学出版社，2001.

[2] 杨鑫辉.中国心理学史论.合肥：安徽教育出版社，2002.

[3] 杨鑫辉.心理学通史.济南：山东教育出版社，2000.

[4] 曾红.通古变今　昭示明天——评心理学通史.中国教育报，2001-5-2.

[5] 曾红.纵览古今心理历史　横贯中西学术思想.光明日报，2001-7-19.

[6] 童辉杰.一位心理学家的足迹.选自杨鑫辉·心理学的历史、理论、技术.广州：暨南大学出版社，2001.

彭彦琴：我的老师*

一

步入中年，体会最深的一点就是深感人生步履多艰，这种感慨并非源于自身历经磨难，恰恰相反，这一路走来虽未能风光无限，却也是诸事皆顺；然每每听闻亲见那些活生生的、仅仅是不经意的一个过失却致一败涂地、万劫不复的人生，总能令我百感交集。回想我青春年少之时真正是无知无畏，肆意妄为，却自以为能，白白浪费多少老天的恩赏……万幸的是最终都能峰回路转、化险为夷。人生至此方才体会“战战兢兢”、“如履薄冰”之深义，也由衷生出敬畏之心、感恩之情，愈发珍惜这一路走来的善缘。而在所有善缘中，于我一生影响最大的则是我的恩师杨鑫辉先生。

记得与杨老师的初识是在1995年仲夏，一场杨门弟子为他在江西师范大学举办的60寿辰的小型聚会上。当时我刚刚从教育学院大学毕业保送研究生，有幸被杨老师收为门下弟子，于是稀里糊涂地参加了这次聚会。那时的我真正是懵懂无知，尚不知这一次的入门对我的一生意味着什么。当时有关杨老师的信息仅仅停留于他是我校德高望重的老前辈、老教授，完全不知老师在学校、省里，乃至整个心理学界的地位与影响。这方面的信息也是我后来在与同门的相处当中才偶尔得知，说实在的即便是听

* 苏州大学教育学院，2013年。

到这些，对于当时的我而言，也仍然是“无动于衷”。之所以会如此，一方面是当时的学界大抵十分清明，大部分人对于这种学问之外的东西不太在意，我也只是刚刚踏入门中的青涩学子；另一方面，也是最主要的原因，实在因为老师为人十分谦逊低调，在我们师生共处的十余载中，他极少透露诸如此类的讯息。所谓“有其父，必有其子”，受到老师的言传身教，门下弟子也少有为官从政的，大多是乐于做一个单纯的学者。

许多年之后，进入社会日渐成熟的我才开始逐渐见识了学术之外的种种经营,明白了学术并非仅仅是学术。当然身在这个激荡裂变的大时代，学界呈现出的千姿百态也是再自然且正常不过的，学会接纳甚至于妥协，是我们每个人必须努力习得的重要能力。正如电影《中国合伙人》表达的“我们一直想改变世界，最后发现，其实是世界改变了我们”。当然也有一部分人与该影片导演陈可辛所持观点一致：“我们不能改变世界，但至少可以不被世界改变!”真正能够修炼到清高自逸、置身其外、八风不动者绝非等闲，而更多的人则是在屡遇失败后不得已地退守回避，自居淡然，实则难免有愤愤不平。

有一回，也是一个暑期我们一家去看望退休在家的杨老师，闲谈中，老师问及我目前的发展状况，期待我能有更好的发展。我表示由衷热爱佛教心理学，这是我自己选择的研究方向，而且将终身以此为荣。但现实是中国传统文化心理学研究的前景并不乐观，在心理学界实证一统的今时没有什么发言权，所以从事这个领域的研究始终有自说自话、势单力薄之感。老师也以沉默表示认可。短暂的无语后，杨老师讲述起80年代初中国心理学史研究刚刚起步时的景象，当时心理学泰斗级人物潘菽老、高觉敷老带领一帮50岁左右的“年轻人”成立中国心理学史研究会、组建《中国心理学史》编写组，奠定了中国心理学史的学科雏形，出版了一批开创性的论著。这里必须要指出的一点是，杨老师在心理学界是因史而成就的，作为中国心理学史的开拓者，杨老师的大半生都用于大量古籍文献的整理与研究，但他并非只知埋头书斋，恰恰相反，他是一个对社会、对生活充满无限热情的人。作为一名心理学家，他很早就关注了心理学在社会生活中的实际应用，提出重建“现代心理学技术学”，创办了我国第一个心理技术应用研究所，并招收好几届心理技术学方向的研究生，由他创办的心理技术应用高峰论坛至今已举办十多年。他还积极从事心理咨询与临床工作，积累了不少临床经验，这些亲身实践反过来又为他的理论研究提出了新思路。从这里不难看出杨老师视野宽广、思维灵活且精力过人。简要回顾之余，杨老师异常平静地说：“坚持下去，终会有收获！”此语于我心有戚戚焉，我再一次表达了自己会无怨无悔、不改初衷。谈话中我提到同门中大家私下里也有一些想法，比如在老师如日中天之时应该为自己的学生多提供些“资源”，也许这样他们的发展至少会比今天更好。老师沉默少许笑着轻声对我说，“大家说的也许对，不过我始终觉得自己所做的这一切问心无愧！”其实，作为学生我非常理解更认可老师的所思所想。作为一个潜心学术的学者、志趣传道的教师，他对待有志钻研、虚心求教的学子从来是一视同仁，不分嫡庶。也许在学术观点上、工作方式上与人有龃龉纷争，却几乎没有人不认可他的为人品性。也正是因为这一点，无论杨老师“得势”、“失势”，他的学生们都一如既往地敬重他、爱戴他。这也是我最引以为傲的。

二

一篇微博中这样说：“善良是人性最优秀的品质，善良的人是人类中的贵族。”我很骄傲我的老师是一个心地善良的人。无论何种情境下，你很少见他会对谁疾言厉色、恶言相向，永远是春风遐面笑意融融，即便是一面之缘亦能给人难忘的温暖。我也试图做到像老师这般常以善意示人，岂知一时容易，时时万难。一般而言，在我们对某些人及事有无限的爱与宽容的同时，就必然对另一类人及事有难以自抑的愤怒与攻击。比如，我们可能在物质方面可以隐忍包容，可却难以容忍道德层面哪怕丝毫瑕疵；我们可能对待同事朋友，甚至于陌生人宽厚相待，可却不能原谅至亲家人点滴过失……我自己就是一个典型，有时某种环境或他人稍稍相违，心中居然会生起十二分的瞋心，也曾发愿根除这些恶习，多年过去仍发现习气如山移之甚难！也正因为有这样的切肤之痛，所以我更加坚信，老师的与人为善一方面是他后天的修为所致，更主要是源自他的秉性纯良。佛学说一个人内心柔软慈爱是极其难得的品性，这也是积习深重的人终生苦修的目标，甚至有专门修习的科目及技术——慈心禅。所以有些人误以为慈悲是一种妇人之仁、是一种软弱无能的表现，殊不知真正的慈悲具有无坚不摧的强大力量，所谓“慈，故能勇”。反而是一向以强悍示人者往往难及善终，古往今来不乏此例。

杨老师的宽厚人所共知，亦为人赞叹敬仰。无论是谁，但凡有求于他，他总是尽力相助。我的一位大学同班同学，平日与杨老师素未谋面，大四期间他报考了心仪已久的北京大学法律专业的硕士研究生，考分达线，接下来的面试是至关重要的，当时他得知许多竞争者都找到重要人物举荐，而自己是跨专业报考，加之平日木讷少言根本找不到相关领域能够为他举荐的人。万般无奈之下，他了解到杨老师在学界的影响，于是抱着一试的想法敲开了杨老师的家门。杨老师得知他的情况及恳切的心情之后，立即书信一封向对方力荐这位年轻学子。结果正是这封充满诚恳的书信帮助这位同学弥补了自身的缺陷，其实杨老师与这位北大法学老师同样素昧平生。我问他为什么要这样做，他说每个人都需要帮助，自己之所以有今天也是得到了许多人的无私帮助，所以帮助别人是义不容辞的。

的确，在我们师生共处的岁月中，我总是能听到杨老师不厌其烦地讲述他早年成长的过程中曾经帮助过他的每一个人每一件事。比如，杨老师不止一次提及他的一位中学同学李吉人。杨老师因幼年时患小儿麻痹，导致行走不便，他的这位同学时常帮助他应对一些困难。最令老师难以忘怀的是高考那年，恰逢天气炎热，他进考场时因中暑晕倒在地，这位同学不顾延误自己的考试时间，赶紧找来医生采取急救措施，稍好些后才一起进考场，幸喜那年两人都考上了大学。危难之时见真情，杨老师动情地说："这份真情，这份友谊，我会珍藏一生！"他们之间的友谊几十年从未间断过，平日他们会电话书信来往，只要回江西老家杨老师必定要拜会这位老同学。也是因为这份真情、感恩，让我从这一刻起，将这位从未谋面的老人的亲切、美好永远定格在心中。

对于在学术道路给予扶持的前辈，杨老师更是谨记于心，没齿不忘。由于历史的原因，杨老师直到70年代末，也就是43岁时才正式调入高校成为一名心理学工作者，因此他更加全身心投入到所热爱的事业中。正是这种对心理学事业的热忱与勤奋，尤其他对当时中国心理学发展的独特视角，引起了学部委员潘菽教授及南京师范大学著名教授高觉敷先生的关注与肯定。两位前辈将开创中国心理学史研究重任委与杨老师，并极尽所能地扶持、提携。1981年，潘菽老写信支持杨老师倡议出版中国第一部古代心理学思想研究论文集；1983年，高老力邀杨老师到南京师大负责草拟第一部中国心理学史编写大纲；1985年，二老主动写信给国务院学位委员会，推荐他担任招收普通心理学和中国心理学史研究生的导师。所有这些，杨老师都不止一次提及，且由衷感慨"我一辈子都不会忘记！"曾经我有过好奇，为什么这些大家前辈不约而同地尽心提携当年只是一个不知名地方高校的青年学者？这个问题我也曾问过杨老师，他思索了一阵回答："我也不是太清楚，当年比我条件突出的青年学者不少，可能是我提出的观点深得前辈的认可，也可能是我一直以来对人都是真情相待！"随着岁月的流逝，这个问题的答案越来越清晰地呈现出来，那就是杨老师为人与治学的座右铭——"志坚当高远不断进取，情真贵久深始终如一"。的确，在学术道路上，"志存高远锐意进取"需要极好的意志品质，"情贵久真且始终如一"更是难能可贵！潘、高二老正是为杨老师的为事为人的真诚真情所感动，由衷认可他的品质，才会不遗余力地提携，并最终克服重重困难不远千里地将他调往南京师大，指任他为中国心理学史研究的接班人、领头人。事实证明，二老的眼光是准确的，杨老师没有辜负前辈的信任，将中国心理学史研究不断发扬光大。更值得一提的，杨老师的人品也得到二老家人的一致认可，很长一段时间他们的子女家人一直保持与杨老师的相互联系与问候。多年前杨老师将这句话写在赠与我的书本上，当时我并没有太大的感触，这些年来随着自己人生阅历的积累，每当翻看杨老师的题词，对他的期许渐渐有了更深的体会。人生种种各有不同，但我真心希望自己像敬爱的老师那样宽容、仁厚、满怀感恩。

杨老师在授课之余，偶有所感常会提及与同行过往之事。文人相轻自古不绝，但在杨老师这里你永远听不到他对任何人有冷嘲热讽、嗤之以鼻，而总是称颂及褒扬。杨老师每每提及几十年学术生涯中并肩奋斗与前辈、同行结下的珍贵友情，总会不禁感叹人间友情难得、真情可贵！刘兆吉老是心理学界的老前辈，与杨老师长期保持着亦师亦友的关系，刘老较杨老师年长许多，却一直以老弟相称，杨老师至今保存着他与刘先生的书信往来，字里行间透出惺惺相惜、情洽意合。2001年杨老师正在给学生们上课，突然得知刘老不幸辞世的消息，当下怔住了，他不住喃喃着："太突然了，我怎么都想不到……我对刘老感情很深，他是一个尤其值得尊敬的老前辈，提携后学，更是对我有极大的帮助，怎么会这样突然……"悲痛难以自抑的神情令我至今不忘。另一位是杨老师的老朋友，他称之"老大哥"的燕国材先生。人们常说同行相轻，但在他们身上却见不到一丝一毫，我们看到更多的是彼此间的互敬互重、扶持共进，感受到的是经过岁月历炼无比深沉的友情。1996年，我们几个研究生随杨老师去上海开学术会议，专程拜访燕老先生，两位老朋友一见面就如孩童般相谈甚欢，我们这些学生虽与燕先生接触不多，至此却有了亲如一家的亲切感。与人交往善待他人、感恩他人的观念对于身边的学生是一种极好的教育，作为他的学生，耳濡目染，会很自然地效仿老师处事待人的态度及方式。正因此，当年的我虽然是初入职场，也会尽可能地谦和宽容与人为善，从未与同事同行有过任何龃龉不快。参加工作至今虽然也遭遇过一些阻碍困惑，但感受更多的是人与人之间真情的美好，在今天这个急功近利的社会，这种幸福感已是难得的奢侈。这一切正是得益于杨老师的言传身教，即有今日之福。我记得佛教所宣扬的十善法中涉及个人语言规范的就有四条，分别是不妄言、不绮语、不两舌、不恶口，这其实是为人的基本修养，而对于有漏的众生来讲，终其一生要做到其中任何一点都实属不易，也正因为不易才需要在漫长的人生旅程中践行尽性、怡情移性，方是读书人终身追求的大趣。

于有恩之人心存感激，于友朋之辈宽厚以待，或许我们且能为之，然而对于有负于我，甚而刻意为难自己的人，依旧施之仁厚，这便不是寻常人可以为之。杨老师此类的事不胜枚举，了解实情的一位老师对此颇有感慨："杨老师尤其令我佩服的是，不论别人如何有负于他，他从未有半点抱怨，甚至还会帮他开脱，确实难得！这种修为我恐怕一辈子都达不到！"

人世间诸多苦痛正是源于人们内心难以自抑的贪瞋，即使我们明白冤冤相报害人害己，但又有几人能彻底放下。我的老师以自己的践行让我懂得应该如何应对恶缘，也确实帮助我解决了诸如此类的一些矛盾。作为他的学生最最受益的就是能切实感受到老师点滴言行中透出的无瑕品性。

三

谈及我个人与杨老师的交往，此刻感受最深的是遗憾与歉意，遗憾的是当年师生相处之时自己太不懂事，辜负了老师对我的殷殷之情，如今离开老师身边才越发咀嚼出浓浓真情。这些年来，在事业发展的最紧要处过于懈怠，错失自我发展的关键期，没有达到老师当年对我寄予的希望，对此我是有十分歉意的。因为我如今也是一位教师，更能理解学生取得的成绩对于老师是怎样的一种欣慰。

自从博士毕业离开南京师大，离开杨老师之后，与老师相处时光中的诸多画面便常常会不经意地浮现脑际。作为家族中的第一个孩子，我得到了比其他弟妹更多的关注与爱，日久天长便也养成骄纵自私的性情。一个只知关注自己的人其实是很难看清自己的，同样也很难顾及他人，因为他完全被自我所笼罩。以前我一直认为自己是一个善解人意的人，现在想来真正可笑。在与老师相处的五六年中，对自己的老师没有尽到应尽的义务，更谈不上回报。相反，杨老师对待我这样一个不懂事的孩子则给予了最大限度的宽容与关爱。

刚刚读研的时候，初入门的同学多少都有些畏惧杨老师，会表现得十分小心谨慎，而我却没有丝毫距离感，感觉老师是个容易让人接近的长辈，所以在他面前从来都是大大咧咧毫无遮掩。其实时间长了，你就会发现无论哪种性格的学生，在杨老师眼中都像是自己的孩子，十分疼爱，只要学生有困难需要帮助他总是想尽一切办法解决，尤其对于家境不好的学生，细心的杨老师总是能及时发现，并施以援手，可以说，他的学生中没有谁不曾受益于老师的帮助关怀。将心比心，学生对待杨老师也如同自己的父母一般亲近。90年代初研究生数量少，上课一般会安排在导师家中进行，杨老师的学生尤其愿意到老师家里上课，因为下课后到了饭点，师母总是会热情地留下学生们吃饭，这样的“福利”可不是人人都能得到的。这种如父如子的师生情也让杨老师倍感欣慰与自豪。1997年，学生们与杨老师一道来苏州参加全国心理学大会，第一次参加如此规模的盛会，大家都很兴奋，正巧这次学生们到得比较齐，又都是女生，于是大家嚷嚷着一定要和杨老师合影留念，会议安排所有成员同游太湖，学生们陪同老师一同在太湖东山留影。杨老师尤其喜欢这张照片，照片中大家簇拥着老师席地而坐，每个人的脸上都洋溢着美好与幸福，好似一幅温馨的全家福，杨老师每每看到这张照片总是会开心地说：“看过的人都说像是我的女儿们!”

在我们这届学生当中，杨老师也尤其宠爱我，一则是我喜爱各种文艺活动，性格坦诚活泼，与人相处时容易营造轻松活跃的气氛；二则在学业方面也能静得下来、坐得住，尤其读博期间但凡老师布置的科研任务，我永远是以最快速度完成,且能保质保量。老师对我的学业感到十分满意,我也逐渐在这其中感受到科研的乐趣，才发现自己原来可以从事这一行,是老师的信任坚定了我从事科研的决心与信心。时至今日，我在科研领域也已行进了十几个年头，倍感庆幸的是当初选择了这一行，它使我有机会重新发掘心性的更深层，体验到生命发展的不可思议!我曾无数次感恩命运的神奇，而这神奇命运的创造者正是我的老师!人生的几个至关紧要处（如父母、老师、配偶）对我们的一生影响重大，却又常常不能自主自控，所以中国人喜欢用“缘分”做归因，以消解不可确定性导致的不安与焦虑。师生缘于我无疑是人生中最具转折性的部分,能遇如此善缘,是天大的福报!

一直以来杨老师就像对自己的女儿一样看待我，无论是学业、生活、人际交往，还是日后的工作安排、家庭状况、职场生涯发展，杨老师都在默默关注着,生怕我出了差错、受了委屈。可当初的我真的是很不懂事,没能完全理解这份爱，更谈不上感恩、回报，反而有时会觉得老师的嘱咐太琐碎、唠叨。记得有一次我们一同去昆明开会，我先返程，预备第二天飞机离开，杨老师得知我的飞机在当天深夜到达十分不放心，一再嘱咐我换另一个时间的航班。我想自己都几十岁了有什么好担心的，立即拒绝了，坚持要坐这一趟航班，我也隐隐感觉到杨老师有些伤心，但依然固执己见，现在想来真的不应该!

直到有一回，我去南京与杨老师商谈课题事宜，离开老师家中时已临近火车开车时间，天色已晚，腿脚不便的老师急赶着把我送下楼，招呼下一辆出租车，我正准备挥手与他告别，老师却向前紧赶两步，伏下身一再叮嘱司机“务必”、“千万”将我安全送到车站。我一直无语，沉浸于眼前这亲切而熟悉的温暖中，心中却不断泛出隐隐酸痛，车子开动时，我急忙探出头扬起手:“杨老师，我走了……”鼻子一酸，眼睛发热,赶紧缩回车里。司机有些不耐烦:“这个还需说，肯定是送到的……”“师傅你不知道，他是担心我，我一个女孩出门他不放心。”“哦，是这样呀,小孩出门，父母总归是放心不下，一样的!”直到这一刻，我才突然意识到这份爱是如此深沉，在老师面前我是一个被宠坏的孩子，秉受恩泽却不自知，老师却从未有任何怨言，即便是生身父母也未必如此唯愿付出，不思索取。

相较“先生”，我更喜欢“老师”这个称谓，于我而言，前者总是有些生分感，而杨老师对于我，已不仅仅是师生情，更是我生命中最重要的组成，而之所以会有如此认识，与我这些年来对佛教心理学的研究有关联。作为一名教师，更是一个受益于教育的人，我对佛教关于教育，尤其是“善知识”（即老师）产生极大兴趣，佛教认为善知识对于个体的发展——无论是知识技能、精神修养、人格境界各个领域均发挥着重要影响。所谓“欲成一切智，即依善知识。仅凭自精进，无能成圣佛”（《真实论》）。佛教在关于依止善知识的功能、师生之间的选择、互动以及学生依止善知识的规范等方面均有丰富深入的阐述。当我读到《菩提道次第论》中“于弟子身心中，但能生起一分功德，损减一分过失，以上一切安乐妙善之根本，皆由善知识教导之力。故于最初修依止法，极为重要”深受震动。的确，我们通常更看重一名优秀的教师是否能通达真实，“善说法”、“教富饶”等基本能力，但我个人以为，好的老师更在于其品性、人格，即如《庄严经》所云：德胜、精进、悲悯为体。在民意调查中蝉联“香港最佳校长”荣誉的香港中文大学校长沈祖尧曾说，对于学生而言，高等教育最重要是可以跟老师分享他的治学态度、价值观，他以自己的亲身经历为例，“我最重要的老师，你问他教了什么医学，我已经忘了。也可能他教的也错了，是30年前的东西，但他作为一个医生的榜样、他的人生态度，对我来说是很重要的参照。在我心里好医生、好学者就是这样一个人。教育是什么，就是when you forget everything that is taught，留下来的就是真的教育，所有信息都已经没有，留下来你还记得的，这就是教育最重要的部分”。恩师所给予我的将终生铭记，也愿恩师无论何时何地都能感受到学生真诚的爱！

老师，我爱您！

2013年8月14日于苏州

[附录2]

学习工作纪要

1935年7月11日，出生于江西省萍乡市湘东镇一个中医药世家。祖父杨增荣（绍轩），父亲杨盛昌。5岁丧母，祖母特别关爱。

一、读书求学时期（1942年9月—1958年8月）

（一）萍乡湘东远大小学读小学（1942年9月—1948年6月）

被家人亲戚视为聪慧好学的孩子。入学前看商店招牌和图片识字。高小毕业前重病两个多月，被人用车推着去萍乡赴考，仍考上了中学。

（二）萍乡鳌洲中学读初中（1948年9月—1951年7月）

1. 由于品学兼优，获得学校免交学费等奖励。

2. 1950年下学期加入新民主主义青年团。曾任校学生团支部副书记。课余担任过农民识字班小老师。短期参加过土地改革时丈量田亩工作。

（三）江西萍乡中学读高中（1951年9月—1954年7月）

1. 由于品学兼优，成为学校首次颁发“三好”学生奖章两名获得者的学生之一。

2. 担任班级团支部组织委员、支部书记、班长，学校学生会干部等社会工作。在学生党员李吉人同学的带动下有加入中国共产党的心愿。

3. 刻苦学习，文理科成绩全面。决定终身从事教育事业，第一志愿考取华中师范大学（当时称学院）教育系。

（四）武汉华中师范大学教育系学习专业（1954年9月—1958年8月）

1. 在全面学好教育系各门课程的前提下，着重接受完形学派考夫卡门生朱希亮教授的心理学科指导。

2. 响应党的“向科学进军”号召，在刊物、报纸发表文章，并曾寄论文给科学院心理所指导，打下从事科研的初步基础。

3. 担任“班三角”班长和校学生会秘书长等社会工作。

4. 经历“反右派斗争”运动；跟领导老师同学一起，参加教育革命，下乡到“红旗渠”劳动，到孝感地区搞教育调查。

5. 毕业时，响应党的“到基层去”号召，积极服从分配，到湖南省新办的耒阳师范学校工作。

二、中学教育工作时期（1958年9月—1978年冬）

（一）湖南省耒阳师范任教（1958年9月—1965年8月）

1. 重点讲授心理学和教育学课程，由于工作需要，有时兼教物理、英语课。

2. 自编铅印《教育心理学讲义》作教材使用。参加湖南省有关教材编写会。撰写心理学文章。

3. 担任社会学科教研组长和校工会副主席等社会工作。

4. 工作量大且完成好,连年被评为教师积极分子。三年自然灾害期间，在县里享受名、老教师待遇。

5. 1964年冬，与黎志萍结婚，为照顾家庭，组织上同意于1965年秋调回家乡江西萍乡工作。

（二）江西萍乡中学等校任教（1965年9月—1975年9月）

1. 先后在家乡萍乡中学（1965年9月—1972年1月）、萍乡市中小中学部（1972年2月—1973年1月）、萍乡二中（1973年2月—1975年9月）担任高中或初中语文教师，间或任教研组长和班主任。

2. 自觉运用教育心理学理论，教学效果好。在市内两次成功主讲语文观摩课，不知情者，以为是学中文专业的。1972年内，参加萍乡市《初中语文教学参考资料》编写工作。

3.“文革”中曾多次短期下乡、进厂劳动，参加毛泽东思想文艺宣传队到山区演出。总的说能坚持教学。

4. 在学生“造反”时，机智保存了一大批心理学书籍和杂志。坚信心理科学有用，所写《错别字的心理学分析》等文章，改革开放后都被发表。从李约瑟的《中国科技史》萌生中国人自己要研究中国古代心理学思想。

（三）萍乡市教材组编教材（1975年10月—1978年11月）

1. 该组受省委托，编写江西省三二制中学语文试用课本和教学参考资料。柳斌同志任组长，本人任编写小组长，执笔教参资料35篇，近11万字。

2. 为搞好编写工作，先后到江西、湖南一些地区和广州市做教育调查，了解各地教学实际情况。

3. 1978年6月在庐山参加高考语文命题，后在萍乡参加阅卷工作。

4. 在高校恢复招生和逐步恢复教育学、心理学课程大背景下，经江西师大中文系主任刘方元教授（我中学时的教导主任）推荐进江西师大。1979年春从萍乡市迁家到南昌市。

三、大学教育工作时期（1978年12月至今）

（一）江西师范大学从事心理学教学与科研

1. 1979年—1981年上半年，担任中文、历史、物理等系公共教育学、心理学教学工作。1980年冬，出席在重庆召开的全国心理学会基本理论学术会议，得到潘菽理事长看重我有关中国心理学史的发言和论文，并被吸收为会上成立的中国心理学史研究组织成员，开始了对中国心理学史的正式研究。1979年11月，在天津召开中国心理学第三届学术年会，提交《略论心理学的应用与普及》，是以后倡导现代心理技术学的开端。

2. 1980年评讲师，1986年评副教授，1990年评教授。1981年，江西师大建立教育系，担任心理学教研组副组长。1983年“七一”前夕加入中国共产党。1984年3月至1988年4月，担任主持工作副系主任（开始未设系主任）和系主任兼党总支委员。在校内创办教育科学研究所和全国第一个心理技术应用研究所（1991年），均一直担任所长至离校。

3. 在教育系设置较广的心理学课程，开设了普通心理学、心理学史和管理心理学等课，尤其于1981届在全国率先开设中国心理学史课。1987年起招收硕士研究生，多个研究方向先后共26人，在南开大学、西南师大、贵州师大等校任客座教授，主持硕士答辩或讲座。

4. 集中精力参加创建中国心理学史学科的合作项目，主要有：① 协助潘菽、高觉敷主编《中国古代心理学思想研究》一书，江西人民出版社1983年2月出版。该书由本人在1980年重庆会议上提出建议，兼实施具体的编辑出版工作。② 1983年上学期，由高觉敷教授提出借调南京师大，负责教育部统编教材、我国第一部《中国心理学史》大纲起草工作。该书由高觉敷主编、潘菽任顾问、燕国材和本人任副主编，人民教育出版社1986年出版，获得全国优秀教材一等奖。后被学术界公认为中国心理学史学科创立的标志。③ 担任燕国材主编的《中国心理学史资料选编》（共4卷）的副主编（另一副主编是朱永新），人民教育出版社1988—1992年出版。④ 参编《中国大百科全书》心理学卷（1985年），朱智贤主编《心理学大辞典》（编委、分卷副主编，1989年）。⑤ 合著《心理学简史》（刘恩久等），甘肃人民出版社，1985年出版。

5. 在搞好集体项目的同时或之后，这段时期个人主要著述有：① 专著《中国心理学史研究》，江西高校出版社1990年出版。获江西省古籍研究一等奖。② 专著《中国心理学思想史》，江西教育出版社1994年出版。（潘菽、高觉敷、朱智贤先生的三封信和刘兆吉先生的序可见其期待与评价）1995年，获第九届中国图书奖和华东地区教育图书一等奖。后来在南京又获得其他奖励。③ 主编《现代大教育观——中外名家教育思想研究》，江西教育出版社1990年出版。是集中全国各方力量编写的我国第一部集体研究大教育理论的著作，1991年获全国优秀图书三等奖。④ 论文：《研究中国心理学史刍议》，刊《心理学报》1983年第3期。1982年12月，在《中国心理学史》教材编写会上被列为三个主题报告之一。1983年，获江西省优秀社科成果一等奖。⑤ 论文《王廷相的唯物主义心理学思想》，刊《心理学报》1984年第2期。在全国第五届心理学学术会议上报告。学校获优秀成果一等奖。⑥ 论文《中国心理学史研究的新进展》，刊《心理学报》1988年第1期。获江西省教委优秀社科（1978—1988年）一等奖。⑦ 论文《心理科学应当面向社会生活》，刊《心理学探新》1990年第1期。该文观点于1988年成都理论会议已正式提出，该文正式提出重建现代心理技术学。1990年率先招收该方向研究生。⑧ 总计发表论文60多篇，其他文章30多篇。

6. 1993年，受中国心理学会委托，在江西师大主编《心理学探新》，并题登刊名。由于该刊在河南时已失去正式刊号，为保潘菽先生创办的该心理学理论刊物，克服困难并为恢复正式刊号努力。还担任多种刊物编委或顾问。

1987年4月8日—27日，应邀赴加拿大西安大略大学心理学院讲学，很受欢迎，聘客座教授，是全国第一个到外国作中国心理学史讲学者。同时应邀顺访了多伦多大学和教育研究所。返回时顺访了美国。1995年5月，应邀赴台湾大学出席华人心理学家学术会议，作专题报告。

7. 尽力做好社会工作：① 参与1980年初成立江西省心理学会。1984—1996年间一直担任理事长。后又建省社会心理学会任理事长。② 中国心理学会第4—6届理事，并任理论专业委员会委员、副主任和中国社会心理学会理事。③ 江西省科协常务理事、省社联理事，省思维科学学会副会长、省专家联谊会副会长。④ 学校和省高职评委会专家或负责人。

8. 受国家教委思政司委托，主持1993年5月，在江西师大举办的全国第一届高校心理咨询教师培训班，并作讲座，做了开启性工作。

9. 受到的奖励与荣誉，主要有：① 1984年，被评为南昌市劳动模范。② 1987年，被评为江西省先进科技工作者。③ 1988年，国家人事部授予国家有突出贡献中青年专家。④ 1989年，获全国优秀教师奖章。⑤ 1991年初，由江西省提名向中国科学院推荐为学部委员候选人。⑥ 1991年起享受国务院政府特殊津贴。⑦ 1991年5月，在北京人民大会堂出席中国科协第四次代表大会，党和国家领导人接见并合影留念。⑧ 1993年，获曾宪梓教育基金高等师范院校教师奖二等奖。⑨ 1993年1月，被选为江西省第八届人民代表大会代表。

10. 受到辞书、报刊电视的评介。例如，入选《当代世界名人传》（1995年）、《当代中国社会科学学者大辞典》（1989年）和《华夏师魂》（1994年）等10种辞书。仅《江西日报》的评介就有《心上的路》（1985.9.11　熊伟明）、《春蚕——记心理学家杨鑫辉》（1992.6.7　徐容），《杨教授和心理研究所》（1993.1.13　沈士豪）。江西电视台则有《不屈的开拓者》（1991.11.26　“人杰地灵”）、《心理学家杨鑫辉教授》（1995.4　“赣江潮”）等。

（二）南京师范大学从事心理学教学与科研（1995年1月至今）

1. 学科建设：本人来南京师大前已有许多合作编著活动。最重要的有1981—1982年协助潘菽、高觉敷先生主编《中国古代心理学思想研究》。1983年上学期通过教育部名义借调到南师大，在高老指导下草拟教育部教材《中国心理学史》编写大纲。南京师大曾于1983年、1988年两次商调未成。1992年，高老患病住院后又向校领导写信希望“商谈……江西师大心理学史理论家杨鑫辉教授挂于我的心理学博士点名下”。后来聘为客座教授。1994年下学期，两校领导协商后逐步达成调动，1995年起我到南京上班。1997年春，举家从南昌市迁到南京市，独子杨劲松也从江西师大转到南京师大工作。我从1995年1月至2003年冬办退休，在岗工作9年。调到南京师大担任心理学省重点学科带头人，继承高老在此开拓的心理学史学科，带领年轻的同志一道努力，保住和发展了以心理学史为重点的心理学博士点，起了承先启后的作用。2004年起退休至今的10年，退而不休，只是不再教学培养研究生，仍尽力从事学术研究不止，以尽微薄之力。

2. 教学情况：① 在全国率先招收培养中国心理学史博士生6人、心理技术应用博士生3人，苏俄心理学史博士生1人。在他人协助下招收西方心理学史博士生5人（中间1人转他人指导）总计5届，15人。② 跟鲁洁教授联合在教育学博士后流动站，招收指导心理学博士后2届，计2人。③ 指导来校高级访问学者3人。④ 代管他人博士生（导师出国）和上课多届，给硕士生开过课程。⑤ 1995—1996年期间，同时继续在江西师大培养硕士生多人。

3. 个人专著：①《心理学的历史・理论・技术》(暨南大学出版社，2001年9月)。②《中国心理学史论》(安徽教育出版社，2002年11月)。③《现代心理技术学》(上海教育出版社，2005年1月)。《心理学大辞典》(上海教育出版社,2004年)。④《医心之道——中国传统心理治疗学》(山东教育出版社，2012年1月)。

4. 主持的课题项目成果：① 国家教委师范教育科研课题《师范生心理发展与素质培养研究》(1997年),发表了论文。② 全国教育科学“九五”规划重点课题《中外心理学通史研究》(1996—2000年)，其成果为主编《心理学通史》(5卷)，山东教育出版社2000年出版。③ 教育部人文社科“九五”规划项目《心理学研究的中国化问题》(1998)，其成果为《危机与转折——心理学的中国化问题研究》，黑龙江人民出版社2002年出版。④ 江苏省教委基金研究项目:《中国心理学史论研究》(1998—2000年)，其成果为《中国心理学史论》，安徽教育出版社2002年出版。⑤ 全国教育科学“十五”规划教育部重点课题《中国古代养生心理思想的实证研究与诠释转换》(2002—2005年),其成果为论文与实验报告。⑥ 主编《文化·诠释·转换——中国传统心理学探新系列》(11册)，被列为“十一五”国家重点图书出版规划项目，山东教育出版社2012年出版。

5. 参与编纂的全国重大学术著作：① 作为受权人的副主编，负责组织修订高觉敷主编《中国心理学史》第二版（人民教育出版社，2005年)。后又被选入《中国文库・哲学社会学类》(人民教育出版社，2009年)。② 参加车文博总主编《中外心理学比较思想史》(上海教育出版社，2009年),担任第2卷主编。该书被列为“十一五”国家重点图书出版规划项目。③ 参加《20世纪中国学术大典》张厚粲主编《心理学》卷（福建教育出版社，2012年)，撰稿多篇。

6. 主编的主要著作（前面列举的除外)：① 主编《西方心理学名著提要》，江西人民出版社，1998年10月。② 主编《青少年心理素质教育丛书》(五册)，江西教育出版社，1997年。③ 合作主编（叶浩生、郭本禹)《心理学理论与历史研究回眸》(上下册),南京师大出版社,1999年。④《新编心理学史》,暨南大学出版社,2003年。⑤ 连年主编出版《心理学探新论丛》(4册),南京师大出版社(1998—2001年)。⑥ 主编出版《心理技术应用研究》(5辑),河海大学出版社等(2002—2006年)和一本专刊《心理学探新》(2008年增刊)。

7. 发表论文和其他文章约100篇。主要发表在《心理科学》、《心理学探新》、《南京师范大学学报》、《江西师范大学学报》等刊物上,人大复印资料等选刊了一些。例如:《中国现代心理学家的先躯者蔡元培》,选入《蔡元培研究集》(北京大学出版社,1999年)。《加入WTO的心理应对:强化五种意识》,选入《WTO与中国经济研究文库》(中国环境科学出版社,2003年)。《现代教育的三大基本观念》一文,选刊三家报刊。

8. 创办全国心理技术应用研究论坛。2000年于南京师大创办(开始称研究会),一直被推选担任主席至今。先后在南京、北京、上海、广州等地每年举行一次研讨会,至今已14届。会后已出版论文集6辑。支持和帮助开明出版社的《心理技术与应用》杂志在北京于2013年春创刊,担任该刊顾问并题词。

9. 国内国际学术交往:① 应邀请给中山大学、武汉大学、南京大医药大学、绵阳师院、萍乡高专等校筹建心理学系或专业提出建设性意见和建议。担任多所大学客座教授。② 应邀担任华东师大、北京师大、吉林大学、武汉大学、江西师大、湖南中医药大学博士答辩主席和委员;南京大学等校硕士答辩主席。③ 应邀到全国20所大学作学术讲座。④ 应邀出席在北京、上海、广州、兰州等地举办的国际学术会议和在香港举办的华人心理学家会议上作专题报告,担任第28届国际心理学大会中国顾问之一。⑤ 担任中美精神心理学研究所顾问。2000年,作为全国维果茨基研究会顾问,集体访问俄罗斯。⑥ 跟加拿大、日本、美国、德国学者的学术交往。为2008年美国出版的《Leadership and Managemant in China》一书,撰写孔子和荀子的治国与领导思想两章(跟彭彦琴合作)。2013年,应德国教授之邀撰写了关于潘菽中国化心理学思想理论的文章2篇。

10. 学术社会活动：① 担任中国心理学会第4—9届理事（1995年第7届为常务理事），理论心理学与心理学史专业委员会委员、或副主任、主任。全国维果茨基研究会顾问。1996年起江苏省心理学会高级顾问。② 担任全国学位通论评审专家，江苏省学位会评议组专家，南师大校高评委兼学科组长等。③ 支持学术刊物方面，先后担任《心理学探新》主编、名誉主编和顾问；担任《心理学报》、《心理科学》编委和《心理世界》、《江西教育》、《职业指导》、《红树林》等刊物顾问。

11. 受到的奖励与荣誉：① 专著《中国心理学思想史》，获第九届中国图书奖（1995年），华东地区教育图书一等奖（1995年），江苏省第五次哲社优秀成果二等奖（1997年），国家教育部人文社科优秀成果三等奖（1998年）。《20世纪中国学术大典》（教育学·心理学卷）列入20世纪中国31部心理学名著之一。② 主编《心理学通史》（共5卷），获江苏省社科优秀成果一等奖（2001年）和山东省优秀图书奖（2001年）。③ 专著《中国心理学史论》，获江苏省哲学社会科学优秀成果二等奖（2003年12月）。④ 被评为南京师大优秀共产党员、江苏省高校优秀共产党员（2003年）。⑤ 被评为江苏省第三届优秀哲学社会科学工作者（2004年）。⑥ 获中国心理学会首批认定心理学家称号，并在北京人民大会堂出席发布会（2009年10月）。⑦ 获中国心理学会学科建设成就奖（2011年10月）。⑧《中外心理学比较思想史》（共3卷，本人为第2卷主编，总主编车文博），获教育部第六届中国高校科研成果一等奖（2013年）。

总之，在大学工作至今的35年里，出版个人学术专著6本；担任正副主编、合著、合编著作30余部，计61本；总计67本。发表各类文章约200篇。

2013年12月16日编写于南京仙林大学城香樟园寓所

[附录3]

主要论著目录

一、书籍类

(一)专著类

杨鑫辉.中国心理学史研究.南昌：江西高校出版社，1990.

杨鑫辉.中国心理学思想史.南昌：江西教育出版社，1994.

杨鑫辉.心理学的历史·理论·技术.广州：暨南大学出版社，2001.

杨鑫辉.中国心理学史论.合肥：安徽教育出版社，2002.

杨鑫辉.现代心理技术学.上海：上海教育出版社，2005.

杨鑫辉.医心之道——中国传统心理治疗学.济南：山东教育出版社，2012.

(二)合著类

杨鑫辉.心理学简史.兰州：甘肃人民出版社，1985.

杨鑫辉.地球上最美丽的花朵——心理学及其应用.南昌：江西人民出版社，1987.

杨鑫辉等.大学生心理学.南昌：江西高校出版社，1990.

杨鑫辉等.危机与转折——心理学的中国化问题研究.哈尔滨：黑龙江人民出版社，2002.

(三)主编类

潘菽，高觉敷主编.杨鑫辉协助主编.中国古代心理学思想研究.南昌：江西人民出版社，1983.

高觉敷主编.杨鑫辉等副主编.中国心理学史.北京：人民教育出版社，1985.

高觉敷主编.杨鑫辉等副主编.中国心理学史（第二版）.北京：人民教育出版社（授权人），2005.

燕国材主编.杨鑫辉等副主编.中国心理学史资料选编（第一卷）.北京：人民教育出版社，1989.

燕国材主编.杨鑫辉等副主编.中国心理学史资料选编（第二卷）.北京：人民教育出版社，1990.

燕国材主编.杨鑫辉等副主编.中国心理学史资料选编（第三卷）.北京：人民教育出版社，1990.

燕国材主编.杨鑫辉等副主编.中国心理学史资料选编（第四卷）.北京：人民教育出版社，1992.

杨鑫辉主编.教育实用心理学.上海：上海社会科学院出版社，1989.

朱智贤主编.杨鑫辉分卷副主编.心理学大辞典.北京：北京师范大学出版社，1989.

杨鑫辉主编.现代大教育观——中外名家教育思想研究.南昌：江西教育出版社，1990.

杨鑫辉主编.心理学理论与应用研究.南昌：江西科技出版社，1995.

杨鑫辉，李材栋主编.江西古代教育家评传.南昌：江西教育出版社，1995.

杨鑫辉主编.西方心理学名著提要.南昌：江西人民出版社，1998.

杨鑫辉主编.心理学探新论丛.南京：南京师范大学出版社，1998.

杨鑫辉主编.心理学探新论丛.南京：南京师范大学出版社，1999.

杨鑫辉主编.心理学探新论丛.南京：南京师范大学出版社，2000.

杨鑫辉主编.心理学探新论丛.南京：南京师范大学出版社，2001.

杨鑫辉主编.青少年心理素质教育丛书（5册）.南昌：江西教育出版社，1998.

杨鑫辉等主编.心理学理论与历史研究回眸（上、下册）.南京：南京师范大学出版社，1999.

杨鑫辉主编.心理学通史（共5卷）.济南：山东教育出版社，2000.

杨鑫辉主编.心理技术应用论丛（第一辑）.南京：河海大学出版社，2002.

杨鑫辉主编.心理技术应用研究（第二辑）.南京：河海大学出版社，2003.

杨鑫辉主编.心理技术应用研究（第三辑）.兰州：甘肃文化出版社，2004.

杨鑫辉主编.心理技术应用研究（第四辑）.成都：西南交大出版社，2005.

杨鑫辉主编.心理技术应用研究（第五辑）.成都：西南交大出版社，2006.

杨鑫辉主编.新编心理学史.广州：暨南大学出版社，2003.

车文博总主编，杨鑫辉主编.中外心理学比较思想史（第二卷）.上海：上海教育出版社，2009.

杨鑫辉主编.文化·诠释·转换——中国传统心理学思想探新系列（11册）.济南：山东教育出版社，2012.

杨鑫辉主编.什么是真正的心理学——50位现当代心理学家思想选粹.福州：福建教育出版社，2012.

（四）其他（撰稿，参编等）

中学语文基础知识与教参.南昌：江西人民出版社，1975−1978.

中国社会科学院哲学研究所编.中国哲学年鉴.北京：中国大百科出版社，1984.

中国大百科全书总编辑委员会编.中国大百科全书·心理学·心理学史.北京：中国大百科出版社，1985.

张焕庭，郭亨杰主编.心理学.河海大学出版社，1988年第一版，1991年1月修订版.

杨国枢等主编.中国人的心理与行为.台北：桂冠图书公司，1994.

中国高等教育办学模式研究.北京：教育科学出版社，1995.

林崇德等主编.心理学大辞典（上、下册）.上海：上海教育出版社，2004.

叶浩生主编.心理学通史.北京：北京师范大学出版社，2006.

CHAO-CHUAN CHEN AND YUE-TING LEE.（2008）. Leadership and Management in China——Philosophies, Theories and Practices.NewYork：Cambridge University Press

张厚粲主编.20世纪中国学术大典·心理学卷.福州：福建教育出版社，2012.

二、文章

（一）论文

杨鑫辉.关于错别字的心理学分析.语文教学.1979（2）.

杨鑫辉.孔子教育思想随谈.江西日报.1979-11-27.

杨鑫辉.略论心理学的应用与普及.江西师院学报.1980（1）：85-88.

杨鑫辉.王安石的教育思想.江西教育.1980（2）：47.

杨鑫辉.《学记》心理学思想初探.江西师院学报.1981（1）：82-87.

杨鑫辉.朱熹在教育史上的地位.江西师院学报.1981（3）：85-89.

杨鑫辉，胡福星.伟大的人民教育家陶行知.江西教育.1981（9）：47-48.

杨鑫辉.学习教育科学掌握教育规律.江西教育.1981（5）：16.

杨鑫辉.怎样培养学生的思维能力.江西教育.1981（2）：13-14.

杨鑫辉.发展大学生的智能问题浅识.争鸣.1982（4）.

杨鑫辉.必须用辩证法指导我国心理学的发展.心理科学通讯.1982（3）：7-10；65.

杨鑫辉.试论开发智力资源.江西社会科学.1982（5）：96-99.

杨鑫辉.试论孔子的教育心理思想.江西师院学报.1982（4）：47-52.

杨鑫辉.思想工作中的几个心理学问题（上）.高师教育与管理通讯.1982（1）.

杨鑫辉.思想工作中的几个心理学问题（下）.高师教育与管理通讯.1982（2）.

杨鑫辉.男女生智力有差异吗.江西教育.1982（1）：10-11.

杨鑫辉.草拟中国心理学史编写大纲的初步意见.心理学探新.1983（4）：97-99.

杨鑫辉.研究中国心理学史刍议.心理学报.1983（3）：289-293.

杨鑫辉.要有开创新局面的思想计划和行动.江西师院.1983（187）.

杨鑫辉.中国心理学史研究的历史与现状.心理科学通讯.1984（4）：56-59.

杨鑫辉.王廷相的唯物主义心理学思想.心理学报.1984（2）：124-131.

杨鑫辉.王安石心理学思想研究.江西师范大学学报.1984（1）：24-28；32.

胡福星，杨鑫辉.安源路矿工人俱乐部工人补习学校《补习教科书》刍议.江西教育科研.1984（1）：52-56.

杨鑫辉.中国心理学史研究简介.中国哲学年鉴.北京：中国大百科出版社，1984：99-100.

杨鑫辉.中国心理学史大纲研讨会.中国哲学年鉴北京：中国大百科出版社，1984：396.

杨鑫辉，陈启筠.中国古代若干个性理论.心理学探新.1984（4）：57-60.

杨鑫辉.论意识与心理学.南昌大学学报（人文社会科学版）.1984（3）：55-58.

杨鑫辉.李贽心理学思想述评.江西师范大学学报.1985（4）：59-61.

杨鑫辉.朱熹心理学思想概论.江西教育科研.1985（1）：65-73.

杨鑫辉.撰写科研论文浅议.江西教育科研.1985（2）：50-52；63.

杨鑫辉.关于创造性思维的心理学思考.心理学探新.1986（2）：32-38.

杨鑫辉.现代心理学家——朱希亮.大众心理学.1986（6）：42-43.

杨鑫辉.运用心理学原理加强思想工作的科学性.江西师范大学学报.1987（3）：1-6.

杨鑫辉.中国心理学史研究的新进展.心理学报.1988(1)：70−77.

杨鑫辉.只有了解儿童 才能教好儿童——陈鹤琴的科学化儿童教育.江西教育科研.1989(6)：70−73.

杨鑫辉.论潘菽教授对中国心理学史的贡献.心理学探新.1989(1)：14−17.

杨鑫辉.中国古代社会心理学思想研究.心理学杂志.1989(1).

杨鑫辉.吴澄心理学思想探讨.心理科学通讯.1990(5)：52−54.

杨鑫辉.现代大教育观论.江西师范大学学报.1990(3)：9−15.

杨鑫辉.心理科学应当面向社会生活.心理学探新.1990(1)：1−4.

杨鑫辉.《管子》心理学思想研究.中国心理学史研究.南昌：江西高校出版社，1990.

杨鑫辉.论《抱朴子》的心理学思想.中国心理学史研究。南昌：江西高校出版社，1990.

杨鑫辉.《孙子兵法》与企业管理心理——兼论传统文化与现代化.江西师范大学学报.1991(4)：56−60；71.

杨鑫辉.古老的课题 新兴的学科——评《学会学习》一书.江西师范大学学报（增刊).1991.

杨鑫辉.关于个体社会化的几个问题.江西师范大学学报.1992(3)：1−4.

杨鑫辉.驾驶适性理论若干问题探讨.心理学探新.1992(2)：1−3.

杨鑫辉.On Thought about Socialization of Individual psychology——proceedings of the second AFRO-ASIAN psychological congress.北京：北京大学出版社，1993.

杨鑫辉.论人员心理素质测评.江西师范大学学报（自然科学版).1993(4)：362−366.

杨鑫辉.中国古代个体社会化途径研究.江西师范大学学报.1993(3)：39−43.

杨鑫辉，罗红雨.原则：高等教育发展模式的构想.全国高等教育办学模式研讨会大会报告，1993.

杨鑫辉.教育的未来与国际化原则.国际教育学研究大会专题报告(苏州).1993.

杨鑫辉.中国心理学思想发展的脉络.江西师范大学学报.1994(4):63-67.

杨鑫辉.中国古代心理测验思想.心理学探新.1994(2).

杨鑫辉.开启班主任工作的金钥匙——评《班主任概论》.新闻出版导报.1994(4).

杨鑫辉,郭斯萍.王安石教育改革思想评述.抚州师专学报.1995(4):7-11.

杨鑫辉.中国传统心理治疗探讨.南京师范大学学报(社会科学版).1995(4):50-55.

杨鑫辉,戴木才.周敦颐理学心理学思想研究.长沙水电师院社会科学学报.1995(3):25-28;35.

姚懿巧,杨鑫辉."心理"一词发微.心理学理论与应用研究.南昌:江西科学技术出版社,1995.

杨鑫辉,郭斯萍.江西古代教育家评传·王安石.南昌:江西教育出版社,1995.

杨鑫辉,刘穿石.江西古代教育家评传·朱熹.南昌:江西教育出版社,1995.

杨鑫辉,王胜桥.江西古代教育家评传·方以智.南昌:江西教育出版社,1995.

杨鑫辉.江西古代教育家评传·后记.南昌:江西教育出版社,1995.

杨鑫辉.关于人的心理特性测评的理论思考.江西师范大学学报(自然科学版).1996(1):69-72.

杨鑫辉.离退休干部心理反应差异性研究.心理学探新.1996(2).

杨鑫辉.关于中国传统心理学思想研究的几个问题.心理学探新.1996(3).

杨鑫辉.西方心理学理论概览.心理学探新.1997(4).

杨鑫辉，汪凤炎，赵凯，郭永玉.论潘菽“建立有中国特色的心理学思想”.心理学动态.1997(3)：45−51；68.

杨鑫辉.中国传统心理治疗的科学性.中国临床心理学杂志.1997(2)：122−124.

杨鑫辉.射击运动员心理特性测试与反思.南京师大学报(社会科学版).1997(2)：62−66.

杨鑫辉.心理素质教育是素质教育的重要方面.江西教育科研.1997(2)：9−11.

杨鑫辉.中国传统心理治疗的科学性.江西师范大学学报(自然科学版).1997(1)：96−99.

彭彦琴，杨鑫辉.欲·理与欲·义与利——论中国古代需要心理思想中的物质需要和精神需要.江西师范大学学报.1997(2)：77−81.

童辉杰　杨鑫辉.大生心学理健康评定量表的施测报告.心理学探新.1997(4).

杨鑫辉.心理学理论与历史研究的意义.心理学探新.1998(1).

杨鑫辉.蔡元培在中国现代心理学史上的先驱地位与贡献.心理科学.1998(4)：293−296；314.

杨鑫辉，赵凯.中国心理学发展史上的丰碑之作——读《中国心理科学》.心理学报.1998(3)：359−361.

杨鑫辉，汪凤炎.中国传统教育的理念探讨.江西教育科研.1998(3)：65—68.

杨鑫辉.我国学生心理健康教育之对策.现代教育研究.1998(1)：65−68.

燕良轼，杨鑫辉.高觉敷先生对社会心理学研究的贡献.心理学探新论丛.南京：南京师范大学出版社，1998.

汪凤炎，杨鑫辉.中国古代“名实论”的心理学思想.九江师专学报.1998.(3)：68−74.

杨鑫辉.把握当代心理学的发展趋势.心理学探新.1999(1)：16−18.

杨鑫辉.应该加强苏俄心理学的研究.心理学探新论丛.南京：南京师范大学出版社，1999.

杨鑫辉.略论现代心理技术学的体系建构.心理科学.1999(5)：455-456.

杨鑫辉，刘华.唯识心法之认识结构论.心理学探新.1999(3)：3-7.

杨鑫辉.现代教育的三大基本观念.南京师大学报（社会科学版）.1999(3)：60-64.

杨鑫辉.把握当代心理学的发展趋势.心理学探新.1999(1)：16-18.

杨鑫辉.中国现代心理学的先驱者蔡元培.蔡元培研究集.北京：北京大学出版社，1999.

杨鑫辉.中国古代心理学思想心物观.中国古代心理学思想史.台北：台湾远流出版公司，1999.

杨鑫辉.中国古代知虑心理思想.中国古代心理学思想史.台北：台湾远流出版公司，1999.

杨鑫辉.中国古代心理学思想史与研究史.中国古代心理学思想史.台北：台湾远流出版公司，1999.

杨鑫辉.大力促进心理学理论与实践研究的结合.心理学探新论丛.南京：南京师范大学出版社，2000.

杨鑫辉.心理学通史总论.徐州师范大学学报.2000(4)：98-102.

杨鑫辉.热烈祝贺　殷切期望.江西教育科研.2000(11)：9.

杨鑫辉.食疗、体疗、药疗与心疗结合.家庭医生报.2000(11).

杨鑫辉.中国古代心理学思想史百年研究史略.心理科学.2000(6)：737-738.

杨鑫辉.大力推进心理学的中国化研究.南通师范学院学报（哲学社会科学版）.2000(4)：16-18.

杨鑫辉.素质教育·创新教育·潜能开发.教育理论与实践.2000(3)：21-22.

杨鑫辉.全面认识心理健康的意义.家庭医生报.2000(11)：3-6.

杨鑫辉.当代心理学的发展趋势.萍乡高等专科学校学报.2000（1）：40−43.

杨鑫辉.信念·乐观·意志——战胜人生困难的心理力量.大众心理学.2000.（1）：37−39.

杨鑫辉，彭彦琴.中国古代个体心理终生发展观.心理学探新论丛（第三辑）.南京：南京师范大学出版社，2000.

杨鑫辉.无限的追思——怀念高觉敷教授.老骥奋蹄——心理学一代宗师高觉敷.南京：南京大学出版社，2000.

杨鑫辉.中国心理学史论研究.江西师范大学学报.2001（4）：18−22.

曾红，杨鑫辉.试论中国传统道德人格的现代延伸.江西教育科研.2001（10）：11−15.

罗清旭，杨鑫辉.《加利福尼亚批判性思维倾向问卷》中文版的初步修订.心理发展与教育.2001（3）：47−51.

童辉杰，杨鑫辉.对推销员心理素质的评估.人类工效学.2001（1）：24−27.

杨鑫辉.人脑的结构·潜能·开发.河北师范大学学报（教育科学版）.2001（1）：44−49.

罗清旭，杨鑫辉.心理学研究与公共政策的制定.心理学动态.2001（1）：77−81.

吕航杨，杨鑫辉.人员不同气质类型组合与工作效率关系的比较研究.第五届全国人—机—环境系统工程学术会议.2001：64−67.

童辉杰，杨鑫辉.优秀医药销售人员的心理选拔.第五届全国人—机—环境系统工程学术会议.2001：84−87.

杨鑫辉.我和中国心理学史.心理学探新论丛.南京：南京师范大学出版社，2001.

杨鑫辉.视野·目标·手段——现代教育的三大基本观念.江南时报·新教育周刊.2001（3）：12−13.

罗清旭，杨鑫辉.《加利福尼亚批判性思维技能测验》的初步修订.心理科学.2002(6)：740-741.

杨鑫辉.加入WTO的心理应对：强化五种意识.萍乡高等专科学校学报.2002(3)：3-6.选入张汉林主编.WTO与中国经济研究文库.中国环境科学出版社，2003.

杨鑫辉.诠释与转换——论中国古代心理学思想史研究方法的新发展.南京师范大学学报（社会科学版）2002(4)：95-101.

杨鑫辉.诠释与转换：中国传统心理学思想的积极价值.南昌大学学报（人文社会科学版）.2002(2)：136-140.

杨鑫辉，吕航.中国古代欲求心理思想的诠释与转换.南通师范学院学报（哲学社会科学版）2002(1)：122-125.

杨鑫辉.与时俱进，开展心理技术应用.心理技术应用论丛(第一辑).南京：河海大学出版社，2002.

罗清旭，杨鑫辉.心理理论学与应用：现代与后现代两种对立观点.心理技术应用论丛（第一辑）.南京：河海大学出版社，2002.

杨鑫辉.维果茨基关于心理技术学论述的启示.心理技术应用研究(第二辑).南京：河海大学出社，2003：30-36.

童辉杰，杨鑫辉.对非心理学背景的笔迹分析中经验判断的心理学验证.心理科学.2003(5)：934-935.

杨鑫辉.教师应学会心理调适保持心理健康.江西教育.2004(18)：45-45.

杨鑫辉，彭彦琴.孔子孟子的治国思想研究.南京师大学报（社会科学版）.2004(5)：51-58.

史小力，杨鑫辉.学业受挫大学生心理健康情况调查及大学生学业受挫成因与对策研究.心理学.2004(4)：974-976.

彭彦琴，杨鑫辉.荀子领导心理思想研究.南通师范学院学报（哲学社会科学版）.2004(1)：123-128.

杨鑫辉.面向社会生活，积极开展心理技术应用.心理技术应用研究(第三辑).兰州：甘肃文化出版社，2004：1-3.

杨鑫辉.《摄生秘剖》的养生心理思想研究.心理与行为研究.2005(4):256–259.

杨鑫辉.文化——养形调神的心理健康理论与实践.南通大学学报(教育科学版).2005(2):53–56.

杨鑫辉.把握当代心理学的发展趋势.社会心理科学.2005(3):259–260.

杨鑫辉.应当重视从中国文化的视角研究中国人的心理与行为——《中国文化心理学》.序.萍乡高等专科学校学报.2005(1):98–99.

彭彦琴,崔莹,杨鑫辉.中国传统养生心理思想对现代生活的影响研究.南通大学学报(教育科学版).2006(1):53–55.

杨鑫辉.中国现代心理技术学的回顾与展望.宁波大学学报(教育科学版).2007(2):6–9.

杨鑫辉.论高校就业指导.南通大学学报(教育科学版).2007(1):21–25.

吕航,杨鑫辉.高校业绩津贴的心理激励模型.心理科学用.2007(5):1205–1207.

周末,杨鑫辉,谢芳芳.江西省8所大学1348名大学生主观幸福感影响因素的调查.中国组织工程研定与临床康复.2007(17):3288–3290.

周末,杨鑫辉,刘燕.应对方式在生活事件和主观幸福感关系中的调节作用.中国心理卫生协会第五届学术研讨会.2007:257–261.

周末,毛荆利,杨鑫辉,王燕.少数民族大学生的主观幸福感及影响因素.中国健康心理学杂志.2007(4):312–314.

杨鑫辉.《自身心理学:科赫特研究》简评.江苏教育研究.2009(13):64–64.

杨鑫辉.中国心理学史60年.教育学术月刊.2009(9):3–6.

杨鑫辉.主持人的话.南京师范大学学报(社会科学版).2010(4):112.

杨鑫辉.奋力发展我国心理学科学事业——读《潘菽全集》的主要体

会.南通大学学报（教育科学版）.2010：35–36.

杨鑫辉.简评《本会团体心理咨询实践》.萍乡高等专科学校学报.2010（1）：119.

杨鑫辉.文化·诠释·转换——中国传统心理学思想探索系列.总序.心理技术与应用.2012（2）：116–118.

杨鑫辉.中国古代心理测验技术.心理技术与应用.2013（2）：8–12.

杨鑫辉.中国现代心理技术学的回顾与展望.心理技术与应用.2013（1）：6–8.

（二）一般文章

1.序文

杨鑫辉.女犯改造心理学 · 序.郑州：河南人民出版社，1989：1–2.

杨鑫辉.少年改造心理学 · 序.北京：群众出版社，1992.

杨鑫辉.教育基础心理学 · 序.北京：航空工业出版社，1997.

杨鑫辉.中学语文教学示例导引·序.南昌：江西教育出版社，1998：1–3.

杨鑫辉.西方心理学名著提要 · 序言.南昌：江西人民出版社,1999：1–8.

杨鑫辉.中国古代心理学思想概论 · 序.长沙：湖南师范大学出版社，1999.

杨鑫辉.心理学探新论丛·前言.南京：南京师范大学出版社，2000：1–2.

杨鑫辉.心海导航 · 序.南昌：江西高校出版社，2000：1–2.

杨鑫辉.中国传统心理养生之道 · 序.南京：南京师范大学出版社，2000：1–2.

杨鑫辉.心理咨询与治疗·序.南京：南京师范大学出版社，2001：1–3.

杨鑫辉.迈向21世纪的教育改革.序.北京：中国科技出版社，2001.

杨鑫辉.中学心理健康教育.序.南昌：江西教育出版社，2001.

杨鑫辉.心理全息治疗 · 序.南昌：江西科技出版社，2001：1–2.

杨鑫辉.经济心理战丛书 · 总序.广州：暨南大学出版社，2002.

杨鑫辉.心理技术应用论丛 · 前言.南京：河海大学出版社，2002.

杨鑫辉.危机与转折——心理学的中国化问题研究 · 绪论.哈尔滨：

黑龙江人民出版社，2002.

杨鑫辉.自我与人格·序.南昌：江西人民出版社,2003：1–2.

杨鑫辉.人本主义心理学与教育.序.哈尔滨：黑龙江教育出版社，2003：1–3.

杨鑫辉.心理技术应用丛书.总序.广州：暨南大学出版社，2003.

杨鑫辉.刘兆吉美育心理，文艺心理研究文选·序：德学双馨后学楷模.重庆：西南师范大学出版社，2003.

杨鑫辉.广告心理学——理论与策划·总序.广州：暨南大学出版社，2003.

杨鑫辉.中国文化心理学.序上.广州：暨南大学出版社，2004.

杨鑫辉，高觉敷主编《中国心理学史》·修订前言.北京：人民教育出版社，2005.

杨鑫辉.心理学与文化——张粹然心理学史选·序.成都：四川心理学会（内部发行），2005.

杨鑫辉.审美之魅——中国传统审美思想体系及现代转换·序.北京：中国社会科学出版社，2005.

杨鑫辉.欧洲的心理学界·序.北京：商务印书馆,2007.

杨鑫辉.中国心理学思想史.序二.上海：上海教育出版社,2008.

杨鑫辉.中外心理学比较思想史（第二卷）·前言.上海：上海教育出版社，2009.

杨鑫辉.《丁瓒全集》代序：纪念丁瓒先生百年诞辰.南京：南京大学出版社，2010.

杨鑫辉.广告与消费心理学·序.广州：暨南大学出版社，2010.

杨鑫辉.什么是真正的心理学——50位现当代心理学家思想选粹·前言.福州：福建教育出版社，2012.

畅鑫辉.研究生心理导航.序.上海：华东师范大学出版社，2012.

杨鑫辉.中国心理学史新编.序一.北京：人民教育出版社，2013.

2. 其他

杨鑫辉.讲读法的溯源与探新.萍乡教育.1979(6).

杨鑫辉.朱熹的教育思想与教育活动.萍乡教育.1979(5).

杨鑫辉.王安石的教育思想与教育改革.萍乡教育.1979(4).

杨鑫辉.吸烟影响智力.知识窗.1980(2).

杨鑫辉.智力发展与教学.萍乡教育.1980(5).

杨鑫辉.浅谈心理学.萍乡教育.1980(2).

杨鑫辉.考“考”.萍乡教育.1981(4).

杨鑫辉.省心理学年会报道.心理科学通讯.1981(6).

杨鑫辉.看相人真是相得准吗?江西日报.1981(2).

杨鑫辉.谈谈精神营养.大众科学.1982(2).

杨鑫辉.人脑能装下多少知识.科普天地.1982(3).

杨鑫辉.《社会心理学名家》一书简介(译述)(Masters of social psychology).江西心理学通讯.1982(1)—(2).

杨鑫辉.科学浅涉中的收获与建议.江西省第三次哲学社会科学工作代表大会文件汇编.1982.

杨鑫辉.教育规律包括哪些内容.江西教育.1983(7 ~ 8):23-23.

杨鑫辉.南京师大心理学科在飞速发展——我经历中的若干回顾(稿件).2008.

杨鑫辉.第一届全国心理技术应用论坛开幕词(江苏南京).2000.

杨鑫辉.第二届全国心理技术应用论坛开幕词(上海).2001.

杨鑫辉.大力推进心理技术学的发展与应用——第三届全国心理技术应用论坛开幕词(湖南张家界).2002.

杨鑫辉.第四届全国心理技术应用论坛开幕词(江西萍乡).2003.

杨鑫辉.拓宽研究视野,更好服务社会——第五届全国心理技术应用论坛开幕词(四川绵阳).2004

杨鑫辉.第六届全国心理技术应用论坛开幕词(广东广州).2005.

杨鑫辉.第七届全国心理技术应用论坛开幕词(河南开封).2006.

杨鑫辉.第八届全国心理技术应用论坛开幕词（云南昆明）.2007.

杨鑫辉.第九届全国心理技术应用论坛开幕词（辽宁沈阳）.2008.

杨鑫辉.回顾过去坚定信心，展望未来加倍努力——第十届全国心理技术应用论坛开幕词（北京）.2009.

杨鑫辉.坚持不懈积极开展心理技术应用工作——第十一届全国心理技术应用论坛开幕词（湖北武汉）.2010.

杨鑫辉.第十二届全国心理技术应用学术研讨会开幕词（江苏南京）.2011.

杨鑫辉.将心理技术应用事业推上一个新的台阶——第十三届全国心理技术应用高峰论坛开幕词（上海）.2012.

杨鑫辉.运用心理技术架构心理学服务社会的桥梁——第十四届全国心理技术应用高峰论坛开幕词（江苏常州）.心理技术与应用.2013（3）.

杨鑫辉.恭贺王启康先生九十大寿·贺辞.王启康先生文集.武汉：华中师范大学出版社（待出版）.

后　记

作为一个教育工作者，学术研究和教书育人是相辅相成不可分割的。就教书育人方面说,我要求自己采用“三式一化”的教育教学方式,即“引导式，研讨式，互补式和品格化”。超过半个世纪的教师生涯中“教学相长”，在培养一批又一批中师生、中学生、大学生、硕士生、博士生和博士后的过程中，我自认尽力倾注了自己的心血和力量。许多博士生和硕士生现在是教授，也成了博士生导师或硕士生导师，更多的学生在各自岗位上作出了显著的成绩，这比起个人的学术成果更令人感到欣慰。整个学界的代际传承，都是长江后浪推前浪，未来是属于年轻一代的。

正是在自己一些学生汪凤炎、彭彦琴等的提议、筹划帮助和同行朋友的支持下，花了一年多时间，本心理学文集才得以问世。尤其是我的首届博士生汪凤炎教授既做了筹划工作，又带领他的学生做了不少具体编辑工作。在此向大家表示感谢。

要特别感谢原国家教委副主任并直接领导过我的同事、朋友柳斌同志，一贯对我的关心与支持，2001年曾为《心理学的历史·理论·技术》一书题词，这次又为本《文集》书名题签。

在此也要感谢妻子和家人。今年是我和妻子黎志萍金婚之期，半个世纪是她既工作又尽力照料好我的生活，创造了我潜心研究学术而无后顾之忧的家庭环境，也才会有今天《文集》的问世。

最后，要感谢山东教育出版社和教育理论编辑室蒋伟主任。他们得知我准备编辑本《心理学文集》，便表示积极支持出版，愿意继续友好合作。架好作者与读者的桥梁，使之能呈献学界和社会。

既是“后记”，也自然地想到家里的后人。我要殷切地对宝贝小孙女杨明娴说：正如你名字的含义，要心地光明、文雅娴淑。长大以后不论你从事什么专业，都要继承和发扬高尚的为人治学精神。

2014年1月9日晚

于南京仙林大学城香樟园寓所